权威·前沿·原创

皮书系列为

“十二五”“十三五”“十四五”时期国家重点出版物出版专项规划项目

智库成果出版与传播平台

中国海洋社会发展报告（2022）

REPORT ON THE DEVELOPMENT OF OCEAN SOCIETY OF CHINA (2022)

主　编／崔　凤　宋宁而

图书在版编目(CIP)数据

中国海洋社会发展报告.2022 / 崔凤，宋宁而主编
.--北京：社会科学文献出版社，2023.3
（海洋社会蓝皮书）
ISBN 978-7-5228-1580-0

Ⅰ.①中… Ⅱ.①崔… ②宋… Ⅲ.①海洋学-社会学-研究报告-中国-2022 Ⅳ.①P7-05

中国国家版本馆 CIP 数据核字（2023）第 050716 号

海洋社会蓝皮书
中国海洋社会发展报告（2022）

主　　编 / 崔　凤　宋宁而

出 版 人 / 王利民
责任编辑 / 胡庆英
文稿编辑 / 王雅琪
责任印制 / 王京美

出　　版 / 社会科学文献出版社 · 群学出版分社（010）59367002
地址：北京市北三环中路甲 29 号院华龙大厦　邮编：100029
网址：www.ssap.com.cn
发　　行 / 社会科学文献出版社（010）59367028
印　　装 / 三河市东方印刷有限公司

规　　格 / 开 本：787mm×1092mm　1/16
印 张：19　字 数：282 千字
版　　次 / 2023 年 3 月第 1 版　2023 年 3 月第 1 次印刷
书　　号 / ISBN 978-7-5228-1580-0
定　　价 / 158.00 元

读者服务电话：4008918866

《中国海洋社会发展报告（2022）》编辑部成员

主编简介

崔　凤　1967年生，男，汉族，哲学博士、社会学博士后，上海海洋大学海洋文化与法律学院教授、博士生导师，社会工作系主任，海洋文化研究中心主任。研究方向为海洋社会学、环境社会学、社会政策、环境社会工作。教育部新世纪优秀人才、教育部高等学校社会学类本科专业教学指导委员会委员。学术兼职主要有中国社会学会海洋社会学专业委员会理事长等。出版著作主要有《海洋与社会——海洋社会学初探》《海洋社会学的建构——基本概念与体系框架》《海洋与社会协调发展战略》《海洋发展与沿海社会变迁》《治理与养护：实现海洋资源的可持续利用》《蓝色指数——沿海地区海洋发展综合评价指标体系的构建与应用》等。

宋宁而　1979年生，女，汉族，海事科学博士，中国海洋大学国际事务与公共管理学院副教授、硕士研究生导师。主要从事日本海洋战略与中日关系研究。代表论文有《被建构的东北亚安全困境——基于对日本"综合海洋安全保障"政策的分析》《从"双层博弈"理论看冲绳基地问题》《"国家主义"的话语制造：日本学界的钓鱼岛论述剖析》《日本"海洋国家"话语建构新动向》《社会变迁：日本漂海民群体的研究视角》。出版著作有《日本濑户内海的海民群体》等。

摘　要

《中国海洋社会发展报告（2022）》是中国社会学会海洋社会学专业委员会组织高等院校的专家学者共同撰写、合作编辑出版的第七本海洋社会蓝皮书。

本报告就 2021 年我国海洋社会发展的状况、所取得的成就、存在的问题、总体的趋势和相关的对策进行了系统的梳理和分析。2021 年，我国各领域海洋事业虽然受到疫情影响，但仍然稳步推进，海洋治理进一步彰显专业化与精准化，综合化管理在各领域普遍呈现，海洋事业各领域进一步推进制度化建设，国际合作更趋多样化与多元化。但同时必须看到，我国海洋科技仍然需要长期攻坚，制度化建设仍然任重而道远，推进海洋综合治理的阻力仍然存在，还需要社会公众更有效的参与。

本报告由总报告、分报告、专题篇和附录四个部分组成，以官方统计数据和社会调研为基础，分别围绕我国海洋生态环境、海洋教育、海洋管理、海洋公益服务、海洋法制、海洋文化、远洋渔业、全球海洋中心城市、海洋生态文明示范区建设、海洋非物质文化遗产、海洋灾害社会应对、海洋执法与海洋权益维护等主题和专题展开了科学描述、深入分析，提出了具有可行性的对策建议。

前　言

2021年，围绕海洋强国建设，中国海洋社会取得了较为明显的进步。海洋生态环境持续向好，海洋教育进一步深化，海洋管理体系不断完善，海洋公益服务能力不断提升，海洋法治不断完善。另外，在海洋非物质文化遗产保护、海洋生态文明示范区建设、海洋执法、海洋维权等方面，中国也取得了较为明显的进步。《中国海洋社会发展报告（2022）》正是对上述中国海洋社会发展状况的全面而深入的总结和分析。

《中国海洋社会发展报告（2022）》在结构上依然与往年一致，由总报告、分报告、专题篇、附录（中国海洋社会发展大事记）组成。

总报告是对2021年中国海洋社会发展的全面总结和分析，既总结了所取得的成就，也分析了存在的问题，并提出了对策建议。

分报告部分一共有5篇报告，数量上与2021年海洋社会蓝皮书一样，但报告内容发生了一定的变化，即恢复了《中国海洋生态环境发展报告》，而缺少了《中国海洋民俗发展报告》，缺少的原因是报告没有能够按时完成。

专题篇部分一共有7篇报告，与2021年海洋社会蓝皮书相比，缺少了《中国海洋督察发展报告》，原因也是报告没有能够按时完成。报告没有能够按时完成，原因是多方面的，主要原因还是资料匮乏。其实，每一年的报告都会有变化，这是很正常的，只要总体结构稳定，不影响对中国海洋社会发展的评价就是可以的。

由于疫情，各报告作者的实地调研受到了很大的影响，这也为报告撰写增加了不小的难度，因此，非常感谢各位作者的无私奉献和辛勤劳动，正是各位作者的努力和坚持，才使得蓝皮书能够持续编辑出版，并且质量越来越高，社会影响也越来越大。非常感谢编辑部的各位老师和同学，正是他们认真和辛苦地工作，才使得蓝皮书能够顺利出版。非常感谢上海海洋大学海洋文化与法律学院的各位领导，正是他们的大力支持，才保障了蓝皮书的顺利出版。

每一年的蓝皮书，我们都秉承“科学描述、深入分析、献计献策”的原则，力争为海洋强国建设提供智力支撑。初心未改，一往无前，坚持就是胜利。

崔　凤

2022 年 12 月 3 日于上海

目录

Ⅰ 总报告

Ⅱ 分报告

Ⅲ 专题篇

Ⅳ　附录

皮书数据库阅读**使用指南**

总 报 告

General Report

B.1 2021年中国海洋社会发展总报告

崔 凤 宋宁而*

摘 要： 2021年，我国各项海洋事业虽然受到新冠疫情影响，但仍然稳步推进，海洋治理进一步彰显专业化与精准化，综合化管理在各领域普遍呈现，海洋事业各领域进一步推进制度化建设，国际合作更趋多样化与多元化。但同时必须看到，我国海洋科技仍然需要长期攻坚，制度化建设仍然任重而道远，推进海洋综合治理的阻力仍然存在，还需要社会公众更有效的参与。

关键词： 综合治理 公众参与 海洋社会

* 崔凤，哲学博士、社会学博士后，上海海洋大学海洋文化与法律学院教授、博士生导师，社会工作系主任，海洋文化研究中心主任，研究方向为海洋社会学、环境社会学、社会政策、环境社会工作；宋宁而，海事科学博士，中国海洋大学国际事务与公共管理学院副教授、硕士研究生导师，研究方向为国际政治学、日本海洋战略与中日关系。

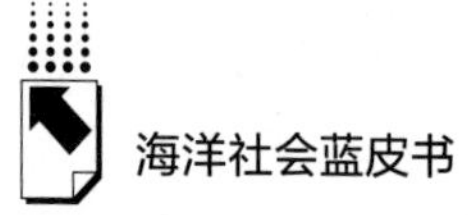

2021年，我国海洋事业尽管面临各种困难，但仍然稳步推进，取得的成绩有目共睹，各领域正在持续深入推进机构改革，海洋政策规范注重顶层设计的规划性，在推行海洋治理的过程中不断强化执行力度，综合化管理稳步推进，制度化建设成绩瞩目，海洋社会继续保持多元化发展态势。

一　海洋事业继续稳步推进

2021年，我国海洋事业的各个领域持续承受新冠疫情的各方面影响，但总体仍然呈现稳步攀升的态势，海洋教育进一步深化，海洋生态文明示范区建设成果令人期待，海洋文化保护成绩可圈可点，海洋法治建设稳步发展，海洋环境治理成绩有目共睹。

2021年，我国各领域的海洋事业都在持续推进，普遍呈现良好的发展态势。在疫情防控常态化的背景下，我国海洋事业各领域显示出强大韧性，充分释放海洋经济发展潜力，海洋产业有序恢复。2021年，我国沿海各地坚持生态优先理念，以人海和谐为基本价值理念，为沿海居民提供海洋公共产品与服务，加大海洋生态系统保护力度，海洋生态环境修复投入力度进一步加大，海洋生态系统继续保持良好状态，赤潮、绿潮处于可控状态，海洋污染程度降低，海水质量整体稳定。

海洋生态文明示范区建设成绩卓著。2021年，江苏省南通市成为我国第二批国家级海洋生态文明建设示范区。同年，山东省青岛市、福建省厦门市的海洋经济总量位居全国同类沿海城市前列，为高质量发展注入海洋经济动能。广西壮族自治区北海市已建成国家级海洋生态文明建设示范区，近年来的海域渔业发展有目共睹。与此同时，天津市、山东省、河北省、浙江省等多个沿海省份的海水淡化工程取得有效进展，海洋资源利用效率得到有效提升。我国海洋灾害预警与应急防御管理在2021年也有切实进展，沿海各省份相继开展海洋灾害风险普查工作。自然资源部的各级海洋预报机构致力于促进消息发布的多渠道化，通过短信、彩信、微信公众平台、微博、电视、网络、广播同时发布消息，以确保各系统的正常有效运行，最大限度地防止与减少沿海各地海洋灾害的发生。

我国海上专项执法行动取得了良好效果。中国海警局以依法治海、规范执法为主线，以严打高压的态势重拳出击，消除多年隐患，重点打击涉税商品、冷链食品、成品油走私等违法行为，有效维护了海上环境的安全稳定。2021 年，我国远洋渔业领域有多项举措出台，主要涉及疫情防控、远洋渔船报废管理与海洋动物保护，坚持绿色发展与科学布局，坚持多形式与多渠道的合作共赢，坚持以远洋渔业基地为核心的全产业链发展，为远洋渔业的高质量发展提供保障。

2021 年，我国海洋非物质文化遗产（以下简称“非遗”）的保护与传承主体呈不断增加和多元化的趋势，公众对海洋非遗的认同感不断增强、认知度逐步提升、行为自觉度全面提高。同时，海洋非遗的保护与发展形式更趋多样化。例如，烟台市融合八仙旅游文化资源进行海洋非遗保护，荣成市结合红色文化与海洋非遗资源，日照市在海洋非遗活动中嵌入渔家文化，这都是对海洋非遗发展的新探索。

我国海洋公益服务在 2021 年取得了稳步进展。这一年，海洋公益服务领域的各个部门克服疫情造成的困难与负面影响，在完成防疫工作的同时，仍然有计划地进行海洋观测的各环节工作，以确保数据的连贯性，为海洋公益服务的开展提供了重要的数据资源，也为防灾减灾提供了不可或缺的技术支持。我国各级海上搜救中心秉持对人民生命财产安全负责的态度，第一时间组织大量搜救船舶与飞机，提高组织效率与协调效率，做到最大限度地挽救生命、减少财产损失。海洋卫星遥感业务的支撑能力进一步提升，以更好地满足海洋资源调查、环境监测、灾害预警等业务的需求。

建设全球海洋中心城市成为当前我国海洋事业的一大亮点。2021 年，我国各地政府对建设全球海洋中心城市的支持力度逐渐加大。上海市政府已确定上海国际航运中心城市与全球海洋中心城市的建设方向，海洋产业集群也呈快速发展态势，海洋科技稳步发展，航运金融建设水平持续提升。此外，青岛、大连、天津、宁波、厦门、深圳也已将全球海洋中心城市建设纳入海洋经济规划。

二　海洋治理进一步彰显专业化与精准化

2021 年，我国海洋治理在各个领域都继续彰显专业化与精准化的发展特点。我国海洋环境保护事业注重海洋科技水平的提升，自然资源部第三海洋研究所对海草床的研究取得新进展，相关研究成果可以在识别海草床适生区分布和保护修复优先区中发挥技术优势。2021 年，我国海洋法制建设也更趋精细化与专业化，我国对管辖海域的外国人与外国船舶的渔业活动做出了细致的规范。

2021 年，我国海洋教育的发展成绩可圈可点。无论是青少年教育、社会教育，还是高等院校的涉海学科专业建设，都获得了客观有效的推进。同时，海洋教育呈现学校、政府、社会合作育人的细致化特征。中小学海洋教育是全民海洋教育的基础，对全民海洋素养的提高具有关键作用。2021 年，高等海洋教育与基础海洋教育在内容和形式上愈加呈现差异，高等海洋教育的学术性与专业性进一步凸显。

2021 年，疫情对海洋文化的冲击与影响依然持续，诸多海洋民俗活动处于停滞状态，但海洋文化的转型依然稳步推进。保护海洋非遗的步伐正在向全新的发展之路迈进。为凸显海洋非遗的闪光点，我国在物联网、人工智能、大数据等平台与手段的支持下进行旅游合作开发，深入探索传统艺术文化的现代化融合之路，海洋文化呈现全新面貌。海洋非遗的数字化发展逐渐成为一种新发展动力和新发展趋势。从整体来说，尽管疫情对我国海洋文化产生了影响，但这一特殊时期也在客观上推动了海洋文化的转型与创新，赋予了海洋文化更为强劲的活力。

2021 年，在我国海洋生态文明示范区建设方面，智慧海洋建设依然是亮点，在疫情的影响之下依然获得有效推进。海洋产业发展持续走向高端化，科学技术的不断发展为海洋产业的发展提供了新动能，海洋要素实现高端化生产，产业链实现高端化延伸，为海洋经济注入了强大的动能，我国海洋生态文明示范区建设与其他海洋事业领域正在同步实现高速发展。

2021 年，我国海上专项执法行动更趋精密化。针对渔具、渔政、渔港、苗种等的行政执法已经有效展开，对非法捕捞行为进行了严厉打击。沿海城市海洋综合执法队利用大数据手段，对执法数据进行比对，建立违法行为多发海域范围清单及涉案渔船名单，精准打击各类违法违规行为。

三　综合化管理在各领域普遍呈现

2021 年，我国海洋综合化管理保持上年的态势，在制度化建设上有了长足的发展。各领域的海洋实践活动都比较清晰地凸显了跨领域、综合化、一体化的理念，社会参与度继续稳中有升，陆海统筹的制度建设趋势比较显著。

第一，海洋事业的跨领域管理与合作继续有序推进。2021 年，海洋民俗文化实践活动呈现颇为显著的跨领域特点。同时，我国海洋法治建设呈现显著的综合化特点。我国政府在海洋经济发展、海水淡化利用、海洋生态预警监测等领域都显示出跨部门合作管理的态势。海洋生态文明示范区建设同样凸显综合化管理特征。2021 年，我国各地在区域近岸海域海洋环境质量状况监测、环境与生物多样性保护、陆源防治与生态修复三个方面，都致力于通过多种方式综合整治，使海洋生态系统质量和稳定性得到有效提升。海洋生态文明示范区的海洋文化建设依托海洋节庆、海洋论坛以及海洋比赛项目，呈现生态保护与文化传承创新、互融的综合化管理态势。海上执法同样呈综合化管理态势。我国 2021 年的海上专项执法行动致力于全面规范海洋自然资源开发利用秩序，促进海域、海岛、海岸线资源合理开发和可持续利用，涉及行政、刑事、程序等多重法律关系，倾力开展惩治犯罪、海洋治理、公益服务、生态修复多位一体的综合化海上执法行动。2021 年，海洋非遗发展推动沿海地区经济社会发展的作用愈加突出，在传承保护文化的同时，促进了当地社会的协调发展，我国沿海各地海洋文化与经济社会的融合发展已成为新的趋势。

第二，社会参与意识与陆海统筹理念同步深化。2021 年的海洋生态环境保护活动充分体现了陆海统筹理念的指导作用，海洋生态环境保护的制度设计已彻底转变了陆海二元传统观念，开始以陆海统筹理念确立制度设计的原则与理念。与此同时，陆海统筹理念的相关教育也有了长足的发展。2021 年，陆海统筹是海洋生态文明示范区建设的核心，海陆规划的合理布局是重点。在海洋灾害应对方面，社区与社会组织的表现十分抢眼，在海洋灾害知识宣传普及、物资援助、医疗救护与灾后重建方面发挥了积极作用。政府与社会组织在防灾减灾方面的关系正处于调整过程中，社会参与意识的增强也是防灾减灾管理综合化的体现。海洋教育管理同样呈现综合化态势。2021 年，我国涉海高等教育机构和研究机构不断增多，学科体系更趋完善，社会层面的海洋教育日趋活跃，政府主导、高校支持、社会参与的海洋教育主体多元化发展特征十分显著。海洋教育涉及海洋科普、海洋文艺、海洋科研、海洋减灾，主题与形式渐趋多样化，陆海统筹理念获得了充分的体现。

四　海洋事业各领域进一步推进制度化建设

2021 年，我国海洋事业各领域的制度化建设继续推进。无论是海洋生态环境保护、海洋公益服务，还是海洋督察，都在深入进行制度化建设。立法建设与制度化建设同步推进，制度化建设持续深入发展。

我国海上搜救制度不断改进海上救援流程、完善相关机制，以提升海上救援的响应速度和效率。

我国海洋法治领域的制度化建设在 2021 年取得了一系列新突破。我国在这一年不仅颁布了《中华人民共和国海警法》《中华人民共和国湿地保护法》，修订了海上交通安全与海关相关法规，使立法体系进一步完善、全面与立体，还出台及修订了一系列涉海法规与政策，使通航安全、船舶引航、渔业活动、渔政执法工作、赤潮灾害应急管理、海洋生态修复都获得了更为详细的安排。

2021年，自然资源部出台了海岸带综合性保护利用规划，规范了海洋空间的总体与详细规划。这一年，海南省发布海上环卫制度的工作方案，建立海滩、入海口与海面一体化的海洋垃圾清理制度。山东省则大力推行湾长制，对渤海湾、莱州湾、丁字湾做出了整体性指导与安排。此外，“广东湛江红树林造林项目”启动；全国首个海洋碳汇交易服务平台成立，意味着我国蓝碳交易制度有了实质性进展。

2021年，我国远洋渔业领域的制度化建设也有进展。农业农村部发布了《关于加强远洋渔业兼捕物种保护的通知》，完善了重要兼捕物种的记录报告制度，远洋渔业基地的建设也对这一领域的制度化建设具有长远意义。

海洋公益服务在2021年进一步完善了诉讼程序，对海洋环境公益诉讼案的起诉主体做出了明确的规定。2021年，海洋非遗保护的制度化建设也在地方和国家层面上获得了有效的推进，海洋传统文化的保护工作变得更为有规可依、有法可循。地方政府贯彻“保护为主、抢救第一、合理利用、传承发展”的工作方针，各省、自治区、直辖市相继建立了自己的非遗保护名录。

五　着眼全球的国际合作

2021年，疫情对我国海洋事业产生较大影响，但国际合作并未因此停滞，而是继续在海洋事业的各个领域推进与发展，呈现着眼全球的多样化发展态势。

2021年，海洋立法执法领域的国际合作取得了切实的进展。我国海警与韩国海洋水产部开展了联合巡航，为深化双方合作建立了良好的机制。我国海警在《中华人民共和国海警法》出台后首次赴北太平洋公海巡航。2021年，我国继续深度参与全球海洋治理。在推进海洋命运共同体与21世纪海上丝绸之路的建设过程中，我国政府继续积极参加各类海洋管理国际学术研讨会，参与国际海洋生态环境治理的程度更高，为全球海洋空间规划、海洋生态环境保护评估、海洋资源可持续利用做出了积极的贡献。

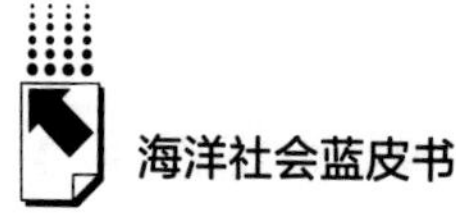

近年来，我国海洋公益服务领域同样注重国际合作，积极履行国际义务。2021 年，青岛市举办了以全球综合性海洋观测系统、海洋大数据平台等为主题的国际论坛；三亚市举办了第二届海洋合作与治理论坛，向全世界介绍海洋治理的海南经验；厦门市举办了 2021 中国海洋经济（国际）论坛。沿海各省份正在共同致力于海洋公益服务合作平台建设。2021 年，我国首次派遣远洋渔业公海转载观察员，体现了我国积极参与全球海洋治理、严厉打击非法捕捞活动的决心与担当。同时，我国继续保持并加强与东盟之间的海洋文化对话交流，举办了海外交通史、东亚海洋史等学术研讨会，推进了各国在海洋文化领域的互信与相互了解，也更好地协调了双边与多边关系。

2021 年，中国海警局致力于与世界各国建立合作机制，与俄罗斯、巴基斯坦、韩国、日本开展了联合演习、高层会议、对话磋商、执法合作等，合作打击海上犯罪，持续深化海上搜救合作。与此同时，中国海警局积极参与多边机制，积极参与南海地区、北太平洋地区、亚洲地区乃至全球范围的海岸警备执法机构论坛并建言献策，致力于推动海上执法合作。中韩两国海警还在 2021 年进行了北太平洋公海渔业执法巡航，切实维护了全球海洋秩序。此外，中国海警局注重对外宣传，建立了英文网站，编制了对外宣传手册，利用各类双边与多边平台，宣传解读《中华人民共和国海警法》，通过微信公众平台等新媒体展示大国海警的良好形象。

六　问题与对策

从 2021 年我国海洋社会的发展动向可知，我国海洋事业发展整体向好，但阻碍因素依然存在，制度化建设依然需要不断突破，综合治理仍需持续推进，海洋科技依然需要长期攻坚。

（一）海洋科技仍然需要长期攻坚

海洋基础研究依然是我国需要长期攻坚与突破的领域。其中，气候变化与海洋治理是我国推动构建海洋命运共同体的重要切入点，治理能力提升是我国当前的重要任务，需要科学地评估气候变化及其对海洋环境的影响，并进一步明确攻坚任务的重点，在加强与完善监测科研机制的同时，不断提高我国海洋治理的能力与潜力。

在疫情的影响下，海洋生态经济后发优势明显不足，产业结构布局需要进一步完善，海洋经济转型升级难度较大，在海洋医药研发、海洋工程装备、海洋船舶设备研制、海洋资源环境承载力监测等领域，我国技术攻坚的任务很重。海洋教育领域存在专业技术人才短缺问题。中小学海洋教育缺乏专业师资团队，导致在海洋教育的社会实践课程中，老师无法为学生做出准确专业的讲解。目前，制约海洋非遗传承与保护的因素主要涉及信息技术、专业人才等方面。其中，信息技术缺乏导致海洋非遗的网络传播与展演形式趋向单一，影响了海洋非遗亮点的呈现。

海洋科技创新是全球海洋中心城市建设不可或缺的内驱力，而目前我国对海洋科技的投入力度不足，影响了科技创新能力的提升，由此影响了成果转化率的提升。当前，我国对海洋高端人才的培养力度仍然不足，缺少国际化的海洋科技人才，涉海类专业一流高校的海洋科技人才也存在储备不足的问题。

（二）制度化建设仍然任重而道远

目前，我国海洋防灾减灾的制度体系仍然存在较大改进空间。虽然近年来我国相关政策陆续出台，为沿海各地海洋防灾减灾工作的开展做出了必要而有效的指导，但法律层面的建设仍然十分欠缺，相关法律亟待完善，海洋防灾减灾的相关工作亟须得到法律层面上的指导和支持。同时，社会组织在我国当前海洋防灾减灾中所发挥的作用与功效日益显著，在法律层面引导社会组织更为规范有序地参与海洋防灾减灾也成为工作重点。

目前，我国在海洋管理领域仍然需要加强顶层设计，要想从宏观战略层面为我国海洋事业做出整体性、制度性安排，必然不能缺少法律法规与政策支持。当前，我国海洋事业各领域的政策规划仍然处于分散状态，国家管理机构难以统筹规划、统一协调。海洋治理是一项长期工作，需要立足长远、通盘规划，以求实现治理主体之间的关系协调化与秩序制度化。

2021 年，我国仍然没有对海洋生态文明示范区建立动态考核评价机制。目前仍然是各地区申请后，按照既定的考核评价体系进行考核，配套政策尚未出台，动态管理明显不足。2021 年，我国海洋防灾减灾能力仍然有待提升，气候变化和灾害应对联动机制还需进一步完善。

海洋生态环境保护同样需要更为健全的法治体系。目前，我国海上执法主体之间仍然存在权责不明的情况，海域联防联控机制也有待建立，海洋治理的信息共享机制仍然处于碎片化状态，无法达到整体性治理的理想效果。近年来，尽管我国出台了一系列海洋防灾减灾政策，但相关法律制度仍不完善，海洋防灾减灾立法仍然任重而道远。

维护海上交通安全，发展高质量海运业，需要更为全面的制度机制保障，在贯彻综合治理观念的同时，进一步明确责任主体。同样地，海洋教育也需要更好的制度保障。目前，中小学海洋教育缺乏规律性与连贯性的问题依然普遍存在，各地开展的海洋教育往往存在活动形式单一、主题缺乏连贯性、教育内容不成体系等问题，无法充分达到效果。海洋非遗的保护与发展也需要完善的管理制度体系。目前，我国还没有针对海洋非遗建立独立的管理制度体系，在制度层面上还存在与其他类别的非遗统一管理的问题，这在一定程度上使海洋非遗的保护与发展难以发挥独特优势与价值。

（三）推进海洋综合治理的阻力仍然存在

目前，我国沿海地区海洋生态环境保护工作不容乐观，海洋综合治理任重道远。我国周边海域的海洋资源承载力较弱，海洋生态环境保护任务依然很重。近年来，港口过度开发使海岸带生态环境压力日渐加大，环境资源的承载能力已经超标，区域开发不平衡问题愈加突出。港口开发利用过度，导致工业用海填海力度加大，陆源污染物排放导致海岸带生态环境脆弱，生态承载力持续下降。

我国海洋高等教育的学科专业结构不平衡，海洋人文学科整体偏弱，政策导向不足，导致海洋高等教育不成体系。海洋教育领域中，无论是高等教育、基础教育，还是社会教育，加强体系性与层次性都是当务之急。此外，《中华人民共和国海警法》明确了中国海警局的定位与职责，是海警法体系的核心与重点，但相关法律法规有待进一步落实，相关法律法规之间的衔接仍亟待加强。

以国内大循环为主体、国内国际双循环相互促进的新发展格局的构建与“一带一路”倡议的深入推进，对我国远洋渔业的发展提出了新要求与新挑战，远洋渔业的发展进入关键转型期，需要顶层设计与长远规划，寻求高质量发展。同样，我国海洋文化的传承与保护也需要高点定位、科学规划，应加强人才培育，完善流通机制，实现海洋文化和旅游相融合的专业化、产业化和智能化发展。

（四）实施海洋治理需要社会公众更有效的参与

目前，各沿海城市的海洋文化底蕴还不够深厚，社会公众的海洋意识不强，要实现建设全球海洋城市的目标，需要大力增强社会公众的海洋意识。

2021 年，社会层面的海洋教育辐射范围仍然有限，我国社会公众接受海洋教育的途径较少，尤其是中西部地区，从认知到实践都缺乏接触海洋教育的有效平台。从事海洋教育相关事业的社会公益组织数量较少，且缺乏资金支持，也影响了海洋领域社会教育的发展。同样地，我国的海洋防灾减灾教育也需要社会组织与社会公众的深入参与。目前，社会组织、社会公众、学校、政府之间仍然存在主体脱节问题，缺乏有机配合，致使海洋防灾减灾教育往往流于表面、偏重形式、缺乏实践，难以达到良好的教育效果。社会组织在宣传普及防灾减灾知识、培养灾害中自救能力等方面的优势显而易见，在物资援助、医疗救护和灾后重建等方面也具有特定优势，我国政府正在逐渐重视社会组织的作用，但如果相应的制度建设无法跟上，必将影响海洋防灾减灾工作的推进。我国社会的海洋教育整体氛围尚未形成，亟须从校园到社会、从职场到家庭深入贯彻实施海洋教育。

2021 年，我国的海洋民俗研究仍然普遍围绕海洋民俗本身，没有对

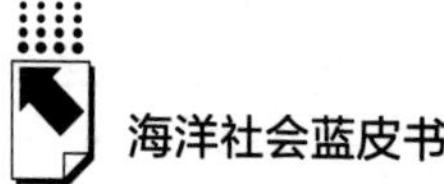

“民”的主体性给予充分的重视，扎根于社会生活的民俗文化传承仍然任重而道远。海洋非遗的传承与发展中，社会公众是最重要的依靠和支撑力量，因此需要提升社会公众的主体性。海洋非遗文化也需要进一步深入社区、走进校园，让自身魅力在社区与校园中展现。

2021 年，在疫情形势依然严峻、发展面临诸多挑战的情况下，我国海洋事业各领域取得了一系列可喜的成绩。但也必须看到，海洋社会发展的问题依然广泛存在，痼疾依然亟待根治。必须不断加大改革与制度化建设力度，助推我国海洋社会可持续发展。

分报告

Topical Reports

B.2

2021年中国海洋生态环境发展报告

崔 凤　刘荆州*

摘　要： 基于对2019~2021年中国海洋生态环境状况的分析，中国海洋生态环境呈现稳中向好的发展态势，海洋环境质量基本可控、海洋生态变化明显、海洋污染程度降低。2020年是“十三五”收官之年，2021年是“十四五”开局之年，这两年中国海洋生态环境修复投入力度更大、参与国际海洋生态环境治理程度更高、更加注重海洋科技水平提升，并出台了《“十四五”海洋生态环境保护规划》。同时，中国海洋生态环境发展面临典型海洋环境问题仍然突出、海洋生态环境法制体系不健全、缺乏海域联防联控机制、治理信息共享机制碎片化等问题。为了进一步推动中国海洋生态环境发展，需要加快推进海洋垃圾污染治理、继续做好陆源污染控

* 崔凤，哲学博士、社会学博士后，上海海洋大学海洋文化与法律学院教授、博士生导师，社会工作系主任，海洋文化研究中心主任，研究方向为海洋社会学、环境社会学、社会政策、环境社会工作；刘荆州，上海海洋大学海洋文化与法律学院2020级硕士研究生，研究方向为渔业环境保护与治理。

制、完善海洋生态环境法制保障体系、促成多元主体参与的跨域协同治理模式和搭建海洋生态环境治理信息共享平台。

关键词： 海洋环境　海洋生态环境　海洋生态环境质量

一　2019～2021年中国海洋生态环境状况

党的十八大以来，生态文明建设纳入“五位一体”总体布局之中，“两山”理论、“新发展理念”、“习近平生态文明思想”等不断提出，生态文明制度的“四梁八柱”逐步建立。海洋生态环境在提供人类生存资源、维系整体生态平衡等方面发挥了巨大作用，海洋生态文明建设是生态文明建设的应有之义。在“我们要像对待生命一样关爱海洋”① 的思想指导下，中国海洋生态环境的保护和治理取得了显著成效，海洋生态环境持续恶化的趋势基本得到遏制。本报告以 2019～2021 年中国海洋生态环境数据为基础，结合海洋生态文明建设实际情况，分析成效、措施、问题和解决对策。2020 年是“十三五”收官之年，2021 年是“十四五”开局之年，在这个关键的规划衔接点，总结中国海洋生态环境保护和治理状况，对稳步推进海洋生态文明建设具有重要意义。

海洋生态环境是一个比较复杂的概念，它与陆地生态系统一样，对地球整体生态平衡至关重要。从自然意义上讲，分析海洋生态环境状况必须从生态系统的循环结构因素出发，按海洋水质、海洋上空大气、海洋生物、海岸带、海洋基底等进行讨论；从社会意义上讲，自然海洋经过人类实践活动改造，被赋予社会性，在分析海洋生态环境状况时应重视分析人海关系，既要强调人类开发利用海洋资源、保护和治理海洋环境对海洋造成的影响，也要

---

① 《习言道 | “我们要像对待生命一样关爱海洋”》，“国际在线”百家号，2022 年 6 月 8 日，https：//baijiahao. baidu. com/s? id = 1735057884081371970&wfr = spider&for = pc。

注意海洋对人类实践活动的反馈和作用。本报告将从海洋环境质量、海洋生态变化和海洋污染程度三个方面入手，根据生态环境部发布的《中国海洋生态环境状况公报》，选取海水水质、海水富营养化、海洋生态系统、绿潮和赤潮灾害、陆源污染等指标总结2019~2021年中国海洋生态环境状况。

（一）海洋环境质量基本可控

1. 整体海水水质较为稳定

按照国家标准对海水水质进行分类，可以明确反映中国海洋生态环境状况。生态环境部监测结果显示，2019年中国夏季一类水质海域面积占管辖海域面积的97.0%，2020年占96.8%，2021年占97.7%。通过比较2019年和2020年各海域水质状况可以发现，2020年，除了二类水质海域面积比2019年少了3600平方千米外，三类、四类、劣四类水质海域面积均比2019年有所上升，但上升幅度不大，仍处于可控水平（见表1）。相比2020年，2021年各类水质海域面积均有减少，且幅度明显。从各海域结构分布来看，黄海海域存在显著异常，其他海域的各类水质海域面积变动较小。黄海海域四类水质海域面积从2019年的490平方千米上升到2020年的4550平方千米，2021年又下降到720平方千米；劣四类水质海域面积从2019年的760平方千米猛增到2020年的5080平方千米，随后又下降到2021年的660平方千米。数据表明，我国于2019年对黄海海域采取了部分生态修复举措，使其水质相比2018年有较大提升；2020年出现反弹后，我国又迅速采取了治理措施。

表1　2019~2021年中国管辖海域未达到一类海水水质标准的海域面积

单位：平方千米

海域	二类水质海域面积			三类水质海域面积			四类水质海域面积			劣四类水质海域面积		
	2019年	2020年	2021年	2019年	2020年	2021年	2019年	2020年	2021年	2019年	2020年	2021年
渤海	8770	9170	7710	2210	2300	2720	750	1020	820	1010	1000	1600
黄海	4890	7430	6310	5410	8300	1830	490	4550	720	760	5080	660
东海	15820	10800	11450	8270	8910	3490	6280	6810	4720	22240	21480	16310

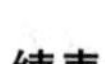

海域	二类水质海域面积			三类水质海域面积			四类水质海域面积			劣四类水质海域面积		
	2019 年	2020 年	2021 年	2019 年	2020 年	2021 年	2019 年	2020 年	2021 年	2019 年	2020 年	2021 年
南海	4850	3330	5070	2550	1140	2920	1040	1100	890	4330	2510	2780
管辖海域合计	34330	30730	30540	18440	20650	10960	8560	13480	7150	28340	30070	21350
差值	-3600*/-190**			2210*/-9690**			4920*/-6330**			1730*/-8720**		

注：* 表示 2020 年与 2019 年的差值，** 表示 2021 年与 2020 年的差值。

资料来源：2019~2021 年《中国海洋生态环境状况公报》。

2. 海水富营养化状态改善明显

富营养化水平根据富营养化指数确定，按程度可分为轻度、中度和重度三类，程度越高表明海域环境质量越差。表 2 展示了 2019~2021 年中国管辖海域呈富营养化状态的海域面积，可以看出中国海域富营养化状态的结构变化，重度富营养化海域面积在 2019~2020 年增加了 2030 平方千米，随后在 2020~2021 年减少了 2230 平方千米；轻度富营养化海域面积也呈现先增后减的趋势；中度富营养化海域面积持续减少，海域富营养化状态整体上相对稳定。从海域分布上看，2019~2021 年东海海水富营养化程度最高，2019 年黄海海水富营养化程度最低，2020~2021 年南海海水富营养化程度最低。重度富营养化海域面积最小的是渤海，2019 年仅有 710 平方千米，2020 年直接降到了 220 平方千米，但 2021 年又上升到了 520 平方千米。结合治理实践来看，2018 年生态环境部、自然资源部、国家发展改革委联合发布《渤海综合治理攻坚战行动计划》，提出到 2020 年渤海海域质量得到提升、海域污染防控得到加强、生态得到修复。2021 年 8 月，生态环境部主持召开新闻发布会，宣告渤海综合治理三年攻坚战圆满收官。①

① 《渤海治理　成效初显》，半月谈网站，2021 年 11 月 5 日，http：//www.banyuetan.org/xszg/detail/20211105/1000200033137251636079461287434224_1.html。

在典型的封闭性海域，要降低海水富营养化程度，必须严格控制入海河流、近岸排污口等陆源污染，并加强海湾和海岸带综合整治。

表 2　2019～2021 年中国管辖海域呈富营养化状态的海域面积

单位：平方千米

海域	轻度富营养化			中度富营养化			重度富营养化			合计		
	2019 年	2020 年	2021 年	2019 年	2020 年	2021 年	2019 年	2020 年	2021 年	2019 年	2020 年	2021 年
渤海	1890	3170	2040	630	860	1010	710	220	520	3230	4250	3570
黄海	1050	5580	1260	510	3230	730	620	1300	290	2180	10110	2280
东海	12810	10490	6120	8930	4520	4040	10450	12310	10620	32190	27320	20780
南海	2360	1530	1210	1450	840	880	1300	1280	1450	5110	3650	3540
管辖海域合计	18110	20770	10630	11520	9450	6660	13080	15110	12880	42710	45330	30170
差值	2660*/-10140**			-2070*/-2790**			2030*/-2230**			2620*/-15160**		

注：* 表示 2020 年与 2019 年的差值，** 表示 2021 年与 2020 年的差值。

资料来源：2019～2021 年《中国海洋生态环境状况公报》。

（二）海洋生态变化明显

1. 海洋生态系统保持良好状态

2019～2021 年，我国典型海洋生态系统大体处于亚健康状况（见表 3），这表明中国大部分海域内的人类实践活动强度已经超出了海洋自然承载能力，且海洋生态系统结构的循环平衡和要素分布也发生了改变，海域生态功能尚能正常运转。2019～2020 年呈不健康状况的海湾都为杭州湾，结合 2017 年、2018 年的监测结果，杭州湾一直处于不健康状况，到 2021 年才转为亚健康状况。海湾是近海民众亲海聚集区，也是河流入海口和企业排污口设置的重点区域，这对海湾环境质量的要求更高，海湾承载的人类实践活动负向压力更大。杭州湾作为长三角联合治理的重点区域，生态系统多年不健康，这是人类过度活动的结果，应引起重视。2019～2021

年，监测的所有河口和滩涂湿地都呈亚健康状况，整体情况可控。2019年，珊瑚礁、红树林等呈健康状况的典型生态系统有3个；2020年有7个；2021年有6个。①

表3　2019~2021年中国典型海洋生态系统健康状况

生态系统类型	生态监控区	2019年健康状况	2020年健康状况	2021年健康状况
河口	鸭绿江口	亚健康	亚健康	亚健康
	双台子河口	亚健康	亚健康	亚健康
	滦河口—北戴河	亚健康	亚健康	亚健康
	黄河口	亚健康	亚健康	亚健康
	长江口	亚健康	亚健康	亚健康
	闽江口	亚健康	亚健康	亚健康
	珠江口	亚健康	亚健康	亚健康
海湾	渤海湾	亚健康	亚健康	亚健康
	胶州湾	亚健康	亚健康	亚健康
	杭州湾	不健康	不健康	亚健康
	闽东沿岸	亚健康	亚健康	亚健康
	大亚湾	亚健康	亚健康	亚健康
	北部湾	亚健康	亚健康	亚健康
滩涂湿地	苏北浅滩	亚健康	亚健康	亚健康
珊瑚礁	广西北海	健康	健康	亚健康
	西沙	健康	健康	健康
红树林	广西北海	健康	健康	健康
海草床	海南东海岸	亚健康	亚健康	亚健康

资料来源：根据2019~2021年《中国海洋生态环境状况公报》相关信息整理。

从海洋自然保护地（区）建设情况来看，2019年我国新增了舟山市东部、温州市龙湾两处省级海洋特别保护区，大连长山群岛国家级海洋公园面积缩减至518.22平方千米。2020年，中国建有国家级海洋自然保护区14

① 2020年呈健康状况的典型生态系统有7个，表3中仅列出3个。其他4个分别为珊瑚礁生态系统中的雷州半岛西南沿岸、海南东海岸；红树林生态系统中的北仑河口；海草床生态系统中的广西北海。2021年呈健康状况的典型生态系统有6个，表3中仅列出2个。其他4个分别为珊瑚礁生态系统中的雷州半岛西南沿岸、海南东海岸；红树林生态系统中的北仑河口；海草床生态系统中的广西北海。

个、国家级海洋公园 67 个。根据 2020 年生态环境部对 4 个国家级海洋自然保护区的生态保护状况监测结果来看，辽宁鸭绿江口滨海湿地、河北昌黎黄金海岸和浙江南麂列岛的生态保护状况等级为良，滨州贝壳堤岛为一般。2021 年生态环境部监测了 12 个国家级海洋自然保护区的生态保护状况，总体状况比较稳定，其中山东黄河三角洲和江苏盐城湿地的生态保护状况等级为一般。以上结果表明，目前国家级海洋自然保护区存在部分海洋开发活动，对自然干扰程度较轻，少数保护区遭到轻微破坏。这需要进一步规范海洋自然保护区建设，做好维护。

2. 赤潮、绿潮发生状况可控

赤潮和绿潮灾害是藻类优势种在特定海域条件下发生暴发性增殖而产生的次生灾害，其成灾过程非常复杂，并能在海洋动力系统作用下产生区域位移。这种海藻华原因种的有害化趋势是海域环境质量降低的表现。具体来说，海藻华本身是无毒的，如引起绿潮灾害的原因种浒苔，它本身具有食用价值和药用价值，可以作为人类生存资源，但受人类生产、生活排污以及近海开发等活动的影响，海水富营养化程度提高，浒苔在适宜的温度和风力作用下容易致灾。2019 年，赤潮在中国海域发生了 38 次，致灾优势种达到 16 类之多，东海原甲藻作为优势种引发的赤潮次数最多。2020 年，赤潮在中国海域发生了 31 次，累计发生面积达 1748 平方千米，有毒赤潮发生过两次，集中于天津和广东深圳近海海域。赤潮一般发生在 5 月和 8 月，主要与致灾优势种所需的生存和发展环境有关。从海域分布来看，赤潮主要发生在东海。2019 年发生赤潮的海域面积分布中，渤海仅有 0. 28 平方千米，黄海有 5 平方千米，南海有 12 平方千米，东海一个海区就有 1974 平方千米，占总面积的 99. 13%。2021 年中国海域赤潮发生频次达到 58 次，超过了往年水平，累计发生面积达 23277 平方千米。总体上，赤潮的发生频次和累计发生面积呈现波动反复趋势。

绿潮与赤潮具有同样的特点，在时间上集中发生于 4 月、5 月，只有少数情况会延续至 8 月，通常在 6 月出现拐点；在空间分布上也有集中发生的海域，主要发生在黄海，基本涉及江苏和山东两省。2019 年 4 月，浒苔绿潮出现在江苏南通如东近海海域；5 月，山东青岛出现大面积浒苔绿潮；6 月，浒苔绿潮出现面积增殖拐点，但最大分布面积从 7 月开始缩小，并到 9 月才消失。2019 年是 2015 年以来浒苔绿潮持续时间最长的一年。2020 年浒苔绿潮的发生时间基本与上年相似，只是持续时间缩短了近 1 个月。从 2015~2021 年的数据来看，2020 年，中国黄海浒苔绿潮最大分布面积和最大覆盖面积都是 2015 年来最小的，其中最大覆盖面积比 2019 年下降了 62.2%（见图 1）。但从 2021 年的数据来看，浒苔绿潮灾害形势再次变得严峻，甚至出现了自 2008 年以来的最恶劣形势。2021 年 6 月的卫星监测结果显示，黄海浒苔绿潮分布面积已经达到 60594 平方千米，覆盖面积累计达到 1746 平方千米，是 2013 年的 2.3 倍。[①]《中国海洋生态环境状况公报》显示，2021 年黄海浒苔绿潮最大分布面积达到 61868 平方千米。对此，青岛市浒苔灾害应急处置指挥部发布了《2021 年青岛市浒苔灾害应急处置工作方案》，并启动了二级响应，建设四道防线对近海海域浒苔进行拦

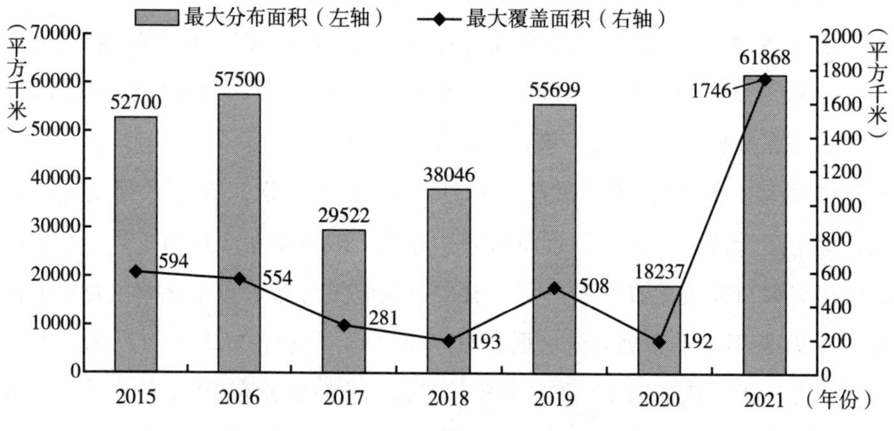

图 1　2015~2021 年中国黄海浒苔绿潮规模

资料来源：2015~2021 年《中国海洋生态环境状况公报》。

---

① 《卫星直击青岛浒苔，到底有多严重》，新华网，2021 年 7 月 7 日，http://www.news.cn/multimediapro/20210707/795d7831e15a484ba2178ae87064ab8b/c.html。

截，通过海上前置打捞、海域前出拦截、重点海域拦截和浅海岸边清理等方式降低浒苔上岸速率和总量。① 青岛市科学技术局启动“近岸海域打捞浒苔应急处置”项目，对浒苔绿潮总体灾情评估、漂移路径监测、动态预警防控和打捞处置方案进行多番论证。可见，浒苔绿潮灾害的发生和治理也呈现反复态势。

（三）海洋污染程度降低

陆源污染是导致海洋污染治理困境的关键性因素，入海河流是输送陆源污染物的主要载体，所以入海河流水质和污染程度可以基本反映海洋污染状况。2019 年，中国对 190 个入海河流断面进行了监测，总体水质状况为轻度污染，基本维持了上年同期水平。2019 年，入海河流断面水质监测中一直未出现Ⅰ类水质；Ⅱ类水质监测点个数为 37 个；Ⅲ类水质监测点个数最多，达到 66 个；劣Ⅴ类水质监测点个数相对较少，为 8 个。其中，Ⅴ类、劣Ⅴ类水质占比分别为 8.9%、4.2%（见表 4），相比 2018 年分别减少了 3.5 个、10.7 个百分点。2020 年，Ⅱ类水质监测点个数增至 43 个；Ⅲ类水质监测点个数仍然最多，增至 88 个；Ⅳ类水质监测点个数达 48 个。另外，2020 年Ⅱ类水质占比相比上年增加了 2.8 个百分点，Ⅲ类水质占比增加了 10.9 个百分点，其余三类水质占比均有不同程度的降低，尤其是劣Ⅴ类水质占比降至 0.5%，已经接近于消失状态。主要超标指标基本相同，为化学需氧量、高锰酸盐指数、五日生化需氧量、总磷和氨氮等，挥发酚和阴离子表面活性剂在 2020 年并未出现。2021 年，入海河流断面水质监测点增至 230 个，Ⅱ~Ⅲ类水质占比同比上升了 3.4 个百分点，劣Ⅴ类水质占比同比下降了 0.1 个百分点。总体上，中国入海河流水质有较大提升，表明中国海洋污染治理取得了进步。

---

① 《黄海海域浒苔灾害阻击战：14 年前首现，青岛今年设四道防线》，“澎湃新闻”企鹅号，2021 年 7 月 5 日，https://page.om.qq.com/page/OeqYj4CmO5vCn-PPiRCXP_yg0。

表 4　2019～2021 年中国入海河流断面水质类别比例

单位：%

年份	Ⅱ类	Ⅲ类	Ⅳ类	Ⅴ类	劣Ⅴ类
2019	19.5	34.7	32.6	8.9	4.2
2020	22.3	45.6	24.9	6.7	0.5
2021	26.5	44.8	26.1	1.7	0.4
差值	2.8*/4.2**	10.9*/-0.8**	-7.7*/1.2**	-2.2*/-5**	-3.7*/-0.1**

注：* 表示 2020 年与 2019 年的差值，** 表示 2021 年与 2020 年的差值。
资料来源：2019～2021 年《中国海洋生态环境状况公报》。

二　2020～2021年中国海洋生态环境发展的措施与成就

2020～2021 年是中国从“十三五”迈向“十四五”的转折时期，海洋生态环境总体质量提升和生态系统维护取得了显著成效。中国对渤海、东海、杭州湾等重点海域和海湾的污染防治措施更趋严格，入海河流污染源控制和近岸海域治理格局逐步形成。海岸带规划、海岛保护、海洋资源开发力度控制、海洋重大工程项目建设等都体现了中国对海洋生态环境治理的重视。具体可从海洋生态环境修复、国际海洋生态环境治理、海洋科技水平和“十四五”海洋生态环境保护规划几个方面总结 2020～2021 年中国海洋生态环境发展的措施与成就。

（一）海洋生态环境修复投入力度更大

在海洋空间管控方面，2020 年 4 月，自然资源部围绕海洋国土空间规划组织修订了《海域使用论证技术导则（修订版）》，这对规范海域项目建设和用海程序、促进海洋空间资源集约化利用具有重要意义。2020 年 5 月，深圳出台了《深圳经济特区海域使用管理条例》，全面禁止围填海，从典型生态系统保护修复，海岸线严格保护、限制开发和优化利用等级划分以及近岸排污口设置、景点打造和工业用地建设等方面提出了严格要求。[①] 2020 年 6 月，自然资源部联合国家发展改革委印发了《全国重要生态系统保护和修复重大工程总体规划（2021—2035 年）》，进一步论证了海岸带管理工作，对滨海湿地保护、典型生态系统保护、岸线修复与植被保护等作出重要部署。[②] 2021 年 7 月，自然资源部办公厅印发了《省级海岸带综合保护与利用规划编制指南（试行）》，进一步规范了省级海洋空间总体规划和详细规划，对规划定位、规划范围和规划成果提出了总体要求。[③]

在海域污染防治方面，2020 年 3 月，海南省发布了《海南省建立海上环卫制度工作方案（试行）》，提出实施近海海滩、河流入海口和海面一体化的海洋垃圾清理制度，将三亚、海口、洋浦经济开发区作为重要试点区域，预计 2023 年全省海上环卫制度保洁面积达到 23494.92 公顷。[④] 2020 年 4 月，自然资源部和生态环境部等多个部门合作开展“碧海 2020”海洋生态环境保护专项执法行动，以严密的法律保障措施控制陆源污染、海上工程项目建设污染和海洋倾倒污染。同年，锦州市启动渤海综合治理攻坚战之一的大凌河口生态修复项目，通过拆除违规建筑物、疏浚通道、保护典型生态系统和修复海岸线等工作提升了渤海的生态环境质量。

在典型海洋生态系统保护方面，2020 年第 12 个世界海洋日主题为“保护红树林，保护海洋生态”。中国持续推动红树林生态系统功能恢复，2000 年以来红树林总面积已增加 7000 公顷，并有《中华人民共和国森林法》《中

① 《深圳出台新规严控围填海用海》，中国海洋信息网，2022 年 2 月 14 日，http：//www.nmdis.org.cn/c/2020-02-14/70639.shtml。

② 《专家研讨海岸带建设规划》，自然资源部网站，2020 年 7 月 31 日，https：//mnr.gov.cn/dt/hy/202007/t20200731_ 2535262.html。

③ 《自然资源部办公厅关于开展省级海岸带综合保护与利用规划编制工作的通知》，自然资源部网站，2021 年 7 月 23 日，http：//gi.mnr.gov.cn/202109/t20210913_ 2680305.html。

④ 《海南建立海上环卫制度》，中国海洋信息网，2020 年 3 月 3 日，http：//www.nmdis.org.cn/c/2020-03-03/70729.shtml。

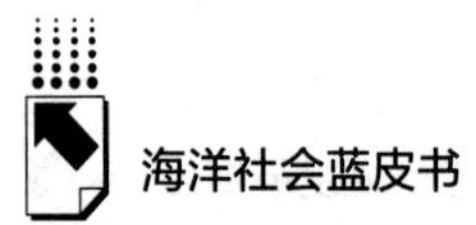

华人民共和国环境保护法》《中华人民共和国海洋环境保护法》将红树林保护纳入范畴。[①] 江苏省自然资源保护厅基于红树林保护开展了线上科普宣传活动。2021 年 1 月，南海珊瑚礁生态联合实验室启用，该实验室联合地方科研单位围绕珊瑚礁保护和全球气候变化开展了研究工作。在生物多样性保护方面，2020 年 6 月，浙江舟山举行了增殖放流活动，以维护海洋渔业资源平衡，同时举行了“亮剑 2020”海洋伏季休渔专项执法行动。[②]

在重要制度建设方面，首先是湾长制。在 2017 年国家开展湾长制试点工作后，各沿海省份陆续开展了本地湾长制试点工作。2020 年，连云港市生态环境局发布了该年度湾长制重点工作任务清单，重点围绕海洋生态环境污染防治、海洋生态保护和修复、海洋灾害风险和应急处置、联合执法督察、完善制度和保障举措等方面强化湾长制建设。[③] 2020 年 10 月，天津生态环境局公布《滨海新区全面推行湾长制实施方案》，建立了“区—街镇（开发区）—村级或相应级别基层单位”三级湾长体系，并形成了“党政牵头、部门协同、属地负责”的制度安排。[④] 2021 年 5 月，山东省人民政府办公厅发布《2021 年全省湾长制工作要点》，着重对渤海湾、莱州湾、丁字湾提出了整治指导意见。[⑤] 其次是蓝碳交易制度。2020 年 9 月 22 日，国家主席习近平在第 75 届联合国大会上首次作出“碳达峰、碳中和”承诺，推动了我国碳排放制度建设。[⑥] 2021 年 6 月，自然资源部第三海洋研究所、广东

① 《世界海洋日：立法保护红树林　修复典型海洋生态系统》，中国海洋信息网，2020 年 6 月 8 日，http://www.nmdis.org.cn/c/2020-06-08/71886.shtml。

② 《舟山增殖放流修复海洋生态》，中国海洋信息网，2020 年 6 月 16 日，http://www.nmdis.org.cn/c/2020-06-16/71991.shtml。

③ 《关于印发 2020 年度湾长制重点工作任务清单的通知》，连云港市生态环境局网站，2020 年 3 月 9 日，http://hbj.lyg.gov.cn/lygshbj/shjgl/content/6767938a-cb13-4cec-9c6e-bf7e278f5317.html。

④ 《滨海新区全面推行湾长制实施方案》，搜狐网，2020 年 10 月 27 日，https://www.sohu.com/a/427712125_673613。

⑤ 《山东省人民政府办公厅关于印发 2021 年全省湾长制工作要点和 3 个省级海湾污染整治指导意见的通知》，山东省人民政府网站，2021 年 6 月 2 日，http://www.shandong.gov.cn/art/2021/6/2/art_107861_112596.html。

⑥ 《关于碳达峰、碳中和，总书记这样说》，求是网，2021 年 9 月 17 日，http://www.qstheory.cn/zhuanqu/2021-09/17/c_1127873054.htm。

湛江红树林国家级自然保护区管理局和北京市企业家环保基金会共同启动了“广东湛江红树林造林项目”，这标志着我国首个蓝碳项目交易完成。[①] 2021年7月，福建省厦门产权交易中心成立了全国首个海洋碳汇交易服务平台，并于同年9月在该平台上达成福建省首个海洋碳汇项目交易，该项目依托泉州洛阳江红树林生态修复，预估形成2000吨海洋碳汇。[②]

（二）参与国际海洋生态环境治理程度更高

2020年，自然资源部第一海洋研究所联合青岛海洋科学与技术试点国家实验室承办了全球海洋观测伙伴关系第21次年会，中国牵头召集了来自世界各地50多个海洋科研所和国际组织的专家、负责人，为保护海洋生态环境、提高海洋灾害预警监测能力和构建海洋命运共同体贡献了智慧，[③] 体现了中国对全球海洋环境治理的深度参与。同年4月，哈尔滨工程大学主办了2020海洋信息国际论坛，按照北美、亚太和欧洲三个研讨区域进行国际化海洋信息交流，推动海洋科技前沿发展。2021年3月，联合国教科文组织发布了海洋空间规划和蓝色经济等海洋发展课题，国家海洋技术中心专家把中国海洋空间规划所取得的成就和经验引入了全球海洋空间规划政策概要。[④] 2021年6月，中国常驻联合国副代表耿爽在《联合国海洋法公约》第31次缔约国会议上提到了日本向海洋排放核污染水问题，在分析日本福岛核污染水危害的基础上，认为日本并没有考虑国际社会持续利用和保护海洋资源的共识，没有履行国际法对缔约国规定的相应义务，表达了中国在处理国际海洋生态环境问题上的基本立场和主张。[⑤] 2021年10月，联合国《生

---

① 《国内首个蓝碳项目交易完成》，国际科技创新中心网站，2021年6月9日，http://www.ncsti.gov.cn/kjdt/kjrd/202106/t20210609_34017.html。

② 《福建首宗海洋碳汇项目交易完成》，自然资源部网站，2021年9月24日，http://mnr.gov.cn/dt/hy/202109/t20210924_2681946.html。

③ 《自然资源部第一海洋研究所为全球海洋观测贡献“中国智慧”》，中国海洋信息网，2020年3月13日，http://www.nmdis.org.cn/c/2020-03-13/70801.shtml。

④ 《全球海洋空间规划政策概要发布》，自然资源部网站，2021年3月23日，http://www.mnr.gov.cn/dt/hy/202103/t20210323_2617969.html。

⑤ 《中国代表对日本单方面决定向海洋排放核污染水深表关切》，人民网，2021年6月25日，http://japan.people.com.cn/n1/2021/0625/c35421-32140241.html。

物多样性公约》第十五次缔约方大会（COP15）在中国昆明举办，该大会讨论了海洋保护区、海洋环境影响评估、海洋遗传资源与能力和海洋技术转让等议题，习近平总书记以视频形式出席该大会并发表了重要讲话，强调共建地球生命共同体。① 2021 年 12 月，中国提出并制定的海洋调查国际标准发布，该标准为各国在海洋生物多样性保护、海洋生态环境质量评价等方面开展合作提供了有利条件。②

（三）更加注重海洋科技水平提升

海洋科技对提高海洋资源开发能力、改进海洋产业生产方式和推动海洋生态环境治理具有重要意义。2020 年 2 月，中国自主研发的潜水器“潜龙二号”完成了第 58 航次，为多金属硫化物区勘探打下了坚实基础；同时，中国南极考察队抵达阿蒙森海开展海上综合调查，这也是“雪龙”号和“雪龙 2”号首次在南极合作执行考察任务。③ 2020 年 2 月，“向阳红 52”船、“向阳红 08”船和“中国海监 101”船等科考船赴渤海、黄海调查海域水体环境质量。2019 年 7 月召开的第三届上海海洋智能装备高峰论坛，将海洋领域科技发展提高到新的水平，强调海洋信息、人工智能、物联网、云计算等高精尖技术对海港、海岛建设的作用，并提出要重点解决海洋信息采集、监测问题，打造智慧海洋。④ 在海洋监测方面，南海环境监测中心放射化学实验室核技术扩项项目于 2020 年启动运行，这为精准监测海洋生态环境状况、推动海洋资源持续利用和生态修复提供了重要技术支持。⑤ 在典型生态系统修复方面，自然

① 《习近平出席〈生物多样性公约〉第十五次缔约方大会领导人峰会并发表主旨讲话》，中国政府网，2021 年 10 月 12 日，http：//www. gov. cn/xinwen/2021-10/12/content_ 5642065. htm。

② 《我国制定的海洋调查国际标准正式发布》，中国政府网，2021 年 12 月 10 日，http：//www. gov. cn/xinwen/2021-12/10/content_ 5659834. htm。

③ 《中国南极考察队完成阿蒙森海科学考察》，中国海洋信息网，2020 年 2 月 10 日，http：//www. nmdis. org. cn/c/2020-02-10/70628. shtml。

④ 《新兴技术驱动智能装备向海洋进军》，中国海洋信息网，2020 年 1 月 2 日，https：//www. nmdis. org. cn/c/2020-01-02/70304. shtml。

⑤ 《南海环境监测中心放射化学实验室核技术升级》，中国海洋信息网，2020 年 4 月 27 日，http：//www. nmdis. org. cn/c/2020-04-20/71300. shtml。

资源部第三海洋研究所以生态位模型预测了红树林边界，精准确定了保护和恢复范围，并通过物种分布模型绘制了中国红树林生态修复潜力图，对海岸带专项规划和生态保护具有重要意义。[①] 2021 年 7 月，自然资源部第三海洋研究所对海草床生态系统食物网和生态连通性的研究也取得了新进展，首次识别中国华南沿岸海草床适生区分布和保护修复优先区，有效发挥了技术优势。[②]

（四）出台《“十四五”海洋生态环境保护规划》

2020 年 7 月，生态环境部表明，国家海洋生态环境保护“十四五”规划编制工作全面启动，目前中国海洋生态环境恶化形势仍未得到根本遏制，近海工农业污染和用海管控等方面还存在众多技术性和制度性问题。同时，生态环境部提出，将以海湾为突破口强化海洋生态环境治理，通过美丽海湾建设落实生态保护理念，并在上海选取 4 个区域开展试点工作。[③] 2020 年 4 月，辽宁省生态环境厅开启了本省海洋生态环境保护“十四五”规划编制工作，对未来海洋生态环境具体目标、海洋生态环境治理状况、海洋生态环境问题清单等做出详细规划。[④] 2021 年 4 月，《厦门市国民经济和社会发展第十四个五年规划和二〇三五年远景目标纲要》印发，强调建设“海洋强市”，重点突出陆海统筹和区域合作的发展理念，推动海洋生态环境保护，完善综合管理协调机制。[⑤] 2021 年 6 月，自然资源部东海局开展了“十四

---

① 《海洋三所绘制中国红树林生态修复潜力图》，自然资源部网站，2020 年 10 月 16 日，http：//mnr. gov. cn/dt/hy/202010/t20201016_ 2565178. html。

② 《我国海草床保护与修复研究获进展》，中国海洋网，2021 年 7 月 23 日，http：//ocean. china. com. cn/2021-07/23/content_ 77646882. htm。

③ 《海洋生态环保“十四五”规划编制全面启动》，自然资源部网站，2020 年 8 月 7 日，http：//www. mnr. gov. cn/dt/hy/202008/t20200807_ 2537313. html。

④ 《关于印发〈辽宁省重点流域水生态环境保护“十四五”规划编制工作方案〉、〈辽宁省海洋生态环境保护“十四五”规划编制工作方案〉和〈辽宁省重点流域、海域生态环境保护“十四五”规划编制工作领导小组、办公室、技术指导组组成方案〉的通知》，辽宁省生态环境厅网站，2020 年 4 月 30 日，http：//sthj. ln. gov. cn/xxgkml/zfwj/lhh/202007/t20200708_ 3903415. html。

⑤ 《厦门市人民政府关于印发厦门市国民经济和社会发展第十四个五年规划和二〇三五年远景目标纲要的通知》，厦门市人民政府网站，2021 年 3 月 26 日，http：//www. xm. gov. cn/zwgk/flfg/sfwj/202103/t20210326_ 2527296. htm。

五”海洋生态预警监测方案编制工作，并协同江苏省、浙江省、上海市等开展海洋生态环境调查、监测、评估、预警和保护修复工作。[①] 2021 年 5 月，浙江省生态环境厅发布了《浙江省海洋生态环境保护“十四五”规划》，量化了未来海洋生态环境保护的指标，并提出三大总体战略和十大重点任务。[②] 2021 年 9 月，上海市海洋局印发了《上海市海洋“十四五”规划》，对高水平保护利用海洋资源、高质量推动海洋经济发展、高标准提升海洋灾害防御能力等方面作出重要部署。[③] 2021 年 11 月，福建省人民政府办公厅印发了《福建省“十四五”海洋强省建设专项规划》，强调打造海洋生态文明建设标杆，强化陆源污染全面监管，推进海洋生态修复和生态价值转化。[④] 2021 年 12 月，海南省印发了《海南省“十四五”海洋生态环境保护规划》，总结了本省在“十三五”时期取得的成效和面临的形势，从陆海联动、绿色低碳循环发展、高精准治污、高效率监管等多个方面作出工作部署。[⑤] 同月，自然资源部还印发了《全国海洋生态预警监测总体方案（2021—2025 年）》，提出从近海生态趋势性监测、典型生态系统现状调查、海洋生态灾害预警监测、海洋生态分类分区等方面加强工作，同时对国家重大战略区域协同监测和监测能力建设提出了详细要求。[⑥]

---

① 《东海区推进“十四五”海洋生态预警监测方案编制》，自然资源部网站，2021 年 6 月 23 日，https：//mnr. gov. cn/dt/hy/202106/t20210623_ 2658797. html。

② 《省发展改革委　省生态环境厅关于印发〈浙江省水生态环境保护“十四五”规划〉〈浙江省海洋生态环境保护“十四五”规划〉的通知》，浙江省生态环境厅网站，2021 年 5 月 31 日，http：//sthjt. zj. gov. cn/art/2021/6/9/art_ 1229263041_ 4662219. html。

③ 《上海市海洋局关于印发〈上海市海洋“十四五”规划〉的通知》，上海市税务局（上海市海洋局）网站，2021 年 12 月 1 日，http：//swj. sh. gov. cn/ghjh/20211216/5c72958f458b4385abd38a1cf6c66e0c. html。

④ 《福建省人民政府办公厅关于印发福建省“十四五”海洋强省建设专项规划的通知》，福建省人民政府网站，2021 年 11 月 24 日，http：//www. fujian. gov. cn/zwgk/ghjh/ghxx/202111/t20211124_ 5780320. htm。

⑤ 《关于印发〈海南省“十四五”海洋生态环境保护规划〉的通知》，海南省生态环境厅网站，2022 年 1 月 14 日，http：//hnsthb. hainan. gov. cn/xxgk/0200/0202/hjywgl/ghjh/202201/t20220114_ 3129541. html。

⑥ 《“十四五”全国海洋生态预警监测总体方案发布》，自然资源部网站，2021 年 12 月 29 日，http：//www. mnr. gov. cn/dt/ywbb/202112/t20211229_ 2716126. html。

三 中国海洋生态环境发展面临的问题

2019~2021年，中国海洋生态环境发展总体稳定，无论是海洋生态环境质量提升、污染源控制、海洋次生灾害防治、典型生态系统持续性维护等工作，还是围绕海洋生态环境治理开展的海洋国土空间规划、海岸带管理、海洋生态补偿、海洋牧场建设、海洋工程环保建设等工作，都体现了海洋生态环境保护顶层设计的不断完善及海洋生态环境质量的稳步提升。但是也要认识到，中国海洋生态环境发展还存在众多问题，海洋资源形势依然严峻，在政策科学性、法律规制力、执行效果和治理技术研发等层面与实际治理需求仍然有一定差距。

（一）典型海洋环境问题仍然突出

近年来，中国海洋生态环境质量总体上确实有进一步的提升，但需要充分认识到治理效果的相对性。一方面，比较基数是相对的，目前海洋生态环境质量的提升主要指的是2019~2021年相比于之前年份的提升。例如，《中国海洋生态环境状况公报》显示，2011年东海和渤海海域水质较差；2015年东海近岸海域水质较差，渤海近岸海域水质一般，天津、上海和浙江等都属于重点污染海域。这种极度恶化趋势已经得到扭转，但与持续性发展水平仍有差距。另一方面，生态环境质量判断标准是相对的，生态环境是一个极度复杂的耗散系统，目前的评价结果只是针对某些代表性指标，当系统地分析海洋生态环境要素时，质量提升相对性就较为明显，典型海洋生态环境问题也较为突出。

首先，海洋垃圾问题不容忽视。海洋垃圾最大的特点是区域移动，其扩散速度快、降解时间长、分布范围广等特性给治理造成巨大困难。海洋垃圾会污染海水和海岸，挤压海洋生物生存空间，并容易引发生物吞食或缠绕，提高生物死亡率，所以治理海洋垃圾任重道远。2019年，中国对49个区域开展了海洋垃圾监测，结果显示，海面漂浮垃圾、海滩垃圾和海底垃圾的数量相比 2018 年增加幅度较大，其中各类垃圾密度在不断缩减，表明海洋垃圾的污染范围不断扩大。2020 年，除了海滩垃圾数量略有下降外，其他指标皆在 2019 年的基础上有所上升（见表 5）。海洋微塑料的碎片化、不易降解、易导致海洋生物吞食死亡等问题也日趋严重。2019 年渤海和东海监测断面海面漂浮微塑料密度分别为 0.82 个/米^3 和 0.25 个/米^3，2020 年东海监测断面海面漂浮微塑料密度上升到 0.32 个/米^3，平均密度为 0.27 个/米^3。2021 年，各类海洋垃圾在数量和密度分布上相较于前两年略有下降，但总体形势仍然严峻，尤其是针对海洋微塑料选取的 6 个海域断面监测数据显示，海面漂浮微塑料平均密度又上升到 0.44 个/米^3。在海洋垃圾治理上，2020 年，农业农村部等 9 个部门联合发布了《关于扎实推进塑料污染治理工作的通知》，推进了最为严格的"限塑令"；《中华人民共和国海洋环境保护法》和《中华人民共和国防治陆源污染物污染损害海洋环境管理条例》等相关法律法规搭建了海洋垃圾治理框架。但还存在海洋垃圾治理进度区域不平衡、相关主体治理责任追溯体系不健全、多主体参与积极性调动不够等问题。

表 5　2019~2021 年中国海洋垃圾状况

单位：件/千米^2，千克/千米^2

	数量			密度		
	2019 年	2020 年	2021 年	2019 年	2020 年	2021 年
海面漂浮垃圾	4027	5363	4580	6.8	9.6	3.6
海滩垃圾	280043	216689	154816	1828.0	1244.0	1849.0
海底垃圾	6633	7348	4770	15.9	12.6	11.1

资料来源：2019~2021 年《中国海洋生态环境状况公报》。

其次，海平面波动上升且区域差异显著。海洋生态环境不仅包括生态系统及其循环发展过程，还包括维系生态系统的环境要素，海平面变化属于敏感度较高的指标。海平面上升是一个受气候变化影响的普遍问题，由于气候变暖加速了陆地和极地冰川融化，海水也会在高温影响下膨胀。海平面上升关系到海岸带整体发展，尤其是海岸典型生态系统的持续性运转。2019~2021 年，中国海平面上升幅度和速率都较高，自然资源部公布的历年《中国海平面公报》显示，自 1980 年以来，中国海平面上升速率为 3.4 毫米/年，2019 年中国海平面较常年高出 72 毫米，2020 年较常年高出 73 毫米。[①] 从海域分布来看，2019 年，渤海、黄海、东海和南海的海平面同比分别上升了 74 毫米、48 毫米、88 毫米和 77 毫米；2020 年，渤海和黄海的海平面同比均上升了 12 毫米，东海和南海的海平面同比均下降了 9 毫米。2021 年，中国海平面较常年仍居高位，与 2020 年相比，渤海和黄海的海平面分别上升了 32 毫米和 28 毫米。图 2 表明，中国海平面相比常年呈显著上升趋势，随着中国沿海城市化和工业化水平提升，海平面上升态势加剧，需要采取措施加以控制。

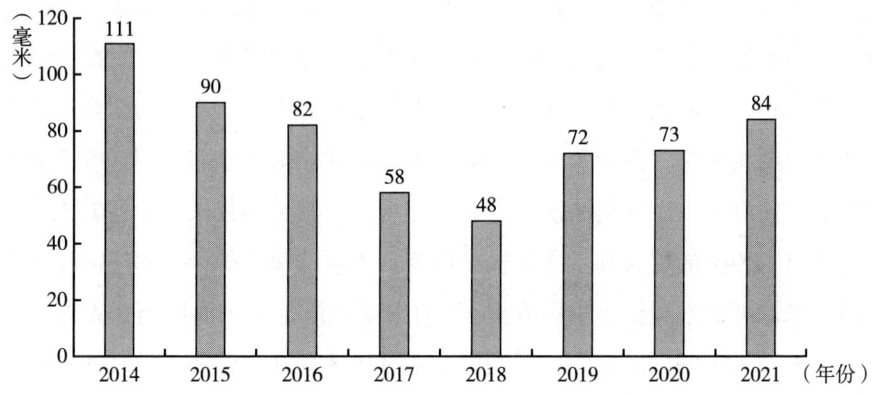

图 2　2014~2021 年中国海平面较常年上升高度变化

资料来源：2014~2021 年《中国海平面公报》。

最后，海洋生态环境受入海河流携带陆源污染和近海港口、海湾直排海污染压力明显，总氮、总磷、氨氮、汞、镍等化学污染物超标率仍较高，海洋大气沉降物中硝酸盐、铵盐、铜、铅和锌含量较高。《2020 年中国海洋生态环境状况公报》显示，这些超标污染物占比在“十三五”期间呈下降趋

① 根据《中国海平面公报》要求，将 1993~2011 年定为常年时段，简称常年。从平均数据来看，1980~1989 年平均海平面处于 1980 年以来的最低位，2010~2019 年平均海平面处于 1980 年以来的最高位。

势，但对海洋生态环境仍有较大影响。中国海洋产业生产总值中，海洋渔业、油气业、矿业、化工业、生物医药业、电力业工程、建筑业和交通运输业总体比重和增长速度皆有所上升，[①] 这一方面表明海洋产业的发展在一定程度上提升了人类对海洋生态环境的干扰程度，另一方面表明出现海洋生态环境问题的风险加大。污染问题尚未解决，潜在风险加剧，将对未来海洋生态环境变化产生重要影响。

（二）海洋生态环境法制体系不健全

海洋生态环境法制体系包括海洋生态环境执法体系、法律体系和法规体系，这些要素共同构成了海洋资源开发、海洋空间占用和海洋经济持续发展等方面的规制性保障，[②] 对落实海洋强国战略具有重要意义。自新中国成立以来，中国海洋生态环境法制体系从仅注重海洋渔业资源、油气资源开采及其公害问题，拓展到提升海洋生态环境保护修复的地位，不断与海洋相关国际法规原则相衔接，并融入构建人类命运共同体、海洋生态文明观等新的指导思想，使海洋生态环境法制体系更加完善。尤其是构建人类命运共同体理念，打破了传统的以自利主义为核心的格劳秀斯法律思想，为解决海洋生态环境领域国际争端提供了中国方案。[③] 但中国海洋生态环境法制体系在宏观上取得长效进步的同时存在一系列问题，具体体现在立法科学性和执法有效性两方面。

第一，在立法问题上需要进一步对现行海洋生态环境治理相关法律法规进行科学性评估和可行性论证。目前，理念落后、无法满足实际治理需求的法律法规未能被及时修订或修改，海洋资源开发或海洋产业发展引发的新问

① 具体数据可以参见近年《中国海洋经济统计公报》，2020 年主要海洋产值增速减缓了 11.7%，但海洋渔业、油气业、矿业、化工业、生物医药业、电力业工程、建筑业和交通运输业的增速都有提升。

② 马英杰、赵敏如：《中国海洋环境保护法制的历史发展与未来展望》，《贵州大学学报》（社会科学版）2019 年第 3 期。

③ 邹克渊、王森：《人类命运共同体理念与国际海洋法的发展》，《广西大学学报》（哲学社会科学版）2019 年第 4 期。

题未能被重视。《中华人民共和国宪法》作为根本法，是中国所有法律的参照准则，但目前宪法仅提到“滩涂”“矿藏”等自然资源。部分宪法提到的自然资源可以划入海洋资源范畴，进而对海洋法律地位做延伸阐释，但实际上无法囊括海洋的所有领域和治理需求，也无法直接为海洋资源开发和生态环境保护提供依据。现有海洋相关法律法规皆属于部门法，并单独针对海洋领域，如《中华人民共和国防治船舶污染海洋环境管理条例》《中华人民共和国渔业法》《中华人民共和国海上交通安全法》。《中华人民共和国海洋环境保护法》也仅是针对海洋生态环境保护的单行法，并非涵盖海洋资源环境、生态保护和管理制度等方面的基本法，其立法理念和法律权责体系亟须完善。目前将该法在名称上修订为《中华人民共和国海洋生态环境保护法》是一个重要突破，[①] 这也得到了生态环境部的高度认可。传统海洋法理念侧重于资源开发和治理污染问题，在法条上忽略了生态环境保护和修复，一些原则性的规定无法适用于新时代生态文明制度建设。[②]

第二，在执法层面上存在执法主体冲突和权责不明等情况。目前，中国海洋执法力量包括中国海警局、海洋与渔业执法总队和其他执法队伍，[③] 灵活统筹各执法主体力量是整体性治理的体现，但这种整合因为没有明确主体权责和地位而无法达成理想效果。这在中国区域分布上表现较为明显，天津、山东、江苏和浙江等地的海上执法人员和船舶设施等都划至自然资源部和农业农村部管理，而实际执法由省内公安等其他基层执法队伍进行；广东和福建两地则单独建立海上综合执法队伍；河北、上海和辽宁三地委托中国海警局执法，其原有执法部门降级为自然资源部和农业农村部处级单位，海上执法人员和船舶设施严重分割，无法满足实际执法需求。生态环境部、农

① 《关于政协十三届全国委员会第四次会议第 2022 号（资源环境类 224 号）提案答复的函》，生态环境部网站，2021 年 6 月 28 日，https：//www. mee. gov. cn/xxgk2018/xxgk/xxgk13/202112/t20211202_ 962591. html。

② 郭院：《论中国海洋环境保护法的理论和实践》，《中国海洋大学学报》（社会科学版）2008 年第 1 期。

③ 《对十三届全国人大三次会议第 4710 号建议的答复》，生态环境部网站，2020 年 10 月 29 日，https：//www. mee. gov. cn/xxgk2018/xxgk/xxgk13/202012/t20201201_ 810764. html。

业农村部、自然资源部、中国海警局以及沿海各省份相关执法部门存在职责边界模糊、分工协作不明确、执法效率低下等问题。

（三）缺乏海域联防联控机制

海洋最大的自然特性就是承载面积辽阔且流动性强，渔业资源的高度洄游性、海洋污染源的广泛性、海洋环境问题影响范围的扩散性等都是独特表现形式，这也是海洋环境问题极度复杂的外部性条件。海洋环境问题的跨域性是在海洋水体均质条件下产生的，呈整体性板块化扩散状态，目前的治理多采取属地化管理模式，海域对应的行政区为各治理主体，属于分散性海域分割。由此，跨域海洋环境问题成为海洋生态文明建设中最大的短板。目前，中国最典型的跨域海洋环境问题包括渤海环境治理问题、江苏和山东两省的浒苔治理问题、海洋垃圾问题和海洋溢油问题等，国际对中国的影响主要集中于洄游鱼类捕捞和养护问题、日本核污染水污染中国海域问题、外来海域物种入侵问题等。

渤海是一个半封闭性海域，海域内部海水流动性强，但海域外部海水交换通畅性远低于中国其他海域，所以内部纳污能力和环境修复能力相对较弱。基于“陆地本位”视角来看，北京、天津、河北、山东和辽宁五省份的近岸海域共同构成了渤海，海域内的资源开发利用和生态环境问题，不论大小，通常由五省份各自治理，缺乏“渤海”海域整体性观念。随着《渤海碧海行动计划》《渤海综合整治规划》等一系列政策的实施，渤海治理取得了阶段性成效，但缺乏常态化和制度化的海域联防联控机制来巩固渤海污染防治攻坚成果。这点也充分体现在苏鲁两省份对浒苔治理的冲突中。按照理性选择途径分析，两省份都基于自身利益从海洋开发经济权、海域环境发展权等立场进行治理战略布局，行政体制分割了黄海海域浒苔治理事权，并缺乏明确的权责边界，导致浒苔治理困境。目前，我国缺乏海域联防联控机制，治理主体权责不明，不能从共同发展利益出发投入治理成本，中央介入和地方自主合作开展海域治理未能有效形成科学组织形式，这是海洋生态环境治理亟须解决的重要问题。

（四）治理信息共享机制碎片化

信息是治理理论中的一个常见概念，一切可以达成治理效果的资源、决策、规范、规划和部署都可以称为具体信息，保障公共问题治理不仅包括信息本身的科学性和有效性，还包括信息保真传播渠道、信息共享协调机制和信息弹性。由此，在海洋生态环境治理领域中，信息既是海洋系统要素本身的结构和状况，又是“影响或可能影响环境状况的各类立法、计划、决策、行动以及人事安排等”①。中国海洋生态环境治理领域目前存在“信息孤岛”现象，尚缺乏较为完善的信息共享机制。② 从信息本身来看，中国海洋生态环境质量监测由生态环境部、自然资源部等主管部门负责落实，全国统一监测平台的搭建能够揭示总体现状，但还存在监测指标不连续、生态要素覆盖不全面、建设规划冲突、归属部门冲突、监测标准冲突等问题。对于典型生态系统和海洋污染情况，只采取了抽样方法进行区域性监测，覆盖范围相对有限，同时缺乏全面的海洋纳污能力和现状系统评估。另外，从微观层面来看，现有环境监测和治理信息都是从宏观层面建立评估指标，缺乏人文关怀和事实描述。口述史和口述环境史为社会民众记录生态环境变化提供了新方式，但是并未出现官方部门的践行示例。当然，深远海洋监测技术发展也是重要条件，缺乏深远海洋监测技术、监测人才和监测仪器等都将导致中国难以应对海洋生态环境问题。

从信息共享和传递机制来看，缺乏共商、共建、共享的机制和平台。在市场作用下，向海排污权交易和蓝碳交易等要想达到完全竞争，就必须保证所有信息是充分共享的。但实际交易中，剩余排污指标、碳排放指标、碳汇储备等必要信息都无法有效公开和接受市场监督，导致排污主体和排污区域与指标容量错配，并引发生态补偿或区际补偿问题。海洋生态环境的公共性和非排他性使参与主体陷入“理性经济人”局限，信息的交流和沟通不是

① 李长友：《论区域环境信息协作法律机制》，《政治与法律》2014 年第 10 期。

② 张江海：《整体性治理理论视域下海洋生态环境治理体制优化研究》，《中共福建省委党校学报》2016 年第 2 期。

基于共同利益最大化立场，而是为了个体利益最大化，这增加了治理难度。掌握治理信息和资源最多的部门，也存在部门本位主义的利益观念，产生信息垄断和不对称现象。信息传递链阻断较为严重的是社会组织和民众参与，往往信息都是自上而下传达，传递层级化加大了信息失真风险。

四　中国海洋生态环境发展的对策建议

“十三五”期间，中国海洋生态环境总体发展稳中向好，近岸海域环境污染防治工作有效开展，海洋生态系统保护和修复水平不断提升。2021 年是“十四五”开局之年，是实现第一个百年奋斗目标的收官之年，是开启全面建设社会主义现代化国家的关键之年。加快建设海洋强国，加强海洋生态文明建设，对推进第二个百年奋斗目标具有重大意义。打造可持续的海洋生态环境，从重点海域防治、美丽海湾建设、陆源污染物控制、海岸带管理等方面加强顶层设计，是未来海洋生态环境建设的重要任务。①

（一）加快推进海洋垃圾污染治理

尽管多数学者认为，海洋垃圾是近年来全球兴起的新议题，但海洋与陆地环境差异巨大，海洋动力系统作用强大，自古以来海洋就被视为纳污场所。公元 4 世纪罗马帝国的君士坦丁堡、14 世纪荷兰和英国的海港城市、17 世纪北美的波士顿都曾向近海排污，造成富营养化，并开启漫长的治理过程。② 现代海洋垃圾的种类和结构组成与古代存在显著差异，对海洋生态环境和人类生存都有巨大影响，加强海洋垃圾治理应将科学技术和政策制度相结合。③ 一是提升海洋垃圾监测和处理技术的研发水平，目前基本分类

① 《中华人民共和国国民经济和社会发展第十四个五年规划和 2035 年远景目标纲要》，中国政府网，2021 年 3 月 13 日，http：//www. gov. cn/xinwen/2021-03/13/content_ 5592681. htm。

② 毛达：《海洋垃圾污染及其治理的历史演变》，《云南师范大学学报》（哲学社会科学版）2010 年第 6 期。

③ 崔野：《全球海洋塑料垃圾治理：进展、困境与中国的参与》，《太平洋学报》2020 年第 12 期。

标准是海滩垃圾、海底垃圾、海面漂浮垃圾和海洋微塑料，但根据海洋垃圾尺度和空间分布差异还有众多性质区别，相应治理要求也有不同。海洋垃圾是典型的海洋跨域污染问题，并且是全球性的跨域。通过对中国海洋垃圾包装信息识别并追溯海洋垃圾来源发现，82.02%的中国海洋垃圾源于国外，且其中的96.30%来自越南、马来西亚等东南亚国家，[①] 这与地域距离和海洋动力作用密切相关。需要大力开发监测技术，弄清海洋垃圾的源头、漂浮路径、降解过程，厘清责任。同时，要了解全域状况，全面监测中国管辖海域海洋垃圾污染基底和生态环境风险。另外，按照不同海洋垃圾特性开发打捞效率高、有针对性、绿色转化的处理技术，对治理具有重要意义。

二是从政策角度厘清不同主体的责任。针对海洋垃圾漂浮和迁移特性，需要建立完善的责任追溯体系，明确利益相关方承责方式、承责内容和承责效果监督制度。应在充分评估海洋垃圾危害的基础上提升治理重要性认知。在法律层面上，不能仅强调陆源塑料控制，2020 年修订的《中华人民共和国固体废物污染环境防治法》并不能直接对海上生产活动产生的塑料垃圾和其他海域迁移产生的垃圾进行法律规制，应重点在《中华人民共和国海洋环境保护法》的海域污染防控条款中明确海洋垃圾污染监管追责体系。在治理主体上，应明确政府主体责任，尤其是明确当海洋垃圾治理责任划分到各基层部门时，如何处理部门关系、跨域政府关系等问题。还需加强对公众的引导，开展“限塑减塑”环保教育活动，抓住“六五环境日”和“世界海洋日”的宣传契机，开展海洋垃圾科普教育，并联合海洋环保社会组织进行净滩志愿活动。提供政策咨询和建言献策的平台，畅通民众和社会对海洋垃圾治理的了解渠道。发动企业积极承担社会责任，鼓励创新生产方式绿色转变，推行简化包装和绿色包装，开发对海洋垃圾集中打捞和资源化利用的相关技术，建立生产、流动、消费、回收、转化的循环发展模式。

---

① 张婷等：《西沙群岛七连屿绿海龟（Chelonia mydas）产卵场海滩垃圾调查》，《生态学杂志》2020 年第 7 期。

（二）继续做好陆源污染控制

海洋本身不适合人类居住，海上人类活动日渐增多，但总体强度相比陆地更低，由河流入海、大气传输、风力搬运和直接人类活动形成的陆海循环系统强化了陆地污染源对海洋的影响。建设“美丽海湾”、打造高质量亲海空间，必须解决河流入海口、近海海湾等陆海交接地带的污染问题。必须控制陆上工业污染、农业污染和生活污染等多源头污染对近海水质的影响，以总量控制制度为基础，严格防止入海河流输送或直排海污染源，尤其是要控制总氮、总磷和氨氮等污染元素的超标排放。排污口要严格按照海岸带专项空间规划和海洋主体功能区划布局，结合“三线一单”的管控模式，做到合理布局，坚决避免排污区域近海海湾建设和滨海旅游景点建设的海域空间冲突。同时，要控制近海农田农药、化肥施用总量，并改进农田薄膜塑料生产和利用技术，做好使用回收工作。

要继续坚持重点海域的污染防控攻坚措施，巩固海域生态环境治理成果。在解决陆上工业、农业污染的同时，应加强生活污水处理设施的建设。在近海农村，应以乡村振兴、生态宜居要求为导向，开展农村生活垃圾和生产垃圾的集中回收和转运处理工作，继续推进“厕所革命”。对城市生活污染处置，要继续做好雨污分流的排污改革，管控好城市垃圾集中处置，避免其成为海滩垃圾。要更加注重近海港口绿色化发展，重点监管码头和船舶污染，控制船舶污染排放，鼓励船上污染物集中装置、上岸处理，建立船舶预警机制，防止漏油或安全事故对海洋造成影响。

（三）完善海洋生态环境法制保障体系

要提升海洋生态环境治理能力，必须解决现行海洋生态环境保护法律体系的立法、执法、司法等问题。首先，要以切实维护国家利益为宗旨，积极参与和主导国际海洋法秩序的重构。[①] 继续秉持构建海洋命运共同体理念，

① 于宜法、马英杰、薛桂芳、郭院：《制定〈海洋基本法〉初探》，《东岳论丛》2010 年第 8 期。

按照共商、共建、共享的治理观提供中国智慧，面对国际海洋资源开发和跨国海洋生态环境问题，以各国地位平等、相互包容的态度共同商议，并以国际法框架为支撑保障各国基本权益。中国属于海洋地理条件不利国，面临繁杂的海洋国际争端问题和跨国海域环境问题，只有与国际接轨并掌握话语权和主动权，才能更好地维护国家海洋权益。

其次，在国内海洋环境法制保障方面，应高度重视并积极启动《中华人民共和国海洋环境保护法》修订工作，改变传统的以自然资源利用和污染治理为核心的法律措施，增加海洋生态环境保护和修复条款，以风险预防和预警原则为指导构建预防型法律体系。还应提高海洋生态环境的法律地位，积极开展专项研讨会论证海洋生态环境写入《中华人民共和国宪法》的必要性、合理性和科学性。逐步完善海洋垃圾治理、海洋排污治理、海洋区域合作治理等方面的法律法规。关注《中华人民共和国刑法》中环境污染罪的定罪要件和标准，明确污染、破坏海洋生态环境的构罪判定范围。加快制定海洋基本法，整合目前分散性的仅针对海洋资源开发、空间管控、污染治理等具体领域的法律规章。[①] 通过设立具有统领性、基础性和指导性的海洋基本法，形成针对不同主体及其行为的统一规范标准，以推动对海洋生态环境保护的专门治理。另外，应推动除了海洋污染防治以外的海洋生态系统维护，包括海洋资源和典型海洋生态系统等，要明确《中华人民共和国海洋环境保护法》中海洋资源开发程序规范、利用总量上线、惩罚和追责标准等内容设定，打破海洋渔业资源、矿产资源等单独依托《中华人民共和国渔业法》《中华人民共和国野生动物保护法》《中华人民共和国矿产资源法》的分散局面。[②] 依法执行也是法律体系的重要一环，应明确各类违法行为的执法主体和责任，打破传统法条仅作原则性规定的局面。

① 李龙飞：《中国海洋环境法治四十年：发展历程、实践困境与法律完善》，《浙江海洋大学学报》（人文科学版）2019 年第 3 期。

② 马英杰、赵敬如：《中国海洋环境保护法制的历史发展与未来展望》，《贵州大学学报》（社会科学版）2019 年第 3 期。

（四）促成多元主体参与的跨域协同治理模式

面对海洋生态环境问题的高度复杂性、成因跨域性和影响外部性，[①] 构建多元主体彼此信任、平等协商、共赢合作的跨域协同治理模式是重要之策。首先，应促进跨域治理主体协同，形成以政府为主导，企业、社会组织、公众等多元主体参与的海洋生态环境治理共同体。当前的海洋生态环境问题十分复杂，依靠任何单一主体的单向治理并不能有效整合治理资源，"政府失灵"、"市场失灵" 和 "志愿失灵" 的治理结果是推动多元主体参与治理的理论逻辑。[②] 其次，应当建立利益协同机制。海洋生态环境作为一项公共资源，具有明显的公共性和非排他性，治理主体的理性选择逻辑很容易导致竞争行为并产生冲突，只有转变利益相关主体的传统理念，对海洋生态环境治理形成长远、全局性和持续性的利益共识，才能达成激励相容点。同时，要处理好治理成本分摊问题，既要做好陆源防控工作，又要做好海洋资源持续性开发和典型生态系统保护工作，海洋产业发展增加的治理成本也需要有合理化的利益表达渠道和成本分担机制。[③]

（五）搭建海洋生态环境治理信息共享平台

要保障海洋生态环境治理主体的多元参与和行动协同，关键在于治理信息的公开透明和协调畅通，充分保障各主体的知情权、参与权和决策权。应以沿海各省份为依托，在倡导利益共赢的价值前提下，借助互联网、区块链等现代化信息手段，搭建全国性的海洋生态环境治理信息共享平台。有效调动政府、企业、社会组织和公众等多元主体的治理力量，整合海洋灾害预警防治、海洋生态环境问题科学治理、海洋环境监测评估、海洋生态修复等科

---

① 陶国根：《生态环境多元主体协同治理的三重逻辑分析》，《福建农林大学学报》（哲学社会科学版）2022 年第 2 期。

② 陶国根：《生态环境多元主体协同治理的三重逻辑分析》，《福建农林大学学报》（哲学社会科学版）2022 年第 2 期。

③ 黄静、张雪：《多元协同治理框架下的生态文明建设》，《宏观经济管理》2014 年第 11 期。

学信息。既要保证海洋生态环境治理信息的实时性、准确性和系统性，推动治理资源互联互通；又要强调信息的共建性和责任体制，信息建设主体必须对平台内信息负责，并保障各参与主体的共享和监督权利。

例如，在推动蓝碳增汇和蓝碳交易时，所需信息十分庞杂。需要利用蓝碳监测、核算、评估、捕捉等先进科技，构建一套蓝碳基础数据齐全、计算标准统一、可操作性强和能够运用推广的数据测算体系，同时要做好国家碳源总量和海洋碳汇底数调查，切实评估“双碳”达标的规划实施进度，为调整碳排放目标提供数据参考。要开发海洋碳容量评估系统，并比较海洋碳库结构要素比重，对贡献率高的生态系统碳库加大保护、修复和扩充力度，达到海洋碳汇的固定与转移。以上信息的建立和共享对国家统筹治理蓝碳增汇具有重要意义，还可以推动政府在此基础上建立蓝碳交易总量和初始分配制度，① 利用有偿与无偿相结合的形式，采取竞争、拍卖等手段对各企业蓝碳减排总额进行初次分配。要建立能够促使各方共赢的蓝碳交易和回报机制，② 必须保证碳排放量配额及其实时剩余配额，以及蓝碳交易量、蓝碳汇总量及其交易平台、交易方式、交易手续和交易法律效力等信息的公开透明和实时共享。

① 白洋、胡锋：《我国海洋蓝碳交易机制及其制度创新研究》，《科技管理研究》2021 年第 3 期。

② 范振林：《开发蓝色碳汇助力实现碳中和》，《中国国土资源经济》2021 年第 4 期。

B.3 2021年中国海洋教育发展报告

赵宗金　李云青*

摘　要： 2021年，我国持续推进全民海洋教育，学校海洋教育和社会海洋教育都取得了不同程度的进展。中小学海洋教育呈现明显的合作育人特征，高等海洋教育学科体系更加完善，社会海洋教育日趋活跃。但是，海洋教育在发展过程中仍然存在一些问题：中小学海洋教育缺乏规律性和连贯性，缺乏专业教师团队，教育内容不成体系；高等海洋教育对象和内容缺乏层次性，学科专业结构不均衡，大学生海洋意识落后于海洋强国战略要求；社会海洋教育政策导向不足，公众接受海洋教育途径有限。本报告基于以上问题提出了相应的建议，以推动我国海洋教育的发展。

关键词： 海洋教育　学校海洋教育　社会海洋教育　海洋素养

一　中国海洋素养概念及构成体系

2020年的《中国海洋教育发展报告》指出，海洋教育的目标由海洋意识教育转变为海洋素养教育，海洋素养成为推动海洋教育发展的核心概念。[①] 但是目前，海洋素养这一概念并没有确切的含义，海洋素养内容架构

* 赵宗金，哲学博士，中国海洋大学国际事务与公共管理学院副教授，研究方向为教育政策研究；李云青，中国海洋大学国际事务与公共管理学院硕士研究生，研究方向为教育管理研究。

① 赵宗金、胡丝具：《中国海洋教育发展报告》，载崔凤、宋宁而主编《中国海洋社会发展报告（2021）》，社会科学文献出版社，2021，第36~56页。

研究仍处于起步阶段。在我国推进海洋教育发展的重要阶段，亟须明确中国海洋素养的概念，构建中国海洋素养教育体系。2021 年，学界对此进行了诸多探讨，有必要进行梳理。

自鸦片战争以来，中国民众的陆地思维不断积累和固化，重陆轻海的传统观念很难在短期内得到纠正。新时代，中国的发展需要通过经略海洋的方式走向长远，这就要求中国民众具备更高水平的海洋素养。海洋素养的概念最早由美国国家海洋教育者协会（NMEA）在 2004 年提出，该协会认为海洋素养是指人们能够清楚地认识自己和海洋之间的相互影响作用，并提出海洋素养七原则。[①] 海洋素养不仅包括民众对海洋文化知识的了解与认识，也包括民众对海洋及其资源的负责任行为。[②] NMEA 提出的海洋素养概念及其框架体系得到了全球的普遍认可，对世界各国海洋教育的发展产生了深远影响。我国学者马勇于 2012 年在国内首先提出海洋素养教育的概念，指出海洋素养包括人们与海洋相关的认知、情感、道德、意志和行为等，而海洋素养教育就是教育者为培养受教育者的海洋素养而进行的教育活动。[③] 马勇教授指出，根据习近平总书记“关心海洋、认识海洋、经略海洋”[④] 的讲话精神和海洋强国战略的要求，在“构建海洋命运共同体”与“人海和谐”理念的指导下，我国海洋教育需转型为海洋素养教育，海洋教育目标必须提升到海洋素养培养的层次，应构建我国海洋素养教育体系。[⑤]

刘训华教授在第三届中国海洋教育论坛的报告中首次提出了“中国海洋素养”的概念，即“中国海洋素养是一种动态的、与国情相联系的、不

---

① 刘训华：《教育性是海洋教育的第一属性》，《宁波大学学报》（教育科学版）2021 年第 2 期。

② 严佳代：《亚洲海洋教育合作与发展契机》，《宁波大学学报》（教育科学版）2019 年第 6 期。

③ 马勇：《何谓海洋教育——人海关系视角的确认》，《中国海洋大学学报》（社会科学版）2012 年第 6 期。

④《习近平：要进一步关心海洋、认识海洋、经略海洋》，中国政府网，2013 年 7 月 31 日，http：//www. gov. cn/ldhd/2013-07/31/content_ 2459009. htm。

⑤ 马勇：《从海洋意识到海洋素养——我国海洋教育目标的更新》，《宁波大学学报》（教育科学版）2021 年第 2 期。

断与时俱进的体系，是对公民了解海洋的基础要求"①。他指出，学生是推进海洋素养教育最主要的力量，是接受海洋素养教育的最主要群体。他在对 NMEA 提出的海洋素养七原则进行批判继承的基础上，从社会素养（社会参与）、人文素养（人文情怀）、科学素养（科学探索）、生态素养（生态互享）四个维度构建了满足中国国民发展需要的海洋素养体系。其中，社会参与包含主权意识、海洋社会、法治思维；人文情怀包含文史底蕴、海德锻造；科学探索包含科学精神、探索海洋、勤于实践；生态互享包含人海共生、资源保护、海洋环境。社会素养是基础素养，体现了国家主权与社会意识；人文素养是根本属性，体现了海洋对人的影响与熏陶；科学素养是关键素养，中国人需要强化科学意识和科学行为；生态素养是保障，是保护人海关系的重要形态。刘训华教授深刻阐释了中国海洋素养面向大中小学生课程的推进逻辑以及面向全体国民社会海洋教育活动的推进逻辑。

中国海洋素养侧重于海洋，最终指向人与海洋的和谐发展，其概念的提出以及结构体系的构建对评估海洋素养水平、提升海洋教育质量具有重要意义。

二 2021年度海洋教育新发展

（一）学校海洋教育进展

1. 中小学海洋教育合作育人特征凸显

中小学海洋教育是全民海洋教育的基础，对全民海洋素养的提高具有关键性作用。目前，我国中小学海洋教育的实施主体是学校，各中小学校通过开设专门的海洋课程或者将海洋教育与其他学科教学相融合来教授海

① 《第三届中国海洋教育论坛在青岛召开，学界首次提出"中国海洋素养"概念》，未来网，2021 年 12 月 20 日，http：//gongyi. k618. cn/gyzx/202112/t20211220_ 18229191. htm。

洋知识，培养中小学生的海洋意识和海洋素养。随着中小学海洋教育不断深入，政府及社会力量的支持作用日益凸显，呈现学校、政府、社会合作育人的特征。2021 年，我国中小学海洋教育主要通过课堂学科教学、课外海洋研学、海洋相关科普讲座等方式进行，海洋图书馆、海洋科技馆、海洋科普馆等一批海洋教育基础设施投入使用。作为最早尝试海洋教育的区域之一，青岛市的海洋教育走在前列。2021 年 5 月，青岛市成立中小学海洋教育集团，该集团由全市 33 所高水平海洋教育学校共同组成。① 这一举措标志着青岛市中小学海洋教育合作育人局面的逐渐形成，有利于缩小城乡中小学海洋教育的差距，实现中小学海洋教育均衡发展，从整体上推动青岛市新时代海洋教育高质量发展，为全省乃至全国中小学海洋教育发展提供了借鉴。除了青岛外，广州、江苏、浙江、天津等多地中小学依托高校、政府组织、涉海机构，开展了面向中小学生的海洋科普讲座、海洋类知识竞赛、海洋文化节等海洋主题活动，并打造了一系列中小学海洋教育课程，丰富了中小学海洋教育资源。在海洋教育课程建设上，部分中小学依托高校专家团队，打造具有知识性、实践性、创造性、探究性的海洋课程体系；在海洋教育课程实施上，青岛、威海、潍坊、舟山等多地中小学正积极探索海洋教育课程与德育课程融合发展的路径，实现海洋教育与学科素养的有效融合。此外，各地中小学充分利用高校、政府、涉海机构等提供的多方资源，让中小学海洋教育不再局限于校园课堂教学，如 2021 年舟山市首批教育品牌项目“普陀样板：中小学海洋教育实践研究”顺利完成孵化，并积极与中国海洋大学、广西科学院及其他涉海高校和科研院所合作，进行海洋教育的深入交流。② 中小学充分利用海洋馆、博物馆、科研院所等校外实践学堂，极大地满足了中小学生的多元化需求。2021 年中国中小学海洋教育发展事件见表 1。

---

① 《青岛市中小学海洋教育集团成立 33 所学校引领海洋教育“青岛模式”》，中国报道网，2021 年 5 月 18 日，http：//qwfb. chinareports. org. cn/cjjt/77510. html。

② 《普陀区教育局积极开展海洋教育收获颇丰》，舟山市教育局网站，2021 年 8 月 4 日，http：//zsjy. zhoushan. gov. cn/art/2021/8/4/art_ 1229137172_ 58885237. html。

表 1　2021 年中国中小学海洋教育发展事件

类型	事件
中小学海洋教育	山东省举办首届中小学生海洋知识竞赛
	自然资源部南海局与广州新港中路小学联合举办“海洋法律进校园”及“宪法知识进校园”活动
	自然资源部国家海洋技术中心以“探索海洋世界、播种科学梦想”为主题，在天津市南开区科技实验小学开展科普讲座
	青岛嘉峪关学校与中国海洋大学共同打造海洋科普知识系列课程——“海底探秘集结计划”
	青岛海逸学校海洋科普馆揭牌
	广东海洋大学水生生物博物馆开展海洋知识普及活动，发放《我国海洋有毒鱼类》《海洋世界》《神奇的贝类》等科普读物 500 余册
	上海海事大学附属北蔡高级中学举办海洋科普讲座
	中国海洋发展基金会在内蒙古自治区捐建的第一个海洋图书馆在通辽市第五中学揭牌
	山东开展面向中小学生的“向海而生”蓝色海洋教育活动
	自然资源部北海局科考基地向中小学生开放“蛟龙”号母船——“向阳红 09”船，以及我国第一艘科考船“大洋一号”船
	青岛市举行“全国大中学生海洋文化创意设计大赛优秀作品展”等主题展览
	青岛贝壳博物馆联合北京大学地质博物馆开展两地小学生互动交流活动
	舟山市普陀区教育局编写的一套中小学海洋教育拓展课程丛书由海洋出版社出版
	青岛市第七届中小学海洋节启动仪式暨“我心目中的海洋”主题绘画活动在青岛银海大世界举行
	青岛市中小学海洋教育集团成立，海洋教育首次以教育集团形式覆盖了 33 所学校，并辐射全市学校
	中国海洋发展基金会捐建的青岛三十九中海洋图书馆揭牌成立
	青岛打造海洋研学旅游目的地
	山东省海洋局开展了海洋书籍进校园活动，赠送《我们的海洋》系列书籍共 1 万余册给青岛、重庆和新疆的小学
	中国海洋发展基金会面向 35 所“海洋育苗项目”学校的全体师生举办了我爱海洋“双讲”活动大赛
	大连开展海洋生物科普公益活动

资料来源：根据国家海洋局网站、海洋信息网信息整理。

2. 高等海洋教育学科体系更加完善

与中小学海洋教育相比，高等海洋教育更具专业性。中小学海洋教育注重通过海洋学科课程和海洋实践课程培养学生的海洋认知、情感、道德、意志、行为等基本素养，而高等海洋教育在培养大学生基本海洋素养的基础上，更加注重培养大学生的海洋科学专业素养，致力于培养海洋领域的专业人才。2021 年，我国高等海洋教育的发展主要体现在以下几个方面。一是涉海高等教育机构和研究机构不断增多。截至 2021 年，我国已经建成 10 所直接以海洋命名的高校，高校海洋学院、海洋实验室及海洋研究中心等达几十所。2021 年 8～9 月，齐鲁工业大学、哈尔滨工程大学等院校陆续在青岛建设海洋学院，依托青岛的海洋优势，集聚海洋创新资源，在培养高层次海洋科技人才、促进我国海洋事业的发展上共同发力。[①] 此外，中山大学等多所院校建设了海洋研究所、实验室，进一步为海洋科学研究创造了条件。二是海洋教育学科体系不断完善。建设海洋教育学科是加强海洋科技人才培养的基础。2021 年 12 月 10 日，教育部下发《关于公布 2021 年度普通高等学校本科专业备案和审批结果的通知》，智慧海洋技术本科专业首次在哈尔滨工程大学增设。[②] 此外，部分高校不断推进交叉学科建设，如江苏海洋大学在测绘科学、地理科学、计算机科学等学科交叉融合的基础上增设“遥感科学与技术”本科专业；浙江大学海洋学院全力推进“海洋技术与工程”交叉学科建设。三是海洋教育活动分层。高等海洋教育活动与基础海洋教育活动在内容和形式上有较大差异，高等海洋教育活动更具学术性和专业性，既有面向高校专家学者和相关研究人员的学术论坛、专题研讨会，也有面向高校学生的海洋主题知识竞赛、设计大赛、专题讲座、参观访学等。前者侧重于通过学术研讨的方式进行海洋科学研究，后者则侧重于通过开展更具趣味性的活动提升大学生的海洋素养。海洋科学研

① 李勋祥：《12 所高校在青密集布局海洋教育》，《青岛日报》2021 年 9 月 15 日，第 4 版。

② 《教育部关于公布 2021 年度普通高等学校本科专业备案和审批结果的通知》，教育部网站，2021 年 12 月 10 日，http：//www. moe. gov. cn/srcsite/A08/moe_ 1034/s4930/202202/t20220224_ 602135. html。

究多为政府、高校、涉海机构合作进行。2021年中国高等海洋教育发展事件见表2。

表2　2021年中国高等海洋教育发展事件

类型	事件
高等海洋教育	广东海洋大学寸金学院转设为湛江科技学院
	中国地质大学(北京)海洋与极地研究中心成立并揭牌
	哈尔滨工程大学新增智慧海洋技术本科专业
	第三届中国海洋教育论坛在青岛召开
	厦门大学、中国海洋发展基金会、福建省海洋与渔业局联合主办的2021永续海洋论坛在厦门开幕
	我国最大的海洋综合科考实习船"中山大学"号入泊珠海的母港
	北京大学海洋研究院发起首届"从未名湖走向深蓝——北大海洋文化周"活动
	青岛海洋科学与技术试点国家实验室西区四期智库大厦项目主体结构封顶
	《海洋经济》创刊10周年学术论坛在天津召开
	自然资源部海洋发展战略研究所和厦门大学南海研究院联合主办首届新时代全球海洋治理国际讲习班
	全国大中学生第十届海洋文化创意设计大赛成功举办
	2021中国极地科学学术年会在上海举行
	河北举办第六届大学生海洋知识竞赛
	中国科学院大学海洋学院启用
	齐鲁工业大学海洋技术科学学院青岛园区正式启用
	哈尔滨工程大学青岛创新发展基地建成
	浙江大学海洋学院主办了2021年"全国海洋技术类"专业建设交流会
	中国地质大学(北京)开展海洋知识竞赛
	浙江大学海洋学院举办"蓝碳"主题展览及海洋科普趣味活动
	浙江海洋大学举办"海洋防灾减灾科普展"
	广东海洋大学举办海洋生物知识竞赛
	江苏海洋大学申报的"遥感科学与技术"本科专业获教育部批准,该专业将培养从事海洋遥感等方面工作的复合应用型人才
	江苏省自然资源厅授予江苏海洋大学"江苏海洋科普教育基地"铜牌
	江苏海洋大学第六届海洋科技文化节开幕
	中山大学建设海水养殖技术实验室
	长江口及邻近海域海洋科学类专业联合野外实践活动在浙江海洋大学落下帷幕
	同济大学海洋与地球科学学院暑假实践团到青岛海洋地质研究所参观学习

续表

类型	事件
高等海洋教育	北部湾大学围绕“海洋经济高质量发展的思考”主题开展专题讲座
	海洋碳汇专题研究工作推进会在天津召开，来自山东大学、浙江海洋大学、天津科技大学等高校的专家参加会议
	中国海洋大学将原海洋技术系转为海洋技术学院
	中国近现代海洋史研究中心揭牌仪式暨专题报告会在江苏海洋大学举行
	广西规划建设北部湾海洋大学
	广西申请将北京航空航天大学北海学院与桂林电子科技大学北海校区合并转设为“广西海洋学院”

资料来源：根据国家海洋局网站、海洋信息网信息整理。

（二）社会海洋教育日趋活跃

近几年来，随着海洋强国战略的推进，除了学校海洋教育迅速发展之外，社会海洋教育日趋活跃。2021 年，我国社会海洋教育的发展主要体现在以下几个方面。一是海洋教育主体多元化，呈现政府主导、高校渗透、社会力量逐渐壮大的特征。首先，政府一直在面向社会公众的海洋教育中发挥着主导作用，不仅体现在政策和资金的支持上，也体现在“海洋周”“海洋文化节”等主题活动的举办上。此外，海洋研究中心、海洋科普教育基地、海洋科技馆等机构的建设为社会海洋教育的开展创造了条件。其次，高校作为学校海洋教育的主体，通过联合政府、企事业单位、其他高校举办面向社会公众的科普、竞赛等活动，在社会海洋教育中也发挥着渗透作用。最后，水族馆、海洋科普基地、海洋博物馆等场馆在全国各地不断发展壮大，它们通过为大中小学生以及社会公众开展科普活动、组织知识竞答、举办文化节、推出主题展览等，逐渐成为开展社会海洋教育的重要力量。二是海洋教育活动主题和形式丰富。面向社会公众的海洋教育活动主题、形式逐渐丰富，在活动主题上涉及海洋科普、海洋减灾、海洋文艺、海洋科研等多个领域；在活动形式上既有线上科普、宣传、知识竞答，也有线下实地参观、海洋科普宣传会等，增强了社会海洋教育活动的趣味性，激发了公众的参与热

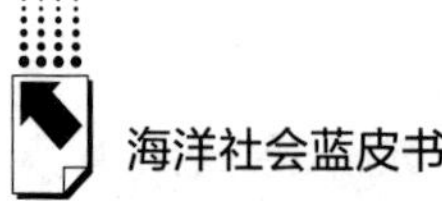

情。三是部分国内、国际社会海洋教育活动具有广泛性、连续性特点。例如，截至 2021 年，由国家海洋局、共青团中央等单位举办的面向全国范围内本专科学生及社会公众的全国海洋知识竞赛已经连续举办 13 届，提高了全国各地民众学习海洋知识的热情，有效引导社会公众形成关心海洋、认识海洋的意识。2005~2022 年，厦门国际海洋周已成功举办 15 届，逐步发展成具有广泛影响力的国际性海洋周，成为国内、国际海洋各界对话、交流与合作的重要平台。2021 年中国社会海洋教育发展事件见表 3。

表 3　2021 年中国社会海洋教育发展事件

类型	事件
社会海洋教育	洛阳龙门海洋馆开展全国科普日活动
	上海海洋水族馆开展共享“我的绿色”——海洋生态文明知识线上有奖竞答
	海南省推进蓝碳研究中心建设
	原青岛国家海洋科学研究中心和山东省海洋生物研究院合并组建山东省海洋科学研究院
	南海海洋所举办 2021 年科学节公众开放日活动
	厦门市海洋发展局确定支持 16 个海洋科技成果转化项目
	广东多次组织省、市级地质、海洋灾害风险普查宣传培训会
	海上丝路国家海洋空间规划与蓝色经济发展研修班启动
	2021 年海洋合作与治理论坛在三亚成功举办
	深圳市举行海洋生态环境暨渔业资源保护执法成果大型宣传活动
	广东惠州海洋科普教育基地挂牌成立
	2021 中国海洋经济博览会在深圳举行
	第三届潍坊国际海洋动力装备博览会在潍坊举办
	《中国海洋及河口鱼类系统检索》出版
	2021 年海洋空间规划技术国际培训班开班仪式在天津举行
	中国农民丰收节系列活动暨第二十四届中国(象山)开渔节开渔仪式在象山石浦港举行
	中国海洋发展基金会在全国沿海省市主办全国净滩公益活动
	中国地质大学(北京)海洋学院“蓝色海洋讲师团”在青海省化隆县开展“西望知海”系列活动
	明月海藻科技馆举办青岛西海岸文旅市集
	2021 年世界海洋日暨全国海洋宣传日主场活动在山东青岛举行

续表

类型	事件
社会海洋教育	2021 智慧海洋论坛在北京举行
	厦门举办 2021 国际海洋周
	舟山与自然资源部第二海洋研究所推进东海实验室建设
	青岛红树林度假世界举办第三届海洋光影狂欢节
	海洋生态保护论坛在贵州省贵阳市召开，主题为“基于自然解决方案的海洋生态保护修复实践”
	2021 舟山群岛·中国海洋文化节暨休渔谢洋大典在岱山县鹿栏晴沙中国海坛举行
	山东省海洋局制作了海洋日主题公益广告和《向海、向洋、向未来——海洋强省建设纪实》短片
	广东省举办“江门·发现海洋之美”摄影大赛
	自然资源部第二海洋研究所举办 2021 世界海洋日/公众开放日“庆祝百年华诞，传递蓝色梦想”大型科普活动
	江苏省授予连云港市清洁海岸志愿服务中心“江苏海洋卫士”称号
	大连举办第五届海洋文化节
	青岛制作海洋日公益宣传片，主题为“争创全球海洋中心城市”
	全球海洋科技创新创业大赛在青岛西海岸新区启动

资料来源：根据国家海洋局网站、海洋信息网信息整理。

三 海洋教育发展存在的问题

2021 年，我国学校海洋教育和社会海洋教育共同推进，都取得了不同程度的进展，呈现一些新的特征。在中小学海洋教育方面，政府及社会力量的支持作用日益凸显，呈现学校、政府、社会合作育人的特征；高等海洋教育持续发展，涉海高等教育机构和研究机构不断增多，海洋教育学科体系不断完善；社会海洋教育日趋活跃，海洋教育主体多元化，教育活动主题、形式丰富，且部分国内、国际社会海洋教育活动具有广泛性、连续性特点。尽管国内海洋教育呈现良好发展态势，但学校海洋教育和社会海洋教育在发展过程中仍然存在一些问题。

（一）中小学海洋教育存在的问题

1. 中小学海洋教育缺乏规律性和连贯性

我国中小学海洋教育逐渐呈现学校、政府、社会合作育人的局面，增强了中小学海洋教育活动的丰富性，但是也存在碎片化的问题。中小学海洋教育活动种类繁多，有政府部门举办的海洋知识竞赛，有涉海高校、科研院所举办的海洋科普活动，也有海洋馆、科技馆等单位举办的海洋研学活动，但是由于活动主办方繁杂，各类海洋教育活动形式单一，主题缺乏连贯性。科研院所、涉海高校等面向中小学生开展的海洋科普讲座也没有规律性，而且同一主题的讲座面向不同学段的学生，没有充分考虑各个学段学生对海洋认知的差异。

2. 中小学海洋教育缺乏专业教师团队

目前，大多数中小学缺乏专业的海洋教育教师，教师在带领学生进行社会实践的过程中，对学生提出的问题并不总是能给出准确、专业的解答，如青岛地区大多数中小学校会开展捡拾贝壳制作贝壳画活动，教师带领学生到海边捡贝壳，学生们只是觉得漂亮，但对于贝壳的类型、名称等并不了解，教师们也不能给出明确的答案，海洋科普活动变成了简单的艺术创作活动。

3. 中小学海洋教育内容不成体系

海洋教育既包含海洋基础知识教育，也包含海洋基本素养教育。除了青岛、舟山等沿海地区的部分中小学校已经或者将要开设海洋教育课程、研发校本教材外，其他地区的中小学校几乎都没有设置专门的海洋教育课程，大多是通过学科渗透的方式将海洋教育与历史、地理、生物等学科相融合，在融合过程涉及的海洋相关内容也较少。并且，学科渗透的方式存在破坏原有学科独特性的弊端，也无法充分体现海洋教育内容的独特性，容易导致课程与内容的碎片化。① 此外，不同学科按照各自的课程标准展现有限的海洋相

---

① 曾佑来、李德显：《我国中小学海洋教育困境及其破解路径》，《教学与管理》2020 年第 6 期。

关知识，缺乏学科之间的横向联系，而且很少涉及海洋法律、海洋权益等深层次内容，海洋知识缺乏有效联系且不成体系，使学生难以深入认识和理解海洋。①

（二）高等海洋教育存在的问题

1. 高等海洋教育对象和内容缺乏层次性

大学生是高等海洋教育的核心对象，但是由于院校层次、学历类型以及大学生认知水平、个体背景特征等方面存在差异，高等海洋教育的对象不能笼统地归为大学生。政府在开展某些活动时，没有区分本专科生和研究生，高校在开展某些活动时也没有区分高年级和低年级学生；教育主体多为本科生，缺少对研究生的教育；高校在不同学习阶段所教授的海洋教育内容没有差别，容易出现学生随着年级的升高对学习海洋知识的热情逐渐降低的问题。②

2. 高等海洋教育学科专业结构不均衡

在学科专业设置上，目前我国大部分涉海高校以海洋科学、海洋工程、海洋管理类专业为主，海洋社会、海洋法律等人文学科专业整体偏弱。③ 随着我国海洋产业转型升级，海洋生物医药、海洋新能源开发等新兴产业以及海洋化工、海洋现代服务等传统产业快速发展，对创新型海洋领域专业人才的需求也有了新的变化。但目前我国高等海洋教育学科专业结构不均衡，没有合理的层次和类别的规划、区分，不能有效满足我国海洋产业的发展需求，海洋人才结构也难以满足海洋经济发展的需求。

3. 大学生海洋意识落后于海洋强国战略要求

增强“认识海洋、关注海洋、服务海洋”的海洋意识，具备亲海、爱海、护海的海洋素养是海洋强国战略对高等海洋科技人才的要求。近年来，

---

① 王宇江、马莹：《论中小学海洋教育多学科课程融合的价值及路径选择》，《现代教育》2020 年第 6 期。

② 钟鸣：《新时代高校海洋教育的现状及思考》，《吉林省教育学院学报》2021 年第 9 期。

③ 吕扬、王颖：《我国海洋高等教育现状及学科分布统计分析》，《管理观察》2016 年第 34 期。

高校通过开设海洋教育通识课程、专业课程，以及开展丰富多样的海洋教育活动，在一定程度上帮助了大学生认识海洋、传播海洋。但是调查显示，大学生对海洋的认知仍然处于较低水平，海洋素养亟待提高。[①] 这一方面是因为受"重陆轻海"传统思想的影响，大学生海洋意识淡薄，缺乏海洋思维；另一方面是因为海洋宣传教育力度不够、内容零散，缺乏系统性、规划性，大学生缺乏从事海洋事业的意愿和热情。

（三）社会海洋教育存在的问题

1. 公众接受海洋教育途径有限

受地理位置、海洋资源等自然环境因素以及政治、经济等社会环境因素的限制，我国社会海洋教育开展受限，公众接受海洋教育的机会有限。尤其是我国中部和西部等离海较远的地区，无论是从思想上，还是行为上，认识海洋、亲近海洋的途径和机会相比东部沿海地区较少。从目前面向社会公众开展的海洋教育活动来看，大多都是政府部门发起的海洋宣传教育活动，活动时间集中于"世界海洋日"宣传期间，活动主题和形式较为单一。社会涉海组织机构数量较少，而且缺少资金支持，仍然处于初步发展阶段，面向社会大众开展的海洋宣传教育活动数量较少、规模较小。此外，在海洋知识传播方面，涉及海洋主题的科普和文艺类作品数量不多，而且更新速度较为缓慢，限制了海洋知识的传播和普及范围。[②]

2. 政策导向不足，海洋教育不成体系

目前，我国海洋相关政策大多集中于海洋保护、海洋经济发展、海洋生态等。在学校海洋教育方面，有少量涉及海洋学科建设、海洋专业人才培养的政策；在社会海洋教育方面，只是在海洋人才培养、海洋经济发展等政策中提及提升国民海洋素养等内容，缺少直接、系统的海洋教育指导性文件。[③]

① 瞿芳：《2020 年大学生海洋素养调查分析》，《天津航海》2021 年第 3 期。

② 戢守玺、韩蕾：《海洋认知视阈：中国民众的海洋意识形成与提升思路》，《沈阳农业大学学报》（社会科学版）2018 年第 5 期。

③ 肖圆、郭新丽、宁波：《海洋教育：教育思想与实践的嬗变》，《海洋开发与管理》2022 年第 3 期。

例如，广西发布的《广西向海经济发展战略规划（2021—2035 年）》[①] 中，只提到了海洋高等教育和海洋职业教育，并没有面向公众的海洋教育的相关论述。

四　海洋教育发展建议

（一）中小学海洋教育发展建议

1. 系统整合海洋资源，提高中小学海洋教育活动的连贯性

海洋教育资源的有效整合是中小学海洋教育达到理想成效的重要保障。[②] 中小学校应有效挖掘并充分利用好政府、高校、社会各方提供的海洋教育资源，根据学校特色以及学生的身心发展特点整合优质海洋教育资源，促进海洋教育活动的有序开展。首先，中小学校应在政府部门和相关政策的指导和推动下，主动探求区域内的社会资源，积极主动与高校、科研院所以及海洋馆等涉海机构开展合作，提高海洋教育的丰富性和专业性。其次，中小学校应对可获取的各项海洋教育资源进行战略性整合，即对各方资源进行分析筛选，按照教育目标、教育内容进行系统整合、统筹配置。最后，中小学校应根据学段、学生特点，制定一系列活动主题和实施计划，将碎片化的海洋教育活动变成有组织、成系统的系列活动，加强中小学海洋教育活动的规律性和连续性。

2. 加强教师进修和培训，打造海洋教育专业师资队伍

教师在中小学教育教学中具有主导作用，要想提高中小学海洋教育质量、促进海洋教育的发展，就必须提高教师的海洋教育专业化水平。[③] 首先，

---

① 《广西向海经济发展战略规划（2021—2035 年）》，广西壮族自治区海洋局网站，2021 年 11 月 15 日，http://hyj.gxzf.gov.cn/zwgk_66846/xxgk/fdzdgknr/zcfg_66852/zxfggz/t10969687.shtml。

② 杨鸿清、王山：《以海洋教育拉动区域教育特色化高质量发展的青岛市南实践》，《中国教育学刊》2021 年第 11 期。

③ 马勇、马丹彤：《中小学海洋教育的进展、偏差及矫正》，《宁波大学学报》（教育科学版）2019 年第 3 期。

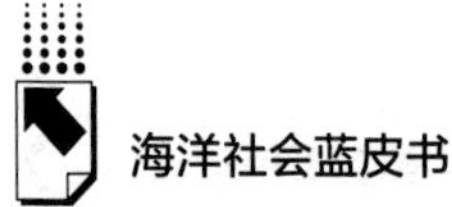

中小学校要加强与涉海高校以及科研院所的联系，定期开展海洋教育教师培训。一方面，中小学校可以让本校教师去涉海高校进行海洋理论与技能的进修学习，使其海洋教育教学水平有效提高；另一方面，中小学校可以选聘涉海高校和科研院所的专家为教师开展定期培训。其次，中小学要加强与其他海洋教育示范学校的交流合作，形成学校间的横向交流机制，以海洋教育教研会等形式进行经验交流，相互借鉴、共同提高。最后，中小学校可以定期在校内开展海洋教育研讨会，进一步促进海洋教育教师的专业发展。

3. 开发海洋教育课程，形成海洋教育内容体系

根据目前我国中小学海洋教育实践来看，既可以开设海洋教育专门课程，也可以将海洋教育与各学科融合，还可以开展研学、竞赛等活动。首先，在学科渗透中，以各学科教材为载体，增加海洋教学内容，并加强不同学科间海洋教育内容的联系，尝试构建海洋知识体系。其次，各中小学校要依据当地的相关政策、教育资源以及自身特点，有针对性地开设海洋教育课程，可以选择国家或者地方海洋教育教材，也可以开发校本教材。[1] 最后，整合政府、社会各方海洋教育资源，开设海洋教育活动课程，全方位提高中小学生的海洋素养。

（二）高等海洋教育发展建议

1. 加强顶层设计，制定高等海洋教育规划

高等海洋教育规划是指通过统筹教育要素，就高校如何进行海洋教育、促进学生树立海洋观念、增强海洋意识等进行顶层设计，制定完善的教育框架并不断优化。[2] 首先，需要针对不同层次、年级、专业的大学生制定相应的培养计划和实施方案，同时，各级地方政府和高校要在政策和资金上配合和支持规划的实施。其次，政府部门要根据院校层次、学生学历和专业类型

① 杜鹃、卢灵、蔡景灿：《海纳百川：我国海洋基础教育的主题与策略探讨》，《中小学管理》2020 年第 12 期。

② 钟鸣：《新时代高校海洋教育的现状及思考》，《吉林省教育学院学报》2021 年第 9 期。

等牵头组织相关领域的专家学者编制海洋类教材，构建符合不同层次大学生培养目标的海洋教育内容体系，全面推进高等海洋教育发展。

2. 以海洋强国战略为引领，合理布局海洋类学科专业

海洋教育是一个新兴学科，[①] 涉及政治、经济、文化等多个领域的知识，呈现多学科交叉的特点。涉海高校对海洋专业人才的培养需要与国家和社会海洋经济发展相适应，要以海洋强国战略实施需要为出发点，设置和调整海洋类学科专业，满足国家海洋事业发展对海洋专业人才的需求，适应海洋经济的发展。既要深入挖掘和发挥传统海洋类学科的优势，又要以发展的眼光超前布局满足新兴海洋产业发展需要的学科专业，着力促进学科专业之间的交叉融合，催生新兴学科专业的建设和完善，探索构建海洋类学科专业调整的动态机制，以满足区域海洋经济发展需要。[②]

3. 构建海洋课程思政体系，培育海洋精神

培养海洋精神是海洋教育的主旨，[③] 要将海洋教育融入思政课程，强化学生建设海洋强国的理想信念，加强大学生海洋人文教育。高校思政课程能够使学生通过理论学习热爱、关心海洋，树立参与海洋开发和利用的意识。[④] 因此，高校需要积极探索将海洋教育融入思政课程的路径，根据大学生的特点，开设海洋选修课、公共课，在思政课程中加入海洋历史与文化、海洋道德与法律、海洋开发与管理、海洋国防等教育内容，使大学生能够运用马克思主义基本原理分析海洋理论和实践问题，培育大学生的海洋精神。

（三）社会海洋教育发展建议

1. 建立社会海洋教育机构，推进教育主体多元协同

社会海洋教育以全体社会公众为对象，目的是增加人的海洋知识、增强

---

① 阮水芬：《海洋素养的质性评价研究》，《上海教育科研》2016 年第 3 期。

② 《造就更多留得住干得好的海洋人才》，“中国教育新闻网”百家号，2021 年 6 月 7 日，https://baijiahao.baidu.com/s?id=1701867529250168703&wfr=spider&for=pc。

③ 李巍然、马勇：《面向未来人的海洋精神品质培养》，《宁波大学学报》（教育科学版）2021 年第 2 期。

④ 高建平：《高校思想政治理论课渗透大学生海洋观教育探析》，《思想教育研究》2012 年第 11 期。

人的海洋意识、培养人的海洋素养。社会海洋教育的实施主体是政府部门，特别是生态环境部宣传教育中心。但仅靠国家有关部门面向社会公众开展海洋教育活动是远远不够的，需要更多的主体参与进来。社会组织对促进社会海洋教育发展具有重要作用，因此，我国应该加快建设海洋教育社会团体，使政府部门、涉海高校、科研院所等海洋相关领域的从业者密切交流合作，形成海洋教育共同体，充分、有效地整合、利用多方海洋教育资源，创新海洋教育活动的内容和形式，提升公众的参与热情和关注度。

2. 加快出台海洋教育政策，丰富社会海洋教育活动

公众海洋意识的培养以及海洋教育质量的提高离不开政府政策和资金的支持。因此，政府部门要加快推进海洋教育指导性政策的制定和实施，为各地开展社会海洋教育提供具体的行动指南和方案。此外，为缓解各地社会组织的资金筹措困境，使各类海洋教育活动顺利开展，政府部门需要设立专项基金，加大对开展海洋教育活动的经费支持力度。涉海高校、科研院所、社会组织等主体则要深入贯彻落实国家政策，充分利用自身资源，定期开展海洋相关科普教育和技能培训活动，免费向公众提供参观海洋馆、水族馆、科普基地的机会，基于社会视角举办形式多样的涉海类竞赛、科普活动，共同增强公众的海洋意识。①

3. 充分利用数字化资源，促进海洋教育均衡发展

我国海洋教育呈现明显的地理区位特征，要想促进我国海洋事业的发展，就要处理好地域发展不平衡的问题。既要谋求东部沿海地区与中西部内陆地区之间的均衡，也要注重沿海地区之间的均衡。首先，要深化沿海地区和内陆地区海洋教育的交流与合作。沿海地区要充分利用地域优势，合理地开发、利用当地的海洋教育资源，提高海洋教育活动的丰富性和创新性，提高大中小学生以及社会公众的参与热情。内陆地区由于相对缺乏鲜活的海洋教育资源，可以充分发挥文旅等领域的优势，将海洋教育与其他领域融合，达到渗透教育的目的。其次，要加强沿海地区海洋教育的交流与合作。要积

① 马勇、王欣莹：《韩国海洋教育发展现状及其启示》，《世界教育信息》2019 年第 13 期。

极搭建学校以及社会海洋教育经验交流平台，积极借鉴青岛、浙江等海洋教育发展相对迅速地区的成功经验。同时，要优化涉海高校的空间布局与专业设置，加强人文学科中海洋相关专业的设置，增加海洋选修课。最后，要充分利用数字资源，促进各地区海洋教育资源共享。我国大多数海洋博物馆、科技馆等机构设有专门的网站，有些机构还能够提供虚拟服务，实现三维数字化场景体验。中西部地区可以充分利用互联网、VR 等手段，增强海洋实践体验。此外，海洋教育网站的建设对实现海洋教育资源共享也具有重要作用。

B.4 2021年中国海洋管理发展报告

李强华 陈孜卓*

摘 要： 2021年是中国共产党成立100周年，也是“十四五”开局之年。在新阶段，我国海洋立法与执法进一步完善，海洋生态环境管理逐渐规范，海洋灾害预警与应急防御管理能力持续提升，海洋科技与数字化管理不断创新，海洋资源管理更加全面，海洋管理相关学术研究更加专业化。未来，我国的海洋管理工作将呈现以下三个趋势：海洋发展规划更加全面；沿海城市发展速度加快；深度参与全球海洋治理。未来，应该进一步做到以下几点：完善制度机制建设，保障海上交通安全管理；构建海洋产业发展新格局，推动海洋治理现代化；加强海洋生态环境修复管理工作。

关键词： 海洋管理 海洋经济 海洋强国

一 海洋管理现状

2021年3月11日，十三届全国人大四次会议表决通过了关于“十四五”规划和2035年远景目标纲要的决议。[①] 该纲要明确提出，积极拓展海洋经济发展空间，坚持陆海统筹、人海和谐、合作共赢，协同推进海洋生态

* 李强华，博士，上海海洋大学海洋文化与法律学院副教授，研究方向为海洋政策与海洋战略；陈孜卓，上海海洋大学海洋文化与法律学院硕士研究生，研究方向为渔业环境保护与治理。

① 《十三届全国人大四次会议表决通过关于“十四五”规划和2035年远景目标纲要的决议》，中国政府网，2021年3月11日，http://www.gov.cn/xinwen/2021-03/11/content_5592248.htm。

保护、海洋经济发展和海洋权益维护，加快建设海洋强国。[①] 2021 年，我国海洋立法与执法、海洋生态环境管理、海洋灾害预警与应急防御管理、海洋科技与数字化管理、海洋资源管理、海洋管理相关学术研究等工作持续推进。

（一）海洋立法与执法

首先，国际层面，顺利完成多项巡航任务，维护了我国的海洋权益，提高了我国的国际地位。2021 年 4 月 20~26 日，中国海警 6306 舰与韩国海洋水产部无穷花 36 船组成编队，在中韩渔业协定暂定措施水域开展了 2021 年第一次联合巡航，增进相互了解、深化双方合作。[②] 2021 年 7 月 30 日，由中国海警局“衢山舰”与“海门舰”组成的舰船编队从上海起航，前往北太平洋公海执行为期 31 天的渔业执法巡航任务。这是《中华人民共和国海警法》出台后中国海警首次赴北太平洋公海巡航，也是中国海警在 2020 年 6 月获得北太平洋公海渔船登临检查权后的第二次巡航。[③]

其次，国家层面，一是不断健全海洋法律体系。2021 年 1 月 22 日，十三届全国人大常委会第二十五次会议表决通过《中华人民共和国海警法》，为进一步规范和保障海警机构履行职责，维护国家主权、安全和海洋权益，保护公民、法人和其他组织的合法权益提供了有力的法律保障。[④] 此外，我国新修订了《中华人民共和国海上交通安全法》，为贯彻实施该法，交通运输部已完成《中华人民共和国海事行政许可条件规定》《中华人民共和国海上海事行政处罚规定》《中华人民共和国水上水下活动通航安全管理规定》

---

① 《中华人民共和国国民经济和社会发展第十四个五年规划和 2035 年远景目标纲要》，共产党员网，2021 年 3 月 13 日，https：//www. 12371. cn/2021/03/13/ARTI1615598751923816. shtml。

② 《中韩海上执法部门开展中韩渔业协定暂定措施水域联合巡航》，中国政府网，2021 年 4 月 27 日，http：//www. gov. cn/xinwen/2021-04/27/content_ 5603340. htm。

③ 《中国海警赴北太平洋公海开展渔业执法巡航》，中国政府网，2021 年 7 月 30 日，http：//www. gov. cn/xinwen/2021-07/30/content_ 5628519. htm。

④ 《中华人民共和国海警法》，人大网，2021 年 1 月 22 日，http：//www. npc. gov. cn/npc/c30834/202101/ec50f62e31a6434bb6682d435a906045. shtml。

《水上交通事故统计办法》《船舶引航管理规定》等5部配套规章的修订，2021年9月1日起与该法同步施行。[①] 新修订的《中华人民共和国海上交通安全法》的实施，将构建我国海上交通安全管理新体系，对提升海上安全保障能力、保障资源通道安全、维护国家海洋权益、促进国民经济发展具有重要意义。二是持续开展专项执法活动。2021年4月20日，中国海警局联合相关部委启动为期7个月的“碧海2021”海洋生态环境保护专项执法行动。该专项执法行动自2020年开展以来成效显著，此次开展更标志着其进入了常态化开展、制度化推进新阶段。[②] 2021年4月，中国海警局、农业农村部和公安部联合印发“亮剑2021”海洋伏季休渔专项执法行动方案，部署各级海警机构、地方渔政执法机构和公安机关于2021年5月1日至9月16日加强伏季休渔执法监管，维护伏季休渔秩序，保护海洋渔业资源。[③] 2021年11月8日，《农业农村部关于加强渔政执法能力建设的指导意见》发布，该意见提出，全方位强化渔政执法队伍建设，严格规范公正文明执法，提升渔业治理能力和治理体系现代化水平，为渔业高质量发展和乡村全面振兴提供坚强支撑。[④]

最后，地方层面，完善执法部门建设，开展专项执法行动。2021年1月25日，辽宁省成立海洋与渔业执法总队，承担执法区域内渔政、渔港、水产苗种、渔业无线电等相关渔业行政执法职责，标志着辽宁省海洋与渔业监管工作进入了新阶段。[⑤] 2021年2月，广西启动为期一年的打击海洋非法捕捞专项治理行动，对使用违规渔具、毒鱼、电鱼等破坏渔业资源的非法捕

---

① 《我国将构建海上交通安全新体系》，中国海洋信息网，2021年9月2日，http://www.nmdis.org.cn/c/2021-09-02/75507.shtml。

② 《“碧海2021”海洋生态环境保护专项执法行动展开》，“光明网”百家号，2021年4月20日，https://m.gmw.cn/baijia/2021-04/20/1302243821.html。

③ 《中国海警局联合有关部门开展“亮剑2021”海洋伏季休渔专项执法行动》，中国政府网，2021年4月27日，http://www.gov.cn/xinwen/2021-04/27/content_5603286.htm。

④ 《农业农村部关于加强渔政执法能力建设的指导意见》，中国政府网，2021年11月8日，http://www.gov.cn/zhengce/zhengceku/2021-11/10/content_5650174.htm。

⑤ 《辽宁成立海洋与渔业执法总队》，中国海洋信息网，2021年1月27日，http://www.nmdis.org.cn/c/2021-01-27/73726.shtml。

捞行为进行严打。[①] 2021 年 3 月 3 日起，江苏省海洋渔业指挥部开始对途经江苏海域的国际海底光缆开展专项巡护行动，全力保障国际海底光缆通信畅通。[②]

（二）海洋生态环境管理

首先，国际层面，明确表达中方态度。2021 年 4 月 13 日，日本政府召开有关内阁会议，正式决定将福岛第一核电站上百万吨核污水经过滤并稀释后排入大海，排放在 2023 年后开始。2021 年 12 月 22 日，外交部发言人赵立坚表示，中方严重关切、坚决反对日本单方面决定向海洋排放核污染水，并持续推进核污染水排海准备工作。[③]

其次，国家层面，一是发布相关技术指南和行业标准，完善海洋生态环境治理依据。2021 年 12 月 10 日，《海洋环境影响评估（MEIA）—海底区海洋沉积物调查规范—间隙生物调查》经国际标准化组织（ISO）批准后正式发布，它是首项由我国提出并制定的 ISO 海洋调查领域的国际标准。[④] 2021 年 12 月 30 日，我国首个海洋牧场建设国家标准《海洋牧场建设技术指南》（GB/T 40946-2021）正式发布，为海洋牧场建设提供了重要的基础支撑。[⑤] 二是不断建立健全生态环境预警监测体系。2021 年 5 月 13 日，浙江在全省印发试行由本省编制完成的全国首个省级海洋生态综合评价指标体系。[⑥] 2021 年 8 月 8 日，自然资源部印发通知，要求建立健全海洋生态预警

① 《广西开展打击海洋非法捕捞专项治理行动》，中国政府网，2021 年 2 月 6 日，http：//www. gov. cn/xinwen/2021-02/06/content_ 5585479. htm。

② 《江苏开展海上专项巡护保障国际海底光缆安全》，中国海洋信息网，2021 年 3 月 11 日，http：//www. nmdis. org. cn/c/2021-03-11/74118. shtml。

③ 《2021 年 12 月 22 日外交部发言人赵立坚主持例行记者会》，外交部网站，2021 年 12 月 22 日，https：//www. mfa. gov. cn/web/fyrbt_ 673021/jzhsl_ 673025/202112/t20211222_ 1047 4309. shtml。

④ 《我国制定的海洋调查国际标准正式发布》，中国政府网，2021 年 12 月 10 日，http：//www. gov. cn/xinwen/2021-12/10/content_ 5659834. htm。

⑤ 《我国首个海洋牧场建设国家标准发布》，中国政府网，2021 年 12 月 30 日，http：//www. gov. cn/xinwen/2021-12/30/content_ 5665652. htm。

⑥ 《浙江：海洋生态预警监测有了“晴雨表”》，中国海洋信息网，2021 年 5 月 13 日，http：//www. nmdis. org. cn/c/2021-05-13/74524. shtml。

监测体系，为系统科学开展生态保护修复、守住自然生态安全边界提供了有力支撑。[①] 2021 年 12 月初，我国完成了 2021 年度全国海洋生态预警监测质量监督检查。为高质量完成检查，国家海洋标准计量中心制定了《2021 年全国海洋生态预警监测质量监督检查工作实施方案》，编制了监督检查工作手册。[②] 同月，国家海洋信息中心对全国海洋生态预警监测平台进行了升级并试运行，实现了数据的全过程管理。该中心海洋生态研究室同时开展了线上“全国海洋生态预警监测平台技术培训”。[③] 2021 年 12 月 31 日，自然资源部印发《全国海洋生态预警监测总体方案（2021—2025 年）》，强调统筹推进“十四五”全国海洋生态预警监测体系建设和任务实施，满足自然资源管理需求。[④]

（三）海洋灾害预警与应急防御管理

首先，我国各省份相继开展了海洋灾害风险普查工作。2021 年 6 月初，辽宁省全面启动海洋灾害风险普查工作。[⑤] 2021 年 7 月 13 日下午，自然资源部海洋预警监测司在北京召开全国海洋灾害风险普查工作推进视频会议。2021 年 8 月 16 日，福建省召开海洋灾害风险普查试点总结暨全省海洋灾害风险普查工作推进会。[⑥] 风暴潮灾害重点防御区划定是海洋灾害风险普查工作的重要组成部分，2021 年 8 月，江苏省连云港市连云区风暴潮灾害重点防御区划定

---

① 《自然资源部办公厅发出通知提出建立健全海洋生态预警监测体系》，自然资源部网站，2021 年 8 月 8 日，http：//www. gov. cn/xinwen/2021-08/08/content_ 5630139. htm。

② 《2021 年度全国海洋生态预警监测质量监督检查完成》，中国海洋信息网，2021 年 12 月 2 日，http：//www. nmdis. org. cn/c/2021-12-02/76041. shtml。

③ 《全国海洋生态预警监测平台升级并试运行》，自然资源部网站，2021 年 12 月 31 日，http：//www. mnr. gov. cn/dt/hy/202112/t20211231_ 2716404. html。

④ 《“十四五”全国海洋生态预警监测总体方案发布》，自然资源部东海局网站，2021 年 12 月 31 日，https：//ecs. mnr. gov. cn/dt/zrzyyw/202112/t20211231_ 26229. shtml。

⑤ 《辽宁省完成海洋灾害风险普查外业主体调查工作》，中国海洋信息网，2021 年 10 月 18 日，http：//www. nmdis. org. cn/c/2021-10-18/75785. shtml。

⑥ 《福建省海洋灾害风险普查试点总结暨全省海洋灾害风险普查工作推进会召开》，中国海洋信息网，2021 年 8 月 16 日，http：//www. nmdis. org. cn/c/2021-08-16/75381. shtml。

（试点）项目通过验收，成果获得主管部门和行业专家的一致认可；[①] 浙江省作为我国遭受台风风暴潮灾害最为严重的省份之一，也划定了风暴潮灾害重点防御区，为我国沿海风暴潮灾害重点防御区划定做出了良好示范。[②]

其次，全面开展海洋灾害承灾体风险预警试点工作。2021 年 8 月 11 日，浙江省自然资源厅在全国率先开展了海洋灾害承灾体风险预警试点工作，旨在总结经验、牢固树立灾害风险管理和综合减灾理念。[③] 2021 年 9 月 26 日，山东省海洋局与自然资源部海洋减灾中心试点开展了汛期海洋灾害承灾体风险预警，以切实提升基层海洋灾害防治能力。[④] 农业农村部于 2021 年 11 月 25 日发布了《关于做好渔业安全应急处置有关工作的通知》，开设全国渔业安全应急中心，开通全国统一的渔业安全应急值守电话“95166”，推广应用全国渔业安全事故直报系统。[⑤]

最后，在实际遭遇海洋自然灾害时，相关部门做出了良好反应。2021 年，我国经历了较为严重的“烟花”台风风暴潮灾害和赤潮灾害，在有力的海洋灾害预警与应急管理下，相关地区政府及时采取防范应对措施，成功抵御了自然灾害的侵袭。台风“烟花”于 2021 年 7 月 18 日在西太平洋生成。2021 年 7 月 24 日，自然资源部海洋减灾中心会同自然资源部东海局、国家海洋环境预报中心及地方各级自然资源（海洋）主管部门，在嘉兴、宁波、台州和温州 4 地开展台风“烟花”海洋灾害应对工作，对地方海洋灾害应对工作进行监督指导，并赴现场调查了灾害影响情况。[⑥] 2021 年 7 月

① 《江苏试点县区级风暴潮灾害重点防御区划定》，中国海洋信息网，2021 年 8 月 19 日，http：//www. nmdis. org. cn/c/2021-08-19/75392. shtml。

② 《浙江划定风暴潮重点防御区》，中国海洋信息网，2021 年 6 月 17 日，http：//www. nmdis. org. cn/c/2021-06-17/74982. shtml。

③ 《浙江开展海洋灾害承灾体风险预警试点》，搜狐网，2021 年 8 月 10 日，https：//www. sohu. com/a/482575987_ 121123751。

④ 《山东试点开展汛期海洋灾害承灾体风险预警》，中国海洋信息网，2021 年 9 月 26 日，http：//www. nmdis. org. cn/c/2021-09-26/75694. shtml。

⑤ 《农业农村部关于做好渔业安全应急处置有关工作的通知》，农业农村部网站，2021 年 11 月 25 日，http：//www. moa. gov. cn/govpublic/YYJ/202111/t20211129_ 6383225. htm。

⑥ 《海洋减灾中心兵分四路现场调查》，中国海洋信息网，2021 年 7 月 28 日，http：//www. nmdis. org. cn/c/2021-07-28/75269. shtml。

25日，台风“烟花”在浙江舟山普陀第一次登陆，自然资源部东海局按照《东海区海洋灾害应急预案》要求落实各项防御工作，[①] 国家卫星海洋应用中心利用多种方式对台风“烟花”开展了持续监测。[②] 2021年8月3日，国家海洋技术中心启动了台风期间海洋观测系统及装备监控应急保障工作。[③] 此外，2021年4月13日，福建省开启了2021年度赤潮加密监测首航次任务。[④] 2021年5月7日，浙江省打响了2021年首轮赤潮监控战。[⑤] 2021年8月6日，自然资源部发布实施新修订的《赤潮灾害应急预案》，以适应赤潮灾害应急管理新形势，进一步提高应对工作的及时性和有效性，切实履行赤潮灾害监测预警职责，保障公众身体健康和生命安全。[⑥]

（四）海洋科技与数字化管理

海洋强国建设是世界科技强国建设的重要组成部分，建设海洋强国必须强化海洋领域国家战略科技力量。[⑦] 同样地，海洋数据是国家重要战略资源，是实施海洋强国战略、“一带一路”倡议的重要基础。[⑧] 所以，加强海洋科技与数字化管理，对海洋发展甚至是国家发展都十分重要。

首先，政府通过牵头建设海洋科研阵地，助力海洋科技发展。2021年2月，山东省海洋科学研究院组建，旨在全力打造山东海洋科学研究新高地，

---

① 《东海区厉兵秣马迎战“烟花”》，中国海洋信息网，2021年7月28日，http：//www.nmdis.org.cn/c/2021-07-28/75270.shtml。

② 《海洋卫星持续追踪台风“烟花”动态》，中国海洋信息网，2021年7月29日，http：//www.nmdis.org.cn/c/2021-07-29/75277.shtml。

③ 《国家海洋技术中心开展海洋观测网仪器设备应急监测》，中国海洋信息网，2021年8月3日，http：//www.nmdis.org.cn/c/2021-08-03/75291.shtml。

④ 《福建省启动赤潮加密监测》，中国海洋信息网，2021年4月13日，http：//www.nmdis.org.cn/c/2021-04-13/74394.shtml。

⑤ 《浙江打响今年首轮赤潮监控战》，中国海洋信息网，2021年5月7日，http：//www.nmdis.org.cn/c/2021-05-07/74485.shtml。

⑥ 《自然资源部发布新修订〈赤潮灾害应急预案〉》，自然资源部网站，2021年8月9日，http：//www.mnr.gov.cn/dt/ywbb/202108/t20210809_2675945.html。

⑦ 中国科学院编著《科技强国建设之路：中国与世界》，科学出版社，2018。

⑧ 《大力夯实海洋数据管理基础　积极开创海洋数据共享服务新格局》，中国海洋信息网，2021年6月17日，http：//www.nmdis.org.cn/c/2021-06-17/74990.shtml。

创新引领山东省海洋经济高质量发展。[①] 2021 年 2 月 2 日，海洋中药质量研究与评价重点实验室获批成为国家重点实验室之一，这是青岛市首个国家药监局重点实验室，也是全国唯一的海洋中药领域特色重点实验室。[②] 2021 年 3 月 11 日，广西海洋实验室正式启动建设。[③] 2021 年 10 月，福建省 11 个部门联合出台《福建省建设海洋科技创新平台工作方案》，旨在提升本省海洋科技自立自强能力。[④]

其次，通过不断地科技创新获取了更宽领域、更广地域的海洋数据。2021 年 1 月 3 日，“向阳红 01”科考船顺利投放海底地震仪阵列，并首次成功布放洋底综合观测潜标，为探索印度洋海岭的地球深部过程和动力学机制提供了第一手科学观测资料。[⑤] 2021 年 1 月 10 日，全国首个海底数据舱在珠海高栏港揭幕，这标志着我国大数据中心走进了“海洋时代”。[⑥] 2021 年 3 月 17 日，海南省启动南海生物种质资源库和信息数据库建设工作，为南海生物资源保护和开发利用提供了必要的科学依据。[⑦] 2021 年 5 月 19 日 12 时 03 分，我国成功将海洋二号 D 卫星送入预定轨道，发射任务获得圆满成功，标志着我国海洋动力环境卫星迎来三星组网时代。[⑧] 2021 年7 月 29 日，海洋一号 D 卫星和海洋二号 C 卫星正式交付并投入业务化运

① 《青岛组建山东省海洋科学研究院》，中国海洋信息网，2021 年 2 月 18 日，http：//www.nmdis.org.cn/c/2021-02-18/73908.shtml。

② 《青岛海洋中药实验室获批运行》，中国海洋信息网，2021 年 2 月 3 日，http：//www.nmdis.org.cn/c/2021-02-03/73768.shtml。

③ 《广西海洋实验室启动建设》，中国海洋信息网，2021 年 3 月 11 日，http：//www.nmdis.org.cn/c/2021-03-11/74115.shtml。

④ 《福建出台建设海洋科技创新平台工作方案》，中国海洋信息网，2021 年 10 月 8 日，http：//www.nmdis.org.cn/c/2021-10-08/75740.shtml。

⑤ 《向阳红 01 船在印度洋首次成功布放洋底综合观测潜标》，中国海洋信息网，2021 年 1 月 4 日，http：//www.nmdis.org.cn/c/2021-01-04/73558.shtml。

⑥ 《大数据中心走进“海洋时代” 国内首个海底数据舱珠海揭幕》，中国海洋信息网，2021 年 1 月 12 日，http：//www.nmdis.org.cn/c/2021-01-12/73606.shtml。

⑦ 《海南建设南海生物种质资源库》，中国海洋信息网，2021 年 3 月 17 日，http：//www.nmdis.org.cn/c/2021-03-17/74146.shtml。

⑧ 《我国成功发射海洋二号 D 卫星》，中国政府网，2021 年 5 月 19 日，http：//www.gov.cn/xinwen/2021-05/19/content_5608685.htm。

行，将为我国海洋资源开发利用、海洋环境保护、海洋防灾减灾、海上交通运输、南北极调查监测、全球气候变化研究等提供数据服务。[①] 2021年12月29日，自然资源部正式发布质量守恒海洋环流数值模式“妈祖1.0”，这一模式在气候变化评估、海洋科学研究、海洋环境安全保障等领域有重大应用价值，填补了中国海洋环流数值预报领域的一项重要空白。[②] 2021年11月23日，我国成功发射1米C-SAR卫星，标志着我国合成孔径雷达卫星已由科学试验型向业务应用型转变，进一步提升了我国海洋遥感业务化观测能力。[③] 我国自主研发的GRAPES_ GFS全球同化预报系统实现版本升级，升级后的系统具备了全球热带气旋预报能力，在赋能“一带一路”倡议、海洋强国建设的同时，将惠及全球受热带气旋影响的国家和人民。[④]

（五）海洋资源管理

首先，海岛管理方面，发布研究调查成果，主要用于海岛的环境保护和海权维护。2021年4月26日，自然资源部发布其组织编写的《钓鱼岛及其附属岛屿地形地貌调查报告》，该报告对钓鱼岛资源管理与生态环境保护具有重要的支撑作用。[⑤] 2021年9月13日，广州海域海岛权属管理专项成果通过验收。管理专项共包括6个方面，研究成果包括7类42项技术服务，形成了广州海域海岛权属管理的系列成果。[⑥] 2021年9月8日，福建平潭县

---

① 《我国基本形成海洋观测卫星组网业务化运行能力》，中国海洋信息网，2021年7月30日，http://www.nmdis.org.cn/c/2021-07-30/75280.shtml。

② 《海洋环流数值模式“妈祖1.0”发布》，中国政府网，2021年12月31日，http://www.gov.cn/xinwen/2021-12/31/content_ 5665711.htm。

③ 《我国成功发射1米C-SAR卫星，海洋监视监测卫星星座初步形成》，中国海洋信息网，2021年11月23日，http://www.nmdis.org.cn/c/2021-11-23/76015.shtml。

④ 《系统升级　我国具备全球热带气旋预报能力》，中国海洋信息网，2021年9月2日，http://www.nmdis.org.cn/c/2021-09-02/75508.shtml。

⑤ 《钓鱼岛及其附属岛屿地形地貌调查报告》，自然资源部网站，2021年4月26日，http://gi.mnr.gov.cn/202104/t20210426_ 2630143.html。

⑥ 《广州海域海岛权属管理专项成果通过验收》，中国海洋信息网，2021年9月13日，http://www.nmdis.org.cn/c/2021-09-13/75580.shtml。

人民政府发布《关于加强无居民海岛管理的通告》，旨在加强对行政区域内无居民海岛及周边海洋环境的管理，保护无居民海岛的自然资源和生态环境。①

其次，海岸带管理方面，加强对海岸带的利用规划，助力我国实现碳中和目标。我国海岸带蓝碳资源丰富，滨海湿地面积约为579万公顷，固碳潜力巨大，有专家提出严格海洋生态资源管控、强化国土空间顶层设计、构建蓝碳标准体系及交易机制三点建议，以推动海岸带蓝碳增汇，助力实现碳中和目标。② 2021年1月11日，自然资源部中国地质调查局形成了一批海洋地质创新成果，为海岸带产业规划、生态环境保护和地质灾害防治等提供了科学依据。③ 2021年9月15日，自然资源部办公厅部署开展省级海岸带综合保护与利用规划编制工作，切实发挥海岸带专项规划对国土空间总体规划的辅助支撑作用。④ 2021年12月1日起，《秦皇岛市海岸线保护条例》正式实施，旨在以法护海，科学利用岸线资源。⑤

最后，海洋空间规划方面，不断完善规划制度、参与国际交流、推进评审工作。2021年1月8日，自然资源部印发《关于规范海域使用论证材料编制的通知》，全面规范了海域使用论证材料编制，并提出了加强海域使用论证监督管理的具体措施。⑥ 2021年5月20日，联合国环境规划署东亚海协作体在线上召开东亚海国家海洋和海岸带空间规划制度和实施评估报告研讨会。与会代表纷纷表示，评估报告的发布将有助于东亚海国家深入推行海

---

① 《福建平潭加强无居民海岛管理》，自然资源部网站，2021年9月8日，http://www.mnr.gov.cn/dt/hy/202109/t20210908_2679702.html。

② 《推动海岸带蓝碳增汇　助力实现碳中和目标》，中国海洋信息网，2021年7月12日，http://www.nmdis.org.cn/c/2021-07-12/75108.shtml。

③ 《中国地质调查局形成一批海洋地质创新成果》，中国海洋信息网，2021年1月11日，http://www.nmdis.org.cn/c/2021-01-11/73592.shtml。

④ 《省级海岸带综合保护与利用规划编制启动》，中国海洋信息网，2021年9月15日，http://www.nmdis.org.cn/c/2021-09-15/75601.shtml。

⑤ 《以法护海　科学利用岸线资源》，中国海洋信息网，2021年11月24日，http://www.nmdis.org.cn/c/2021-11-24/76019.shtml。

⑥ 《规范海域使用论证材料编制　加强海域使用论证监督管理》，中国海洋信息网，2021年1月14日，http://www.nmdis.org.cn/c/2021-01-14/73665.shtml。

洋空间规划、推动蓝色经济发展。[①] 浙江省印发了《关于加快处理围填海历史遗留问题的若干意见》，旨在加快处理围填海历史遗留问题，促进浙江省海洋经济高质量发展，高水平推进海洋强省建设。[②] 2021 年 9 月 24 日，自然资源部与山东省人民政府在威海市共同签署了《自然资源部 山东省人民政府共建国家海洋综合试验场（威海）协议》。[③] 2021 年 11 月 17 日，自然资源部办公厅印发通知，对进一步做好海域使用论证报告评审工作提出明确要求。[④]

（六）海洋管理相关学术研究

在文献发表方面，笔者在中国知网（CNKI）对 2021 年海洋管理相关领域文献进行了检索，具体内容见表 1。

表 1　2021 年海洋管理相关领域文献分类

单位：篇

序号	主题	数量	序号	主题	数量
1	海洋生态	12	8	海洋资源	3
2	海洋管理体制	10	9	海洋科技	2
3	海洋法治	8	10	海洋安全	2
4	海洋监测	6	11	海洋科教	1
5	海洋数据	6	12	海洋强国	1
6	海洋功能区划	5	13	海洋经济	1
7	海洋综合管理	4			
总计			61		

资料来源：CNKI。

① 《东亚海协作体研讨海洋和海岸带空间规划》，中国海洋信息网，2021 年 5 月 26 日，http：//www. nmdis. org. cn/c/2021-05-26/74824. shtml。

② 《浙江出台意见加快处理围填海历史遗留问题》，中国海洋信息网，2021 年 10 月 29 日，http：//www. nmdis. org. cn/c/2021-10-29/75832. shtml。

③ 《自然资源部与山东省共建国家海洋综合试验场（威海）》，中国海洋信息网，2021 年 9 月 27 日，http：//www. nmdis. org. cn/c/2021-09-27/75699. shtml。

④ 《自然资源部办公厅通知要求进一步做好海域使用论证报告评审》，中国海洋信息网，2021 年 11 月 17 日，http：//www. nmdis. org. cn/c/2021-11-17/75974. shtml。

由表 1 可以发现，按照主题分类，可以将 2021 年海洋管理相关领域的文献细分为 13 类，其中以海洋生态和海洋管理体制为主题的研究比较热门，文献数量领先于其他主题。

如表 2 所示，在涉及海洋管理的学术研讨会方面，除“中国海洋学会第九次全国会员代表大会”属于拥有各类子议题的综合性论坛外，其他大多数会议都有特定的研讨主题，主要集中在海洋生态、全球海洋治理、海洋经济、海洋产业、海洋科学等方面。并且，除表 2 展示的学术研讨会以外，学术界还在 2021 年举办了“海洋渔业与海洋权益维护学术研讨会”“中国海洋法学会学术年会”“世界海洋科技大会”“海洋空间规划与海岸带综合管理学术研讨会”等多个专项主题会议，但由于这些会议的主要探讨内容并不侧重于海洋管理，所以未在表 2 中列出。可以看出，在学术研究方面，2021 年中国海洋管理发展风向紧跟时局和海洋强国战略，主题鲜明，并倾向于实践探讨。

表 2　2021 年涉及海洋管理的学术研讨会

序号	会议名称	主办单位	研究主题	地点	时间	资料来源
1	第十五期中国海洋发展研究论坛	中国海洋发展研究中心、青岛市生态环境局	蓝色碳汇与碳达峰碳中和	青岛	4 月 9 日	http://aoc.ouc.edu.cn/2021/0414/c9822a319646/page.htm
2	第十七期中国海洋发展研究论坛	中国海洋发展研究中心	极地前沿问题与空间战略	青岛	5 月 24 日	http://aoc.ouc.edu.cn/d17q/list.htm
3	联合国“海洋科学促进可持续发展十年”中国研讨会	自然资源部、国家自然科学基金委员会	海洋科学促进可持续发展十年	青岛	6 月 8 日	https://m.thepaper.cn/baijiahao_13066235
4	第七届中国海洋公共管理论坛	中国海洋大学	提升国家海洋治理能力，深度参与全球海洋治理	青岛	6 月 13 日	http://siapa.ouc.edu.cn/2021/0616/c17591a338012/page.htm

续表

序号	会议名称	主办单位	研究主题	地点	时间	资料来源
5	中国海洋学会第九次全国会员代表大会	中国海洋学会	综合性论坛；会后还召开了中国海洋学会第九届第一次理事会会议	北京	6月18日	http://ocean.china.com.cn/2021-06/22/content_77580158.htm
6	2021智慧海洋论坛	中国科学技术协会、北京市政府	畅想未来海洋新基建，推动海洋产业高质量发展	北京	7月27日	http://news.mnr.gov.cn/dt/hy/202108/t20210818_2677259.html
7	第三届中国海洋发展研究青年论坛	中国海洋发展研究中心	拓展海洋经济发展空间与中国海洋战略	青岛	10月9日	http://aoc.ouc.edu.cn/2021/1019/c9822a353437/page.htm
8	第二届海洋合作与治理论坛	中国—东南亚南海研究中心、中国南海研究院、中国海洋发展基金会	为全球海洋治理提供“南海经验”和“南海方案”	三亚	11月9日	http://www.nanhai.org.cn/dynamic-detail/35/11632.html

二　我国海洋管理发展趋势

（一）海洋发展规划更加全面

“十四五”时期是我国全面建成小康社会、实现第一个百年奋斗目标之后，乘势而上开启全面建设社会主义现代化国家新征程、向第二个百年奋斗目标进军的第一个五年。[①] 2021年是我国“十四五”规划的开局之年，

① 《中华人民共和国国民经济和社会发展第十四个五年规划和2035年远景目标纲要》，中国政府网，2021年3月13日，http://www.gov.cn/xinwen/2021-03/13/content_5592681.htm。

在海洋强国战略的指引下，我国开启了对新阶段海洋发展规划的编制和发布工作，并将在未来一段时间内不断完善，使之涉及的领域和地域都更加全面。

首先，“海洋经济”成为2021年发布的海洋发展规划的重点。继十三届全国人大四次会议表决通过《中华人民共和国国民经济和社会发展第十四个五年规划和2035年远景目标纲要》之后，我国各沿海省份也结合本地实际情况与特色，陆续发布了本地“十四五”规划，其中可以发现，沿海各地都不约而同地将海洋经济视为规划的重要组成部分，均提出要积极推动海洋传统产业转型升级，构建现代海洋产业体系，促进海洋经济高质量发展。① 目前，全国所有沿海省份都已经把发展海洋经济列入了本地“十四五”规划，同时提出了大力发展海洋经济的计划路线。海南、天津、浙江、广西、江苏、山东等多个省份相继发布了“十四五”海洋经济发展规划，福建、广西还制定了三年行动方案，以推进海洋经济高质量发展。② 2021年12月27日，国务院发布了《关于“十四五”海洋经济发展规划的批复》，指出应以习近平新时代中国特色社会主义思想为指导，深入贯彻党的十九大和十九届历次全会精神，走依海富国、以海强国、人海和谐、合作共赢的发展道路，加快建设中国特色海洋强国。③

其次，除“海洋经济”外，其他领域的海洋发展规划同样有序开展。一方面，在国家层面，2021年5月12日，财政部、农业农村部发布了《关于实施渔业发展支持政策推动渔业高质量发展的通知》，提出进一步推动渔业高质量发展，提高渔业现代化水平，构建渔业发展新格局，在“十四五”

---

① 《共促海洋经济高质量发展》，中国海洋信息网，2021年6月15日，http：//www. nmdis. org. cn/c/2021-06-15/74970. shtml。

② 《多地蓄势发展海洋经济　新增长引擎结构初显》，中国海洋信息网，2021年6月10日，http：//www. nmdis. org. cn/c/2021-06-10/74963. shtml。

③ 《国务院关于“十四五”海洋经济发展规划的批复》，中国政府网，2021年12月27日，http：//www. gov. cn/zhengce/content/2021-12/27/content_ 5664783. htm。

期间继续实施渔业发展相关支持政策。[①] 2021 年 12 月 29 日，农业农村部印发《“十四五”全国渔业发展规划》，系统总结了“十三五”时期的全国渔业发展成就，研判面临的挑战和机遇，对“十四五”时期的全国渔业发展作出总体安排。[②] 2021 年 6 月 2 日，国家发展改革委、自然资源部印发《海水淡化利用发展行动计划（2021—2025 年）》，提出推进海水淡化规模化利用，促进海水淡化产业高质量发展，保障沿海地区水资源安全。[③] 另一方面，在地方层面，2021 年 4 月 26 日，浙江省自然资源厅印发全国首个省级海底电缆管道路由规划——《浙江省海底路由“十四五”规划》，旨在统筹规划海底电缆管道路由空间布局，精细化管理海域空间资源。[④] 2021 年 1 月，山东省人民政府办公厅印发《山东省“十四五”海洋经济发展规划》，提出深化海洋科技体制机制改革，统筹全省海洋科技资源优势，着力提升自主创新能力，加快建设数字海洋，积极抢占海洋关键技术领域制高点。[⑤]

（二）沿海城市发展速度加快

从我国海洋发展规划以及各省份的“十四五”规划来看，海洋经济将会成为区域经济发展的重点，甚至是支柱。一些综合经济实力较强的沿海城市，根据自身产业以及对未来经济发展趋势的研判，纷纷提出特色方案，以提升海洋经济发展能级，不断增强海洋科技创新能力和城市发展的生态承载能力。并且，在未来一段时间内，政府将不断放大沿海城市的示范作用，推

① 《关于实施渔业发展支持政策推动渔业高质量发展的通知》，中国政府网，2021 年 7 月 5 日，http：//www. gov. cn/zhengce/zhengceku/2021-07/05/content_ 5622531. htm。

② 《农业农村部印发〈“十四五”全国渔业发展规划〉》，中国政府网，2022 年 1 月 7 日，http：//www. gov. cn/xinwen/2022-01/07/content_ 5666850. htm。

③ 《关于印发〈海水淡化利用发展行动计划（2021—2025 年）〉的通知》，国家发展和改革委员会网站，2021 年 6 月 2 日，https：//www. ndrc. gov. cn/xwdt/tzgg/202106/t20210602_ 1282454. html? code=&state=123。

④ 《浙江省自然资源厅关于印发〈浙江省海底路由“十四五”规划〉的通知》，浙江省自然资源厅网站，2021 年 4 月 26 日，http：//zrzyt. zj. gov. cn/art/2021/4/26/art_ 1289924_ 58938483. html。

⑤ 《山东省“十四五”海洋经济发展规划》，2021 年 11 月 10 日，山东省政府网，http：//www. shandong. gov. cn/art/2021/11/10/art_ 307620_ 10330554. html。

动沿海城市加速发展，鼓励各地争创全球海洋中心城市。

首先，在国家层面，通过推动海南自由贸易港建设，显现沿海城市示范效应。2021 年 6 月 10 日，十三届全国人大常委会第二十九次会议通过《中华人民共和国海南自由贸易港法》，决定在海南全岛设立海南自由贸易港。[①] 2021 年 9 月 29 日，海南省六届人大常委会第三十次会议表决通过《海南自由贸易港优化营商环境条例》《海南自由贸易港反消费欺诈规定》《海南自由贸易港公平竞争条例》《海南自由贸易港社会信用条例》，这些条例和规定成为《中华人民共和国海南自由贸易港法》颁布实施以来海南制定出台的首批配套法规。[②] 此外，我国分步骤、分阶段建立自由贸易港政策和制度体系，实现贸易、投资、跨境资金流动、人员进出、运输来往自由便利和数据安全有序流动，以推动形成更高层次改革开放新格局，促进社会主义市场经济平稳健康可持续发展，加快建设海洋强国。

其次，在地方层面，我国通过不断努力建设现代海洋产业体系、打造全球海洋中心城市。进入“十四五”时期以来，随着我国海洋经济发展更加成熟、海洋产业体系更加健全，特别是一些沿海城市综合竞争力不断增强，越来越多的沿海城市提出建设全球海洋中心城市和区域海洋中心城市。而在我国相关政策的引导以及各有关城市的积极配合和主动参与下，我国的全球海洋中心城市建设也取得了长足的进步。截至 2021 年 6 月，全国已有上海、天津、广州、深圳、大连、青岛、宁波和舟山 8 个城市提出建设全球海洋中心城市。在这 8 个城市中，深圳和上海成为全国海洋中心城市的战略定位是由国家赋予的，而其余 6 个城市的发展定位是由地方政府自己明确的。并且，在这 8 个城市中，大连和深圳分别在 2020 年 4 月和 9 月针对加快全球海洋中心城市建设出台了专项政策。[③] 也就是说，这 8 个城市将在原有产业

① 《中华人民共和国海南自由贸易港法》，中国政府网，2021 年 6 月 11 日，http://www.gov.cn/xinwen/2021-06/11/content_5616929.htm。

② 《〈中华人民共和国海南自由贸易港法〉颁布实施后首批配套法规出台》，中国政府网，2021 年 9 月 30 日，http://www.gov.cn/xinwen/2021-09/30/content_5640524.htm。

③ 钮钦：《全球海洋中心城市：内涵特征、中国实践及建设方略》，《太平洋学报》2021 年第 8 期。

体系的基础上，重点支持海洋产业的发展，并且其中很多城市对建设全球海洋中心城市的重视程度很高，也得到了中央和地方政府的大力支持。从海洋产业竞争力上看，青岛在海工装备、海水淡化、现代渔业等方面表现优秀，稳居世界前列；上海在海洋船舶、高端装备制造、海洋交通运输以及海洋旅游等方面优势突出；宁波在海上风电、海洋物流、远洋渔业等方面具有一定优势；广州除了本身海洋经济实力较强之外，未来还将重点打造海洋工程装备、海上风电、海洋油气化工、海洋渔业、海洋旅游等 5 个千亿元产业集群。①

（三）深度参与全球海洋治理

首先，在理论上，我国提出了“人类命运共同体”“海洋命运共同体”等多个全球海洋治理观点。早在党的十八大上，我国就已经提出构建“人类命运共同体”。2019 年 4 月 23 日，习近平主席在青岛集体会见应邀出席中国人民解放军海军成立 70 周年多国海军活动的外方代表团团长时，针对全球海洋事务领域提出了“海洋命运共同体”这一“中国理念”，② 它需要在中国的表率作用下具体化为海洋治理的“中国方案”，进一步推动世界各国在平等参与条件下，实现对世界海洋资源开发、海洋环境保护、海上通道安全和海上防灾减灾等诸多议题下的全球海洋治理机制与规则的进步和升级。③“海洋命运共同体”作为 21 世纪推进全球海洋治理与合作的战略性思想，被看作“人类命运共同体”的具体实践，“人类命运共同体”则是“海洋命运共同体”的发展目标。为了进一步丰富和拓展“海洋命运共同体”的理论与实践，我国于 2015 年提出了“一带一路”倡议，“21 世纪海上丝绸之路”建设作为“一带一路”倡议的重要组成部分，能有效地促进“海

① 《我国 8 城角逐全球海洋中心城市，其中 5 个南方城市，3 个北方城市》，搜狐网，2022 年 3 月 31 日，https：//www. sohu. com/a/534042933_ 120467820。

② 《共同构建海洋命运共同体》，自然资源部网站，2022 年 7 月 22 日，https：//www. mnr. gov. cn/dt/pl/202207/t20220722_ 2742631. html。

③ 朱锋：《从“人类命运共同体”到“海洋命运共同体”——推进全球海洋治理与合作的理念和路径》，《亚太安全与海洋研究》2021 年第 4 期。

洋命运共同体”的构建，深入推进多边、多元的海上合作。“海洋命运共同体”理念进一步丰富了“21 世纪海上丝绸之路”建设的价值引领，而“21 世纪海上丝绸之路”建设则是践行“海洋命运共同体”理念的重要平台。① 可以说，在未来一段时间，我国将持续加强“海洋命运共同体”理念的传播及“21 世纪海上丝绸之路”的建设，以深度参与全球海洋治理。

其次，在实践中，我国以丰富的理论基础为引导，积极召开或参加各类海洋管理学术研讨会。2021 年 3 月 17 日，海洋空间规划经验交流会（中国）在线上召开，来自 40 多个国家和国际组织的 126 名代表参加了该交流会，旨在落实联合国《加快国际海洋空间规划进程的联合路线图》，分享海洋空间规划经验。② 2021 年 3 月 23 日，自然资源部国家海洋技术中心与安提瓜和巴布达蓝色经济部以视频形式召开“推行空间规划，助力蓝色经济”合作研讨会。此次研讨会旨在积极推进有关合作事项，进一步凝聚双方在合作编制海洋空间规划、推动产业项目落地等方面的共识。下一步，国家海洋技术中心将进一步深化与安提瓜和巴布达相关部门在海洋领域的合作，推动我国海洋空间规划编制技术成果“走出去”，为共建“一带一路”提供技术支持。③ 2021 年 4 月 14 日，中韩海洋事务对话合作机制首次会议以视频方式举行，中韩双方同意深化涉海科技、环保、渔业、搜救、航运及执法等领域的交流合作。④ 2017 年，第 72 届联合国大会决定将 2021～2030 年称为“海洋科学促进可持续发展十年”（以下简称“海洋十年”）。2021 年 1 月，“海洋十年”实施计划正式启动，旨在“推动形成变革性的科学解决方案，促进可持续发展，连接人类和海洋”。2021 年 6 月 8 日，联合国

① 杨泽伟：《论“海洋命运共同体”理念与“21 世纪海上丝绸之路”建设的交互影响》，《中国海洋大学学报》（社会科学版）2021 年第 5 期。

② 《多国代表共议全球海洋空间规划》，中国海洋信息网，2021 年 3 月 29 日，http：//www.nmdis.org.cn/c/2021-03-29/74306.shtml。

③ 《国家海洋技术中心推动技术成果“走出去”》，中国海洋信息网，2021 年 3 月 23 日，http：//www.nmdis.org.cn/c/2021-03-23/74265.shtml。

④ 《中韩举行海洋事务对话合作机制首次会议》，中国政府网，2021 年 4 月 14 日，http：//www.gov.cn/xinwen/2021-04/14/content_5599563.htm。

“海洋十年”研讨会在山东省青岛市举行，此次研讨会为中国参与“海洋十年”实施计划的首场主场活动，围绕全球科学前沿和国内科学实践进行研讨，着力促进世界海洋事业高质量发展，聚焦构建“海洋命运共同体”。[①] 2021 年 9 月 22 日，第二届东北亚地方合作圆桌会议于吉林省长春市举办，会议发布《长春倡议》，呼吁东北亚区域各地方政府连通市场资源，共同打造东北亚海洋经济合作圈。[②] 2021 年 11 月 9 日，第二届海洋合作与治理论坛在海南三亚开幕，参与各方围绕全球海洋治理的机遇和挑战、国际海事安全合作、蓝色经济和海洋可持续发展等议题交流经验、分析现状、预判趋势并提出建议。[③]

三　未来海洋管理发展建议

（一）完善制度机制建设，保障海上交通安全管理

海上交通安全直接关系到国际物流供应链的畅通，是影响海运业高质量发展的重要因素，也是加快建设交通强国的重要环节。[④] 加强海上交通安全管理，对保障海运畅通、积极维护我国海洋权益具有重要意义。因此，我国政府应不断完善相关执行机制，保障我国的海洋权益。

首先，我国已成功发布和修订多条用于保障我国海上交通安全的政策规定。我国于 2021 年 9 月 1 日起正式施行自 1983 年颁布以来首次全面修订的《中华人民共和国海上交通安全法》，此次修订从防范海上安全事故、强化

① 《联合国“海洋十年”研讨会聚焦构建海洋命运共同体》，中国政府网，2021 年 6 月 8 日，http：//www. gov. cn/xinwen/2021-06/08/content_ 5616230. htm。

② 《东北亚地方合作圆桌会议发布〈长春倡议〉呼吁共同打造东北亚海洋经济合作圈》，中国政府网，2021 年 9 月 22 日，http：//www. gov. cn/xinwen/2021-09/22/content_ 5638763. htm。

③ 《中外专家共商海洋合作与治理》，中国政府网，2021 年 11 月 9 日，http：//www. gov. cn/xinwen/2021-11/09/content_ 5649957. htm。

④ 李志文、李耐：《海洋强国战略下海上交通安全管理内涵的扩展》，《社会科学战线》2021 年第 3 期。

海上交通管理、健全搜救和事故调查处理机制等方面作了完善。[①] 为贯彻实施新修订的《中华人民共和国海上交通安全法》，交通运输部已完成配套规章的修订，于2021年9月1日起同步施行。[②] 同样，各部门也发布了有助于进一步保障我国海上交通安全的相关政策规定。2021年2月1日，农业农村部办公厅发布《关于进一步做好远洋渔船境外报废处置工作的通知》，以加强远洋渔船管理，规范远洋渔船境外报废处置行为。[③] 2021年8月19日，交通运输部发布了《海船船员培训大纲（2021版）》，通过详细的要求和明确的评价标准，进一步规范海船船员培训行为，通过提升船员行为素养保障海上交通安全。[④] 2021年11月10日，农业农村部等7个部门联合发布《关于加强涉渔船舶审批修造检验监管工作的意见》，针对涉渔船舶的审批、修造、检验、监管工作提出意见，助力我国海上交通安全制度系统的完善。[⑤]

其次，我国需要更加全面的制度机制保障，在贯彻综合治理观点的同时明确责任主体。一方面，我国相关执行机制还亟待完善。在立法层面上，我国以《中华人民共和国海上安全交通法》为基础，不断出台相关政策制度，以补充完善该领域的管理体系，营造良好的海洋运输环境，力图创造积极的经济效益和社会效益。但政策制度在执行中仍然面临重重困难。例如，登临权和紧追权是沿岸国家被赋予的重要权利，但目前中国登临紧追制度存在执法主体不清晰、适用程序和具体权限不明确的

① 《我国将修法加强海上交通安全管理》，中国政府网，2020年9月24日，http：//www.gov.cn/zhengce/2020-09/24/content_5546562.htm。

② 《新修订的海上交通安全法9月1日正式施行》，中国政府网，2021年9月1日，http：//www.gov.cn/xinwen/2021-09/01/content_5634669.htm。

③ 《关于进一步做好远洋渔船境外报废处置工作的通知》，农业农村部网站，2021年2月3日，http：//www.moa.gov.cn/govpublic/YYJ/202102/t20210203_6361092.htm。

④ 《交通运输部办公厅关于发布〈海船船员培训大纲（2021版）〉的通知》，中国政府网，2021年10月22日，http：//www.gov.cn/zhengce/zhengceku/2021-10/12/content_5642026.htm。

⑤ 《农业农村部 工业和信息化部 公安部 交通运输部 海关总署 市场监管总局 中国海警局关于加强涉渔船舶审批修造检验监管工作的意见》，农业农村部网站，2021年11月12日，http：//www.moa.gov.cn/govpublic/YYJ/202111/t20211112_6382065.htm。

问题。[①] 并且，我国管辖海域内的海事巡航执法制度也需要进一步完善，相关工作具体流程的进一步规划，有利于我国强化对海域的实际控制，保障国家的合法海洋权益。此外，海上交通功能区域划定对海洋资源利用和海上交通安全也有着重要影响，我国有必要进一步规范海上交通功能区域划定工作流程，以便更好地实施海上交通功能区域管理。[②] 另一方面，2021 年，我国附近海域发生多起海上交通事故、渔业生产事故或重大险情。随着新修订的《中华人民共和国海上交通安全法》的实施，各级各有关部门和各单位要进一步完善应急预案并加强培训和演练，提高应对海上突发险情的能力。要完善海上突发事故、险情应急救援联动机制，不断提高应急救援处置能力。海事部门要充分发挥海上专业救助力量的作用，渔业部门要发挥渔业船舶就近施救的优势，形成应急救援的合力，最大限度地减少事故损失和人员伤亡。[③] 另外，各个基本法律的规定应当保持一致。修订后的《中华人民共和国海上交通安全法》在船长、船员的权利、义务等相关规定上较为完善，但与此相关的《中华人民共和国海商法》部分条款还与新规定有所冲突，后续需要对各种法律规定中出现的这种相互冲突的内容进行进一步调整和修改。[④]

（二）构建海洋产业发展新格局，推动海洋治理现代化

首先，我国在海洋产业建设方面已经取得了一定的成效。研究表明，海洋产业结构升级能够显著促进海洋全要素生产率提高，但其对海洋经济高质

---

① 高智华：《论实施国家海洋管辖权的若干国际法问题》，《东南学术》2009 年第 3 期。

② 《新〈海上交通安全法〉解读：关于海上交通功能区域管理的理解与实施建议》，福州海事局网站，2022 年 2 月 15 日，https：//www. fj. msa. gov. cn/fjmsacms/cms/html/fzhsjwwwz/2022-02-15/1247652686. html。

③ 《山东再发文：强化海上安全管理，严防这类事故!》，“海报新闻”百家号，2021 年 4 月 30 日，https：//baijiahao. baidu. com/s? id=1698434204986796975&wfr=spider&for=pc。

④ 徐峰、郑宇立：《〈海上交通安全法〉修改评析及相关制度完善建议》，《世界海运》2021 年第 10 期。

量发展的促进作用因受到海洋创新驱动水平制约而存在门槛效应。[①] 各地政府在新时代、新形势下，纷纷以崭新的姿态迎接海洋产业新挑战，构建海洋产业发展新格局，推动海洋治理现代化。近年来，我国越来越重视海洋产业的发展，已将“建设现代海洋产业体系”写进了“十四五”规划，将涉海项目纳入各省份重点建设项目，在海洋产业中投入大量资金。天津临港区域已经聚集了一批龙头企业，海洋装备制造产业初具规模。[②] 2021 年 3 月 23 日，河北省印发《河北省 2021 年省重点建设项目名单》，包含海水淡化、码头建设、海上 LNG（液化天然气）等涉海项目。[③] 2021 年上半年，全国重点监测海洋行业新登记企业 8843 户，同比增长 15.9%，比 2021 年第一季度提高 0.9 个百分点，企业主体活力稳步恢复；海洋领域融资大幅跃升，海洋领域 IPO（首次公开募股）企业达到 24 家。[④] 2021 年 9 月 3 日，福建省出台《福建省推进船舶和海洋工程装备高质量发展工作方案（2021—2023 年）》，以加快实现船舶与海洋工程装备产业高质量发展，助推海洋经济高质量发展，助力“海上福建”建设。[⑤] 此外，厦门市海洋发展局公布了 2021 年厦门市海洋与渔业发展专项资金项目，共计 16 个，总投资超 5 亿元，涉及海洋生物制品、海洋生物医药、海洋高端装备、海洋生物种业、智慧海洋等领域。

其次，为进一步构建海洋产业的现代化经济体系、推进海洋经济的高质量可持续发展，需要建立适应现代化海洋产业的政策体系。[⑥] 第一，加强顶层设计。产业专项规划的制定有利于推进海洋经济和陆地经济高质量协同发

---

① 宋泽明、宁凌：《海洋创新驱动、海洋产业结构升级与海洋经济高质量发展——基于面板门槛回归模型的实证分析》，《生态经济》2021 年第 37 期。

② 《天津港保税区：打造海洋装备制造产业集群》，中国政府网，2021 年 3 月 11 日，http：//www. gov. cn/xinwen/2021-03/11/content_ 5592383. htm#1。

③ 《河北明确 2021 年涉海重点建设项目》，中国海洋信息网，2021 年 3 月 23 日，http：//www. nmdis. org. cn/c/2021-03-23/74273. shtml。

④ 《开发海洋能源助力“双碳”目标实现》，中国政府网，2021 年 8 月 17 日，http：//www. gov. cn/xinwen/2021-08/17/content_ 5631769. htm。

⑤ 《福建省推进船舶和海洋工程装备高质量发展工作方案（2021—2023 年）》，福建省商务厅网站，2021 年 9 月 3 日，https：//swt. fujian. gov. cn/xxgk/flfg/qtx/202109/t20210903_ 5681387. htm。

⑥ 王燕、刘邦凡、栗俊杰：《构建海洋产业发展新格局　推动海洋治理现代化》，《中国行政管理》2021 年第 7 期。

展，然而目前我国没有统筹把握好海洋产业和海洋经济资源的基础，也没有针对某一特定领域做出明确细致的专项规划。未来，我国应在牢牢把握大局的基础上，分类、分层次地推动海洋产业发展，针对不同海域作出持续推进海洋产业发展的具体政策制度安排，安排应当包含一定共性和鲜明的特殊性，如渤海的中长期规划一定有别于黄河、东海和南海等其他海域的中长期规划。第二，加强海洋产业链建设。《“十四五”推进西部陆海新通道高质量建设实施方案》明确指出，到2025年西部陆海新通道基本建成，东、中、西三条通路持续强化，通道、港口和物流枢纽运营更加高效，对沿线经济和产业发展带动作用明显。[①] 第三，制定并完善海洋产业的行业标准和国家标准。在系统勘察、调查、统计与研究下，我国应对海洋产业进行科学分类并制定相应的标准，以指导和引领海洋产业的发展。例如，2021年6月1日起，自然资源部发布的《海洋安全生产管理标准体系》等10项行业标准正式实施；[②] 2021年9月29日，海水淡化领域国际标准《海洋技术—反渗透海水淡化产品水水质—市政供水指南》在ISO官方网站上发布，该标准是我国主导的首项海水淡化领域国际标准。自然资源部应同有关部门积极推动海水淡化等海洋战略性新兴产业的发展，加快推进相关产业标准国际化。[③] 相应地，其他产业也应当加快标准的制定和完善。第四，推进海洋城市建设。我国许多沿海城市已经明确提出建设全球海洋中心城市的目标，并将其写入本地发展规划，当地政府应当根据规划设计，制定出台符合本地特色的详细的实施方案，指导和推动沿海城市发展，助力海洋城市发展。综上，我国接下来应当从多方面、多角度出发，做到进一步加强顶层设计、加强海洋产业链治理、完善行业和国家标准、推进海洋城市建设，以推动海洋治理现代化。

---

① 《2025年基本建成西部陆海新通道》，中国海洋信息网，2021年9月13日，http://www.nmdis.org.cn/c/2021-09-13/75576.shtml。

② 《自然资源部关于发布〈海洋安全生产管理标准体系〉等10项行业标准的公告》，中国政府网，2021年4月1日，http://www.gov.cn/zhengce/zhengceku/2021-04/08/content_5598323.htm。

③ 《我国在海水淡化国际标准制定方面取得突破》，中国海洋信息网，2021年11月9日，http://www.nmdis.org.cn/c/2021-11-09/75946.shtml。

（三）加强海洋生态环境修复管理工作

首先，生态环境修复是我国生态文明建设的重要内容，为进一步做好海洋生态环境修复管理工作，应当重点关注制度的完善。一方面，应率先完成相关立法工作。编制海岸带管理法和海洋基本法、修订《中华人民共和国海洋环境保护法》《中华人民共和国海域使用管理法》，将海洋生态环境修复涉及的相关内容以法律条文的形式确定下来，以加强海洋自然资源修复和生态环境保护相关的法律法规体系建设。[①] 另一方面，应加快建立源头严防、过程严管、后果严惩的配套制度，建立陆海一体化修复制度。目前，我国海洋生态环境修复管理工作的启动与验收过程还没有标准化，没有形成一套完整的可以贯穿整个项目的系统指南，并且在实施过程中，往往存在大量碎片化和分散化的修复问题，缺少陆海统筹和系统修复的理念，再加上海洋生态环境的复杂性，导致海洋生态环境修复管理工作更加复杂，因此要考虑此项工作跨学科、跨专业和跨地域的特性。[②] 所以，形成规范系统的配套制度，以及陆海统筹的多主体协同治理模式，不但便于完成海洋生态环境的科学修复，而且便于以一种更加符合整体、复杂生态环境状况的形式进行整体且系统的管理。

其次，海洋生态环境修复管理工作实践项目的开展至关重要。自 2020 年 6 月《全国重要生态系统保护和修复重大工程总体规划（2021—2035 年）》印发实施以来，各省份相继通过出台相关规章制度、开展实践项目等方式加强海洋生态环境修复管理。[③] 2021 年 4 月 9 日，福建省印发实施《福建省重要生态系统保护和修复重大工程实施方案（2021—2035 年）》，

---

① 陈克亮、吴侃侃、黄海萍、姜玉环：《我国海洋生态修复政策现状、问题及建议》，《应用海洋学学报》2021 年第 1 期。

② 潘静云、章柳立、李挚萍、陈绵润：《陆海统筹背景下我国海洋生态修复制度构建对策研究》，《海洋湖沼通报》2022 年第 1 期。

③ 《国家发展改革委 自然资源部关于印发〈全国重要生态系统保护和修复重大工程总体规划（2021—2035 年）〉》的通知，国家发展改革委网站，2020 年 6 月 11 日，https：//www.ndrc.gov.cn/xxgk/zcfb/tz/202006/t20200611_ 1231112.html? code=&state=123。

明确了海岸带生态保护和修复方面的重点任务，并提出将开展重要海湾河口生态保护和修复工程、沿海防护林体系建设工程、红树林保护修复工程、海洋防灾减灾与生态修复工程等。[①] 2021 年 5 月 24 日，浙江省举办海洋生态修复现场会，要求做好海洋生态修复，推进历史围填海区域生态修复，加快推进“蓝色海湾”整治行动。[②] 此外，我国政府推进的“湾（滩）长制”建设，以及持续开展的“蓝色海湾”整治行动等实践项目，一直获得极大的支持和重视。今后，海洋生态环境修复管理工作仍然需要通过建立和修订相关法律法规、完善配套制度、开展实践项目等方式来加强。

最后，政府应加大对海洋生态环境修复管理工作的技术研发与资金投入力度。[③] 2021 年 7 月 1 日，自然资源部发布了《海洋生态修复技术指南（试行）》，以提高海洋生态环境修复管理工作的科学化、规范化水平，提升海洋生态系统的质量和稳定性。[④] 在此基础上，我国有关部门应该出台更加细致全面的技术指南和行业标准，在一步步地对海洋生态环境修复管理技术进行规范与创新后，形成一套实用性更强的技术理论体系。同时，要通过学术交流促进技术水平的提高。2021 年 7 月 12 日，我国在贵阳市召开了主题为“基于自然解决方案的海洋生态保护修复实践”的海洋生态保护论坛，160 多人参加了此次论坛，分享和推广海洋生态保护修复的理念和成功实践，推动基于自然的解决方案本土化、主流化，探讨实现海洋可持续发展的有效途径。[⑤] 通过论坛等学术研讨会的形式汇聚世界智慧，可以为海洋生态环境修复贡献中国力量。除技术研发、学术研讨外，下达资金也是有效开展海洋生

① 戴路：《福建将实施重大工程保护和修复海岸带》，中国海洋信息网，2021 年 4 月 9 日，http：//www. nmdis. org. cn/c/2021-04-09/74375. shtml。

② 《浙江多管齐下改善海洋生态环境》，中国海洋信息网，2021 年 5 月 24 日，http：//www. nmdis. org. cn/c/2021-05-24/74810. shtml。

③ 李京梅、刘娟：《海洋生态修复：概念、类型与实施路径选择》，《生态学报》2022 年第 4 期。

④ 《自然资源部办公厅关于印发〈海洋生态修复技术指南（试行）〉的通知》，中国政府网，2021 年 7 月 4 日，http：//www. gov. cn/zhengce/zhengceku/2021 - 07/14/content _ 5624823. htm。

⑤ 《推动海洋绿色发展　促进人海和谐共生》，中国海洋信息网，2021 年 7 月 15 日，http：//www. nmdis. org. cn/c/2021-07-15/75136. shtml。

态环境修复管理工作的举措。2020 年，广西获得中央下达的海洋生态保护修复资金 3.72 亿元；2021 年，广西再次获中央提前下达的 2022 年海洋生态保护修复资金 7.5 亿元，广西壮族自治区财政厅数据显示，这一资金量居全国首位。[①] 中央下达海洋生态保护修复资金，是贯彻落实党的十八届五中全会“开展‘蓝色海湾’整治行动”和中央财经委员会第三次会议“实施海岸带保护修复工程”等工作部署的具体体现，是促进区域生态系统结构进一步优化、提升近海生态质量和生态服务功能、提高海岸带防灾减灾能力的重要举措。

① 《广西获中央下达海洋生态修复资金 7.5 亿元》，中国海洋信息网，2021 年 12 月 2 日，http：//www.nmdis.org.cn/c/2021-12-02/76040.shtml。

B.5
2021年中国海洋文化发展报告

宁　波*

摘　要： 2021年，海洋文化发展虽然受新冠疫情影响稍有回落，但仍具备蓄势待发的潜力。2021年，中国知网共有海洋文化文献325篇，其中学术期刊文献192篇，学位论文43篇，核心期刊文献33篇。通过分析这些文献，可以发现2021年海洋文化发展的主要成就，表现为海洋强国重要论述研究、海洋文化精神内驱力研究、多学科的研究关注、研究机构的范围类型4个方面有新发展。然而，核心期刊刊用、高级人才培养、治学思维模式、理论创新4个方面仍有待加强。对此，今后需要加强海洋文化国际交流、加强海洋文化应用、加强海洋文旅融合、加强海洋生态文化研究、加强海洋民间文化研究、加强海洋精神建构。

关键词： 海洋文化　海洋强国　海洋资源

2021年，受新冠疫情影响，海洋文化发展有些许回落，但2021年也是海洋文化蓄势待发的一年。2022年4月，习近平总书记在海南考察时指出，建设海洋强国是实现中华民族伟大复兴的重大战略任务。[①] 这无疑为海洋文化发展提供了强大动能。

---

* 宁波，硕士，上海海洋大学经济管理学院硕士生导师，海洋文化研究中心副主任、副研究员，研究方向为渔文化、海洋文化、文化经济。

① 《建设海洋强国是实现中华民族伟大复兴的重大战略任务》，央视网，2022年4月16日，https：//ocean.cctv.com/2022/04/16/ARTI46UD2JrID1IWGFEGj9jb220416.shtml。

一　发展概况与发展历程

（一）发展概况

2021 年，受疫情影响，海洋文化发展呈现回落状态。笔者以“海洋文化”为关键词在中国知网进行主题检索，发现 2021 年共发表文献 325 篇（见表 1），其中学术期刊文献 192 篇，学位论文 43 篇（见图 1），核心期刊文献 33 篇。可以发现，2021 年的文献量比 2020 年有所下降，且为 2011～2021 年的最低水平。海洋文化是理论与实践结合紧密的领域，由于人员行动受疫情限制，影响了现场学术交流与学术成果的发表。随着海洋区域联盟成为未来国际关系的主要博弈场，海洋文化研究日益凸显必要性。张景全等学者指出，随着“泛海洋时代”的到来，海洋话语转变成国际秩序演变的重要风向标，中国需要踏实构建海洋话语，在构建世界海洋新秩序中发挥积极引领作用。[①] 面对世界“百年未有之大变局”，作为国家“软实力”重要组成部分的海洋文化研究，无疑需要更多投入与关注。

（二）发展历程

2021 年的海洋文化研究仍是发展期的延续，[②] 尚未形成新的拐点。1998～2020 年，海洋文化相关高质量文献大都发表于海洋学、水产学、人文社会科学等学术期刊，多集中于 5 个主题：提升海洋意识，建构和谐的海洋文化；利用海洋资源促进海洋产业发展；应用海洋文化资源发展海洋文化产业；构建具有地方特色的区域性海洋文化；保护与传承海洋文化遗产。[③] 2021 年的文献在这 5 个主题的基础上，拓展到多个应用领域与层面，如艺

① 张景全、吴昊：《海洋话语与国际秩序转变》，《南洋问题研究》2021 年第 1 期。

② 宁波、郭靖：《中国海洋文化发展报告》，载崔凤、宋宁而主编《中国海洋社会发展报告（2020）》，社会科学文献出版社，2020，第 139～146 页。

③ 赵玲、吴雁萍：《基于文献计量法的中国海洋文化研究 20 年回顾》，《上海海洋大学学报》2021 年第 2 期，第 381～388 页。

术设计、民族文化、精神内化等。由此可以发现，此前研究多集中于唤醒和增强海洋意识，或侧重于增进海洋认知，而 2021 年的一些成果已深入内涵探究层面，展示了新的研究动向。

表 1　1964~2021 年中国知网海洋文化文献数量分布情况

单位：篇

年份	篇数	年份	篇数	年份	篇数	年份	篇数
1964	2	1990	2	2001	32	2012	445
1967	3	1991	4	2002	55	2013	534
1975	1	1992	4	2003	59	2014	479
1976	1	1993	3	2004	78	2015	439
1977	1	1994	6	2005	142	2016	463
1978	1	1995	11	2006	121	2017	417
1979	3	1996	12	2007	206	2018	350
1985	1	1997	13	2008	228	2019	463
1986	3	1998	28	2009	196	2020	387
1988	3	1999	31	2010	287	2021	325
1989	4	2000	16	2011	347		

注：部分年份数据为空白，未列表中。

资料来源：中国知网。

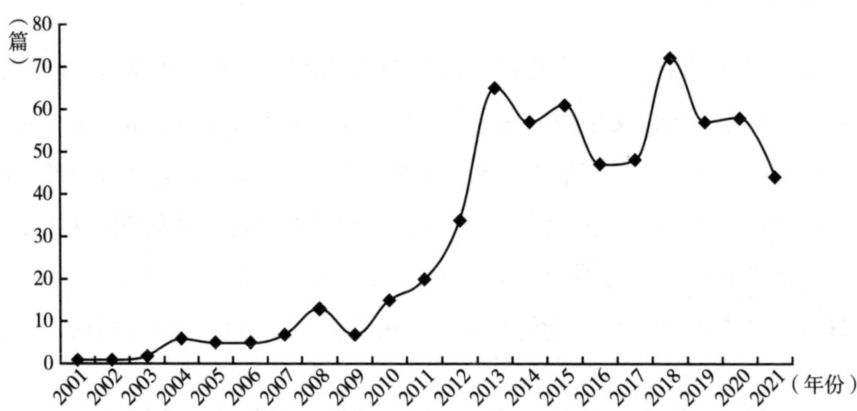

图 1　2001~2021 年中国知网海洋文化硕士/博士学位论文数变化趋势

资料来源：中国知网。

二　主要成就与特点

（一）海洋强国重要论述研究有新发展

习近平总书记关于海洋强国的重要论述，是总结中国特色海洋实践经验的重要论述，是马克思主义中国化在海洋领域的创新和发展。有学者指出，其体系建构遵循文化逻辑、历史逻辑、理论逻辑、现实逻辑与实践逻辑。尤其是在理论逻辑方面，其开拓了马克思主义海洋观的新境界，彰显了马克思主义中国化的最新海洋理论创新成果，引领着富有中国特色的伟大海洋实践。①

好理论欲发挥作用，需要准确、快速和优质的传播。2019 年 4 月 23 日，习近平在庆祝人民海军成立 70 周年大会上首次提出“海洋命运共同体”理念。② 这一理念基于海洋强国重要论述的文化自信，展现了中国作为海洋大国的国际担当。世界不是被海洋分割成的各个孤岛，而是由海洋连接成的命运共同体，各国人民安危与共。这一理念契合当下国际形势，对构建新的国际关系具有价值引领意义。当务之急是通过高质量的宣传，践行“海洋命运共同体”理念，将悠久的中国海洋文明史和丰富的海洋文化资源转化为海洋文化软实力，③ 从而在国际舞台上赢得更多认同。

习近平总书记关于海洋强国的重要论述与“海洋命运共同体”理念互为表里，或者说“海洋命运共同体”理念是对习近平总书记关于海洋强国重要论述的重要注脚，从而使其文化逻辑、历史逻辑、理论逻辑、现实逻辑与实践逻辑更具支撑意义。而对“海洋命运共同体”理念的积极传播，从某种意义上来说就是对习近平总书记关于海洋强国重要论述的国际诠释。

---

① 张晓刚：《习近平关于海洋强国重要论述的建构逻辑》，《深圳大学学报》（人文社会科学版）2021 年第 5 期，第 22~30 页。

② 《共同构建海洋命运共同体》，自然资源部网站，2022 年 7 月 22 日，https：//www. mnr. gov. cn/dt/pl/202207/t20220722_ 2742631. html。

③ 杨森：《纪录片如何创新“海洋命运共同体”的传播与表达——以〈筑梦蔚蓝〉为例》，《传媒》2021 年第 19 期，第 62~63 页。

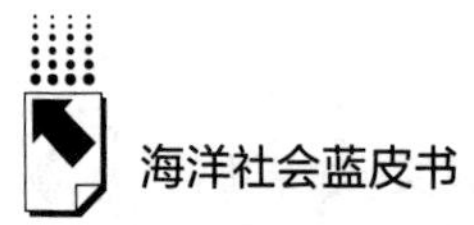

（二）海洋文化精神内驱力研究有新发展

2021年，海洋文化作为精神内驱力的研究值得关注。例如，学者卢月风认为，中国文坛巨匠鲁迅在文学创作与精神世界方面受"海洋"元素的影响很大。鲁迅曾在滨海城市生活，他的作品呈现多样的"海洋"物象。鲁迅未必自知自身的海洋精神元素，但在骨子里却有着开放探索、追求独立精神、自由思想的价值取向。这与海洋精神有很高的同构性与一致性。鲁迅的"海味"暗藏于其文学作品与精神气质中。① 从着力唤醒民众的海洋意识，到对典型人物精神内涵的"海味"剖析，是一个有意义的突破。文化的最高表现形式是精神和气质，海洋文化的最高表现形式是具有海洋元素的精神风貌和人格特质。学者卢月风的论文为海洋文化研究提供了新视野。

（三）多学科的研究关注有新发展

2021年，多学科探索海洋文化的格局继续得到延伸和拓展。由图2可知，在2021年中国知网海洋文化硕士/博士学位论文中，涉及建筑科学与工程、中等教育、海洋学、音乐舞蹈、中国古代史等多种学科。有趣的是，建筑科学与工程占比最高。作为工程与人文社会科学密切结合的学科，建筑科学与工程出现了更加重视海洋文化的研究动向。中等教育关注海洋文化令人惊喜，这表明海洋意识教育正在逐步向低年龄受教育者转移。值得注意的是，计算机软件及计算机应用也开展了海洋文化相关研究，反映了海洋文化与计算机学科之间的融合与互动。

（四）研究机构的范围类型有新发展

2021年，海洋文化硕士/博士学位论文主要贡献机构出现一些值得关注的亮点。由表2可知，在2001~2021年中国知网海洋文化硕士/博士学位论文主要贡献机构中，海洋类高校、沿海高校占比较高。而在2021年中国知

① 卢月风：《"海洋"元素对鲁迅文学创作与精神世界的影响》，《贵州社会科学》2021年第11期，第75~82页。

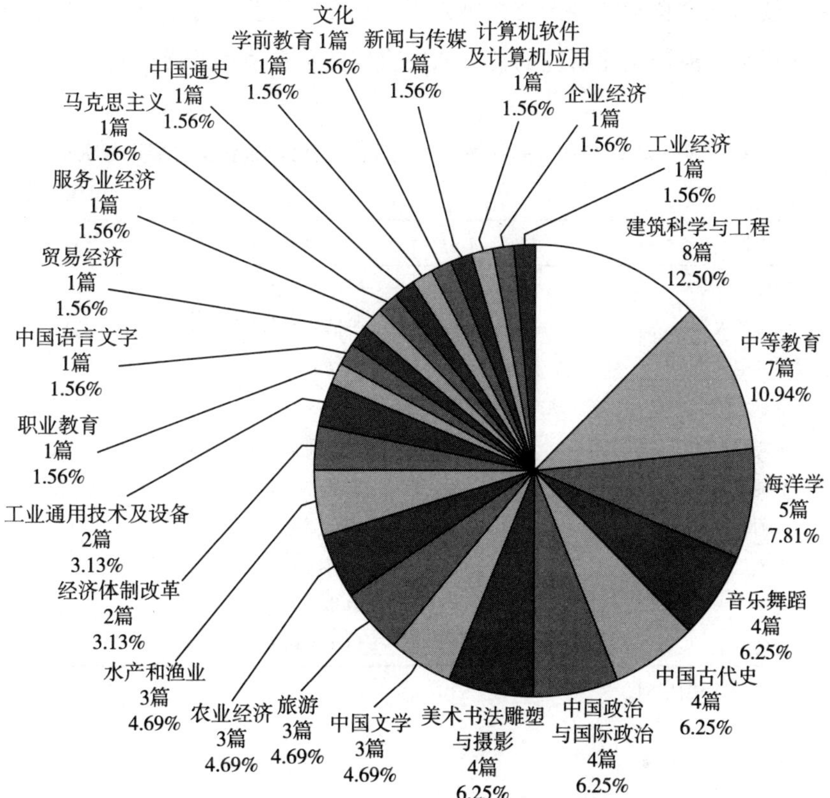

图 2　2021 年中国知网海洋文化硕士/博士学位论文学科贡献情况

资料来源：中国知网。

网海洋文化硕士/博士论文主要贡献机构中，除了海洋类高校、沿海高校继续保持较大贡献外，山东大学、宁夏大学、延安大学、江西师范大学、北京林业大学等也开始涉及海洋文化相关研究（见图 3）。这表明海洋文化研究机构的范围和类型有了新拓展，也凸显了海洋文化研究的自身魅力和学科延展力。海洋文化研究需要传承创新，加强理论主体性建设，[①] 这需要更多研究机构的努力与贡献。由图 4 可知，海洋文化核心期刊文献的主要贡献机构

① 宁波、金童欣：《中国海洋文化发展报告》，载崔凤、宋宁而主编《中国海洋社会发展报告（2021）》，社会科学文献出版社，2022，第 150~158 页。

均为高校，社会科学院、人文类研究所等研究机构及部分综合性大学贡献较小，这意味着海洋文化研究的潜力和层次依然存在很大发展空间。

表 2　2001~2021 年中国知网海洋文化硕士/博士学位论文主要贡献机构

单位：篇

学校	篇数	学校	篇数
中国海洋大学	56	广西师范大学	13
浙江海洋大学	44	曲阜师范大学	12
福建师范大学	26	海南大学	12
山东大学	23	大连海事大学	11
广东海洋大学	20	青岛理工大学	10
辽宁师范大学	18	华侨大学	9
山东师范大学	17	华中师范大学	9
华南理工大学	16	浙江大学	8
厦门大学	16	中共中央党校	7
青岛大学	13	福建农林大学	7

资料来源：中国知网。

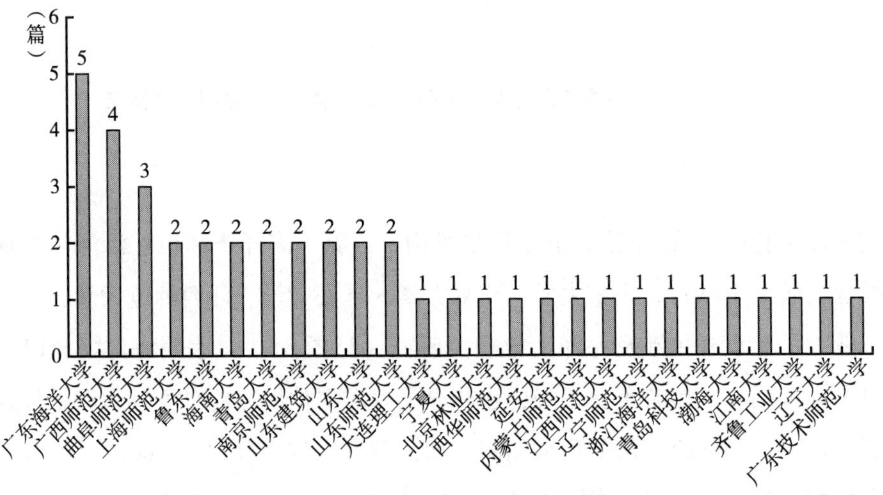

图 3　2021 年中国知网海洋文化硕士/博士学位论文主要贡献机构

资料来源：中国知网。

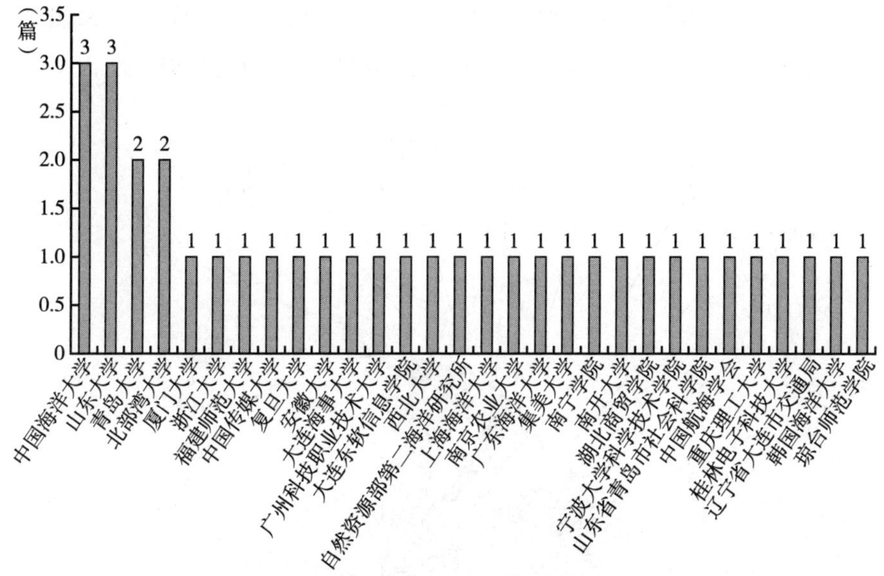

图 4　2021 年中国知网海洋文化核心期刊文献主要贡献机构

资料来源：中国知网。

三　存在问题与不足

（一）核心期刊刊用不足

2022 年 6 月 23 日，笔者在中国知网以“海洋文化”为关键词进行检索，发现 2021 年海洋文化核心期刊文献 33 篇，仅占总数的 10%。2021 年，中国知网总库共发表社科文献 2536378 篇，325 篇海洋文化论文仅占 0.01%。这表明学术界对海洋文化的关注还比较有限；核心期刊群对海洋文化的关注更加有限。海洋文化研究经过数十年积累，虽然热度持续走高，但仍相对冷门，不仅需要学术界给予更多关注和支持，也需要学术期刊给予更多关注和支持，提供更多孵化时间和发表空间。

在海洋文化学术期刊文献学科贡献方面，经检索发现，1915~2021 年，海洋学、旅游、中国政治与国际政治、戏剧电影与电视艺术 4 个学科的占比均超过5%（见图5），其中海洋学的占比最高，达到20.93%，而文化、历史、经济、社会、民俗、民族等人文社会学科的占比有待提升。

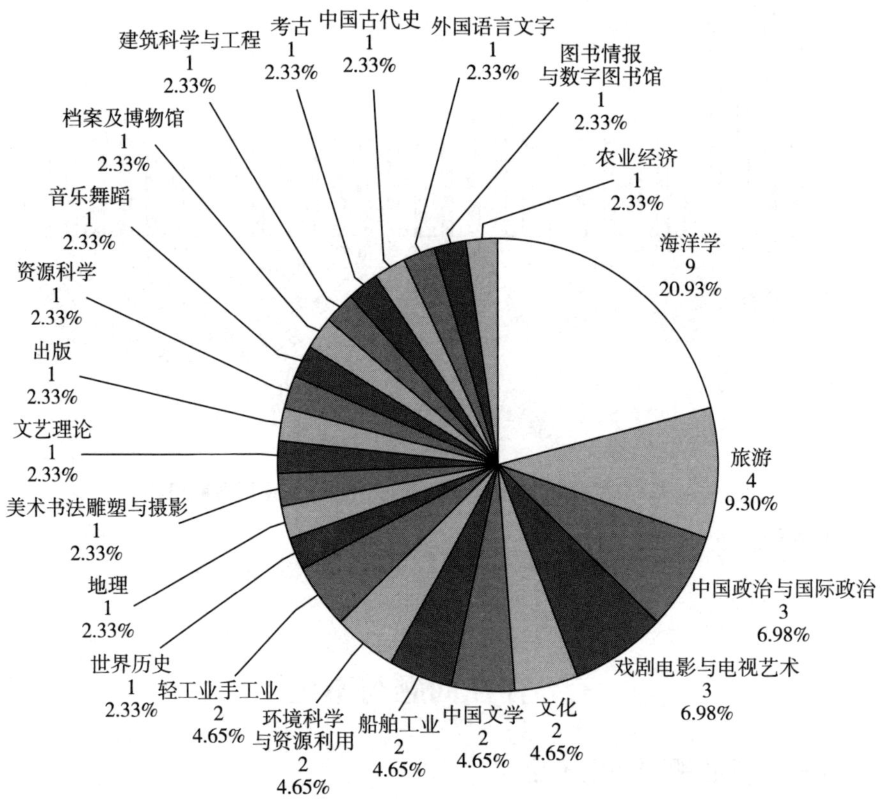

图5　2021年中国知网海洋文化学术期刊文献学科贡献情况

资料来源：中国知网。

（二）高级人才培养有待关注

2022年6月23日，笔者以“海洋文化”为关键词在中国知网进行主题检索，时间为2001~2021年，共查到学位论文625篇（见表3），其中博士学位论文60篇，硕士学位论文565篇。2021年，中国知网总库共发表硕士/博士学位论文13.15万篇。由图6可知，中国海洋大学、浙江海洋大学、福建师范大学、山东大学等贡献突出。然而，总体而言，高层次人才培养即研究生教育对海洋文化的关注度较低；不同学科高层次人才对海洋文化的

表 3　2001~2021 年中国知网海洋文化硕士/博士学位论文数

单位：篇

年份	篇数	年份	篇数	年份	篇数
2001	1	2008	13	2015	61
2002	1	2009	7	2016	47
2003	2	2010	15	2017	48
2004	6	2011	20	2018	72
2005	5	2012	34	2019	57
2006	5	2013	65	2020	58
2007	7	2014	57	2021	44

资料来源：中国知网。

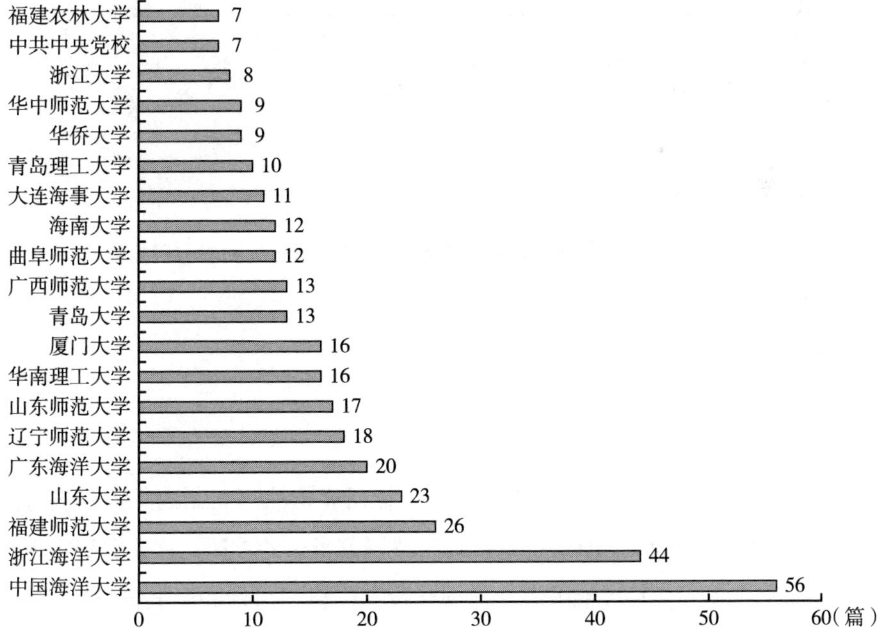

图 6　2001~2021 年中国知网海洋文化硕士/博士学位论文主要贡献机构

资料来源：中国知网。

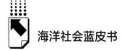

关注度也不平衡（见图 7），通过历史学学科研究海洋文化、为中国构建“海洋命运共同体”服务、为建设海洋强国提供话语权等方面亟待进步。不过值得注意的是，2010 年以后，海洋文化硕士/博士学位论文数呈现可喜的增长态势。随着海洋强国战略的推进，国家对海洋文化高级人才的需求将会日益增长。

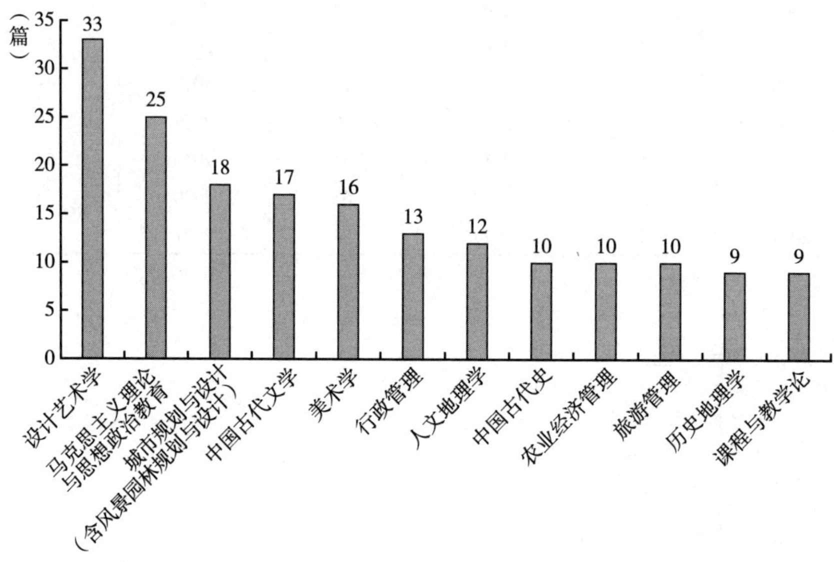

图 7　2001~2021 年中国知网海洋文化硕士/博士学位论文学科贡献情况

资料来源：中国知网。

（三）治学思维模式有待改变

学术界长期遵循的治学范式，对海洋文化研究依然存在制约。要推进海洋文化研究，治学范式和思维模式亟待转变。“国家身份的重塑，首先要解决观念重构的问题。”① 中国积极推进海洋强国建设，构建“海洋命运共同体”，国家

① 陈绪石：《重论古代中国的大陆国家身份——以文化地理学为视角》，《学术探索》2021 年第 4 期，第 27~33 页。

身份正在重塑，迫切需要学术界重构思想观念，改变治学范式和思维模式，在为学治学、励学兴学、学以致用、经世济民中植入更多海洋思维。①

（四）理论创新有待继续加强

海洋文化创新是近些年老生常谈的话题。综观2021年部分海洋文化著作出版情况（见表4），除了少数创新点之外，海洋文化的理论创新仍相对不足。张晓刚对习近平总书记关于海洋强国重要论述的建构逻辑的研究、卢月风就“海洋”元素对鲁迅文学创作与精神世界影响的研究都令人眼前一亮，王子今的《秦汉海洋文化研究》、杜珂的《我国海洋文化产业发展模式研究》、毕旭玲和汤猛的《中国海洋文化与海洋文化产业开发》、郭海霞的《英国海洋小说与国家认同和文化自信研究》等，都在理论创新方面做出了积极尝试。然而，这些成果与中国建设海洋强国的愿景、与中国作为海洋大国的地位、与中国致力于构建“海洋命运共同体”的国际担当不相匹配，有待继续加强。

表4　2021年部分海洋文化著作出版情况

作者/主编	著作名称	出版社
王子今	《秦汉海洋文化研究》	北京师范大学出版社
苏文菁、李航	《海洋文化蓝皮书：中国海洋文化发展报告(2021)》	社会科学文献出版社
杜珂	《我国海洋文化产业发展模式研究》	中国海洋大学出版社
李宏、吴韶刚	《海洋文化馆——浓缩的海洋意识教科书》	哈尔滨工程大学出版社
吴静激	《广西北部湾海洋文化创意与旅游发展研究》	华中科技大学出版社
吴春晖、宋宇然、李玮荣	《经略海洋：全国大中学生第十届海洋文化创意设计大赛优秀作品集》	中国海洋大学出版社
李伟刚、王栽毅	《清嘉庆郝懿行〈记海错〉译注》	中国海洋大学出版社
毛海莹	《东海问俗：话说浙江海洋民俗文化》	浙江大学出版社

① 宁波、郭新丽：《海洋教育重在传习海洋思维》，《宁波大学学报》（教育科学版）2021年第2期，第13~17页。

续表

作者/主编	著作名称	出版社
曲金良	《海洋文化概论》	中国海洋大学出版社
张伟	《浙江海洋文化与经济(第四辑)》	海洋出版社
毕旭玲、汤猛	《中国海洋文化与海洋文化产业开发》	东方出版中心
沈燕红	《浙东渔歌与海洋文化研究——以舟山为案例》	浙江大学出版社
吴卫	《先秦时期的霞浦》	科学出版社
郭海霞	《英国海洋小说与国家认同和文化自信研究》	上海三联书店
泉州市“泉州:宋元中国的世界海洋商贸中心”系列遗产申报世界文化遗产工作领导小组办公室、泉州市文化广电和旅游局	《泉州:宋元中国的世界海洋商贸中心遗产图录》	福建人民出版社

资料来源：当当网。

四　发展趋势与建议

（一）加强海洋文化国际交流

只有加强国际交流，才能增进了解和互信。之所以要加强海洋文化国际交流，是因为历史表明，面对广阔的海洋，各国人民相对容易形成文化认同，拉近彼此之间的距离。2021 年 11 月 22 日，习近平主席在中国—东盟建立对话关系 30 周年纪念峰会上指出，要“构建蓝色经济伙伴关系，促进海洋可持续发展”。[①] 2021 年 8 月 20~21 日，中国海外交通史研究会与山东

① 《习近平在中国—东盟建立对话关系 30 周年纪念峰会上的讲话（全文）》，中国政府网，2021 年 11 月 22 日，http：//www. gov. cn/xinwen/2021-11/22/content_ 5652461. htm。

大学举办了“全球史视野下的东亚海洋史”学术研讨会，[①] 推进了海洋文化领域的相互了解与互信。交流和比较研究还有助于更好地协调双边或多边海洋关系。比如，近年来，印度尼西亚海洋政策的思想内涵从“群岛观”转变为“全球海洋支点”，是其应对与周边国家海上冲突和争端的深层动因。[②]

（二）加强海洋文化应用

海洋文化是一笔宝贵的资源，通过创新、转化和应用，其可以化身为“活起来”的生产要素。比如，京族的民族文化兼具海洋文化和边关文化特色，有学者建议从图案元素、色彩元素、材质肌理元素、内涵元素等提取设计元素，并应用于设计实践。[③] 再如，针对北部湾海产品包装现状和存在的问题，有学者建议挖掘、提炼与转化相关海洋文化视觉语言，结合图形、文字、色彩和结构等设计更富有海洋文化意味的形式语言。[④] 海洋文化只有用起来才会更有活力，只有不断创新才会生生不息。这方面的研究空间很大。

（三）加强海洋文旅融合

海洋文化有众多有形的和无形的资源，都可以因地制宜地成为海洋文旅融合的元素。海洋文旅的可持续发展，有助于提升沿海城市的发展质量，有助于发扬传统文化，有助于增强中国海洋文旅的动能。[⑤] 文旅价值评估是发展海洋文旅产业的重要保障，也是一个有生命力的长远研究方向。[⑥] 随着乡

---

① 万睿祯、董建民：《“全球史视野下的东亚海洋史”学术研讨会概要》，《中国史研究动态》2021 年第 6 期，第 86~87 页。

② 陈榕猇：《从“群岛观”到“全球海洋支点”构想——印尼海洋政策的形成及演变》，《东南亚研究》2021 年第 2 期，第 76~90、156 页。

③ 王刚：《广西京族文化设计元素的提取及设计应用》，《装饰》2021 年第 3 期，第 126~127 页。

④ 李帅、周作好：《海产品手信包装形式语言探究——以“青壳外”海鸭蛋黄酥包装设计为例》，《装饰》2021 年第 3 期，第 136~137 页。

⑤ 刘澈：《文化创意视角的海洋文化旅游可持续发展》，《社会科学家》2021 年第 11 期，第 67~71 页。

⑥ 肖建红、程文虹、赵玉宗、王敏：《群岛旅游资源非使用价值评估嵌入效应研究——以舟山群岛为例》，《旅游学刊》2021 年第 7 期，第 132~148 页。

村振兴战略的实施，乡村旅游方兴未艾。有学者运用 GIS 空间分析和数理统计方法进行分析，提出在环渤海分布带开发以海洋文化为特色的海岛渔村旅游产业。[①] 中国海洋文旅资源丰富，对海洋文旅的高点定位和科学规划，可以高效赋能中国海洋文化保护和传承的整体性、活态性和生态性。对此，要从基础设施建设、价值内涵提升、消费场景营造、海洋文旅扩容提质、人才培育和流通机制完善等层面拓展海洋文旅融合发展路径，走专业化、产业化和智能化发展道路。[②]

（四）加强海洋生态文化研究

在生态文明建设背景下，加强海洋生态文化研究是当务之急，也是长久之道。一是在既往工作基础上，继续加强海洋生态文化理论研究；[③] 二是可以继续加强对海洋生态文明建设绩效评估指标体系的研究，制定更加科学的评估体系，促进海洋生态文明建设向更高水平、更高层次发展；[④] 三是加强海洋生态文化应用研究，如海洋生态旅游发展、海洋公园建设[⑤]、海洋生态文创产品开发等方面的研究。

（五）加强海洋民间文化研究

海洋民间文化研究长盛不衰，尤其是对妈祖的研究“常研常新”。妈祖是中国最具影响力的海神，妈祖文化是中国海洋文化的重要内容，也是中华

---

① 张涛、李凤轩、薛永武：《辽宁省乡村旅游地空间分布特征及开发路径》，《地域研究与开发》2021 年第 4 期，第 75~79 页。

② 王琴、李肇荣：《海洋文旅创新发展——以广西为例》，《社会科学家》2021 年第 11 期，第 72~77 页。

③ 宁波、金童欣：《中国海洋文化发展报告》，载崔凤、宋宁而主编《中国海洋社会发展报告（2021）》，社会科学文献出版社，2022，第 156 页；张一、安晋蓉：《中国海洋生态文明示范区建设发展报告》，载崔凤、宋宁而主编《中国海洋社会发展报告（2021）》，社会科学文献出版社，2022，第 159~185 页。

④ 冯翠翠等：《浙江省海洋生态文明建设绩效评估研究》，《浙江大学学报》（理学版）2021 年第 5 期，第 584~591 页。

⑤ 丁金胜：《生态文明建设背景下的国家海洋公园建设现状及对策——以青岛国家级海洋公园为例》，《海洋湖沼通报》2021 年第 3 期，第 167~172 页。

优秀传统文化的典型代表之一。妈祖文化传播广、影响大、延续久，已传播到46个国家。[①] 妈祖文化对国际关系和构建"海洋命运共同体"的意义仍有极大研究空间。民间文化厚植民间，生生不息，富有发展活力。例如，岭南文化是陆地文化与海洋文化的结合体，在民间喜庆活动中，从陆上的"舞龙"，到水上的"龙舟"，都可以看到文化的弘扬和精神的塑造。[②] 岭南疍家依水而生、以船为家，与海水浪花相伴。其舞蹈具有鲜明的以水为生、壮美开阔的海洋文化特质，充满朴实无华、摇曳荡漾的海洋文化元素。[③]"海味"十足的京族，已走上向海发展道路，京族文化也为中国建设海洋强国提供了经典样本。[④] 海洋民间文化是一座学术富矿，是取之不尽、用之不竭的知识创新源泉。

（六）加强海洋精神建构

海洋文化的核心价值表现是海洋精神。秦始皇陵地宫以"水银为海"，不仅具有海洋的象征意义，而且展现了秦汉之际的海洋精神启蒙。[⑤] 中国古代的海洋精神仍有进一步挖潜研究的空间。在当代海洋小说的叙事中，塑造了两类女性形象。一类是传统观念中"好女人"与"坏女人"的形象；另一类是打破性别预设、主动向海的女性形象。她们在集体海洋、商业海洋、文化海洋等视域下，从物质与精神两个维度找到重建女性主体、释放自我的空间。[⑥] 海洋精神在女性自我意识投射、女性主体意识建构方面的意义是一个有趣且值得研究的方向。其实，从海洋精神出发，会发现很多值得探寻的

---

① 张树庭：《妈祖文化的创新性研究与多维度突破——评"'一带一路'视野下妈祖文化传承发展研究"丛书》，《现代出版》2021年第3期，第95~96页。

② 伍尚斌：《组装家具（云龙）设计——传统文化在现代岭南文化建设中的实践》，《世界林业研究》2021年第4期，第143页。

③ 冯盈霖：《岭南疍家舞蹈表达的海洋文化》，《民族学刊》2021年第11期，第95~104、132页。

④ 徐东波：《向海而生：京族文化的边际发展及其当代价值》，《西北民族大学学报》（哲学社会科学版）2021年第5期，第47~55页。

⑤ 王子今：《论秦始皇陵"水银为海"》，《北京师范大学学报》（社会科学版）2021年第5期，第89~96页。

⑥ 韩超、王宇：《海洋、民俗与女性：中国当代海洋小说女性形象之建构》，《江苏社会科学》2021年第6期，第181~188、244页。

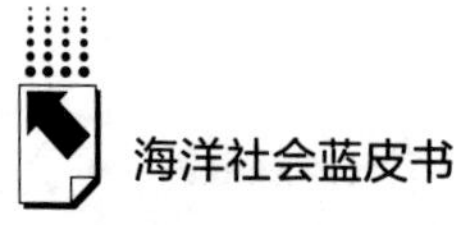

研究主题。

海洋文化源远流长。“世界上所有的海洋国家成为强国无不是向海而兴、向海图强。”① 建设海洋强国、构建“海洋命运共同体”，是中华民族实现伟大复兴的必由之路。海洋强国，不仅表现为海洋经济、科技等硬实力强，而且突出表现为海洋文化强。因此，加强海洋文化研究正当其时，海洋文化的创新与发展决定着中国的未来、海洋世界的未来。

① 何建中：《卷首语》，《中国航海》2021 年第 S1 期，第 3 页。

B.6

2021年中国海洋法制发展报告

刘 骞 褚晓琳*

摘 要： 2021年，我国在海洋立法方面取得的重要进展主要包括以下五个方面。一是颁布《中华人民共和国海警法》《中华人民共和国湿地保护法》；二是修订并发布《中华人民共和国管辖海域外国人、外国船舶渔业活动管理暂行规定》《渔业行政处罚规定》；三是多部涉海政策及规范施行，如《赤潮灾害应急预案》《渔政执法工作规范（暂行）》《海洋生态修复技术指南（试行）》；四是多部具有海洋发展指导意义的涉海规划出台并施行，如《海水淡化利用发展行动计划（2021—2025年）》《全国海洋生态预警监测总体方案（2021—2025年）》《"十四五"海洋经济发展规划》；五是2022年全国两会上政协委员针对2021年国家海洋法制发展的不足提出涉海提案。

关键词： 海洋立法 涉海政策 海洋法制

在百年未有之大变局的背景下，海洋逐渐与国家安全、主权维护、发展利益、大国关系等密切联系，谋求海洋领域发展已成为全球共识。在"十四五"规划正式实施的2021年，我国在海洋法制领域坚持跟随新时代建设海洋强国的目标，不断加快海洋法制建设，进一步提高我国海洋立法质量，完善海洋治理体系，施行全方位立体化的海洋治理政策，努力为我国海洋经

---

* 刘骞，上海海洋大学海洋文化与法律学院硕士研究生，研究方向为海洋环境保护与治理；褚晓琳，上海海洋大学海洋文化与法律学院副教授、硕士生导师，研究方向为海洋法。

济的可持续发展提供法律保障。

2021年，我国海洋立法工作取得了新突破。一是颁布了《中华人民共和国海警法》（以下简称《海警法》）、《中华人民共和国湿地保护法》（以下简称《湿地保护法》），完善了我国海洋立法体系，使我国海洋法制建设更加全面、立体，《海警法》的正式施行更为我国维护国家主权及海洋权益提供了法律保障；二是修订并发布《中华人民共和国管辖海域外国人、外国船舶渔业活动管理暂行规定》（以下简称《暂行规定》）、《渔业行政处罚规定》，弥补了相关规定存在的不足；三是出台一系列涉海政策和法规，如《全面深化前海深港现代化服务业合作区改革开放方案》《赤潮灾害应急预案》《渔政执法工作规范（暂行）》《海洋生态修复技术指南（试行）》，在相关海洋法律的基础上更加明确和细化了具体实施方案；四是发布了许多涉海规划，如《海水淡化利用发展行动计划（2021—2025年）》《全国海洋生态预警监测总体方案（2021—2025年）》《“十四五”海洋经济发展规划》，详细制定了海水利用、生态保护、海洋经济发展等多个方面的工作计划；五是2022年全国两会针对海洋现存法律、制度、政策的不足提出许多涉海提案①，对未来海洋立法工作有重要参考意义。

一　颁布《海警法》和《湿地保护法》

（一）颁布并施行《海警法》

《海警法》于2021年1月22日由中华人民共和国第十三届全国人民代表大会常务委员会第二十五次会议通过，并于2021年2月1日起正式施

① 涉海提案包括海域生态空间规划、海洋经济绿色低碳发展、海洋生物多样性、海洋环境保护等。

行。[①]《海警法》加上总则、附则共有 11 章 84 条内容。[②]

过去，中国海警执法的主要依据是《公安机关海上执法工作规定》《中华人民共和国人民警察法》《中华人民共和国领海及毗连区法》《中华人民共和国专属经济区和大陆架法》，这些法律仅在一定程度上给予了海警在海洋领域的执法保障，具有不明确、不系统及分散的弊端，无法通过直接、完备的实施细则为我国海警依法维护海洋权益提供强有力的法律支撑。[③]

现在，根据《海警法》总则第 1、5 条（见表 1）规定，可以发现《海警法》为我国建立了一套系统规范的海警法律制度，直接明确了海警机构的职责和执法原则，细化了海上执法合作的相关规定，强调对国家主权、安全和海洋权益的保护。从此，我国海洋领域的执法工作有了明确的法律依据，《海警法》为我国打击海上违法犯罪活动、监督海洋资源开发、开展渔业管理等提供了强有力的法律保障。

表 1　《海警法》部分条例

第 1 条	为了规范和保障海警机构履行职责，维护国家主权、安全和海洋权益，保护公民、法人和其他组织的合法权益，制定本法
第 5 条	海上维权执法工作的基本任务是开展海上安全保卫，维护海上治安秩序，打击海上走私、偷渡，在职责范围内对海洋资源开发利用、海洋生态环境保护、海洋渔业生产作业等活动进行监督检查，预防、制止和惩治海上违法犯罪活动

同时，《海警法》第 6 章规定，在执行海上反恐任务、处置海上严重暴力事件，或是执法船舶、航空器受到武器或者其他危险方式攻击时，海警机构工作人员除可以使用手持武器外，还可以使用舰载或者机载武器。[④]

① 《中华人民共和国海警法》，中国人大网，2021 年 1 月 22 日，http：//www. npc. gov. cn/npc/c30834/202101/ec50f62e31a6434bb6682d435a906045. shtml。

② 该法章节由总则、机构和职责、海上安全保卫、海上行政执法、海上犯罪侦查、警械和武器使用、保障和协作、国际合作、监督、法律责任、附则构成。

③ 唐刚：《〈中华人民共和国海警法〉的立法评析与实施展望》，《政法学刊》2021 年第 3 期，第 124~125 页。

④ 参见《海警法》第 48 条。

《海警法》的颁布与施行，是新时代背景下中国海洋法制建设的一大重要突破，对中国开展海上执法活动、维护海洋权益具有重要作用，为我国海上执法活动提供了强有力的法律支撑。针对他国侵犯我国海洋权益的行为，我国将不再仅有口头警告，而是可以依法进行强有力的还击，这一转变说明我国在海洋领域的实力逐渐增强，能够有力维护自身的海洋权益。

（二）颁布《湿地保护法》

《湿地保护法》于2021年12月24日由中华人民共和国第十三届全国人民代表大会常务委员会第三十二次会议通过，并于2022年6月1日起正式施行。[①]《湿地保护法》共7章65条内容。[②]

《湿地保护法》总则第1条规定，为了加强湿地保护，维护湿地生态功能及生物多样性，保障生态安全，促进生态文明建设，实现人与自然和谐共生，制定本法。该法是我国为加强湿地保护制定的首部法律，为我国湿地保护工作提供了法律保障，并完善了我国在生态文明建设时期的法律框架。

《湿地保护法》虽然不是直接针对我国海洋湿地而制定的法律，但其内容涉及海洋湿地，对我国开展海洋湿地保护、利用起到了法律保障作用。《湿地保护法》第2条规定，在中华人民共和国领域及管辖的其他海域内从事湿地保护、利用、修复及相关管理活动，适用本法。[③] 另外，《湿地保护法》第2条规定，江河、湖泊、海域等的湿地保护、利用及相关管理活动还应当适用《中华人民共和国海洋环境保护法》《中华人民共和国渔业法》《中华人民共和国海域使用管理法》等。《湿地保护法》弥补了其他法律存在的不足，为海洋湿地提供了更加直接的使用、管理、开发依据，但不足之处是无法灵活地解决所有问题，无法完全支撑我国海洋湿地保护、利用工作

---

① 《中华人民共和国湿地保护法》，中国人大网，2021年12月24日，http：//www.npc.gov.cn/npc/c30834/202112/7093999aa28241b38ddffa53161269a0.shtml。

② 该法章节由总则、湿地资源管理、湿地保护与利用、湿地修复、监督检查、法律责任、附则构成。

③ 本法所称湿地，是指具有显著生态功能的自然或人工的、常年或者季节性积水地带、水域，包括低潮时水深不超过六米的海域，但是水田以及用于养殖的人工的水域和滩涂除外。

的具体开展。在有法可循的基础上，《湿地保护法》的出台对未来海洋湿地保护提供了宏观的法律保障，但还需要进一步针对《湿地保护法》出台相关实施细则。

二　修订多项涉海法律规章和规范性文件

《农业农村部关于修改和废止部分规章、规范性文件的决定》于2021年12月14日由第17次部常务会议审议通过，自2022年1月7日起施行，主要目的是贯彻落实国务院“放管服”改革决策部署，进一步加强农业农村法治建设，完善基础法律体系。该决定涉及28部规章和规范性文件中的多项条款，并废止1部规章，[①] 其中多项涉海规章和规范性文件被修订。[②]

（一）《暂行规定》

《暂行规定》于1999年6月24日由农业部令第18号公布，于2004年7月1日由农业部令第38号、2022年1月7日由农业农村部令2022年第1号修订，目的是加强中华人民共和国管辖海域内渔业活动的管理，维护国家海洋权益，适用于外国人、外国船舶在中华人民共和国管辖海域内从事渔业生产、生物资源调查等涉及渔业的有关活动。该规定根据我国现行相关涉海法律、法规制定，[③] 并对相关涉海法律、法规进行了完善和细化，更具体规定了外国人、外国船舶在我国管辖海域的活动权限，为我国有效管理管辖海域内渔业活动提供了法律保障。

2022年1月7日，农业农村部对《暂行规定》的第12、13、16条做出修订（见表2）。[④]

---

① 《中华人民共和国农业农村部令2022年第1号》，农业农村部网站，2022年1月7日，http：//www. moa. gov. cn/govpublic/CYZCFGS/202201/t20220112_ 6386801. htm。

② 主要包括《暂行规定》《渔业行政处罚规定》等。

③ 相关涉海法律、法规包括《中华人民共和国渔业法》《中华人民共和国专属经济区和大陆架法》《中华人民共和国领海及毗连区法》等。

④ 《中华人民共和国农业农村部令2022年第1号》，农业农村部网站，2022年1月7日，http：//www. moa. gov. cn/govpublic/CYZCFGS/202201/t20220112_ 6386801. htm。

表 2 《暂行规定》修订情况

第 12 条	外国人、外国船舶在中华人民共和国内水、领海内有下列行为之一的，责令其离开或者将其驱逐，可以没收渔获物、渔具，并处以罚款；情节严重的，可以没收渔船。罚款按下列数额执行：从事捕捞、补给或转载渔获等渔业生产活动的，可处 50 万元以下罚款；未经批准从事生物资源调查活动的，可处 40 万元以下罚款
第 13 条	外国人、外国船舶未经批准在中华人民共和国专属经济区和大陆架有下列行为之一的，责令其离开或者将其驱逐，可处以没收渔获物、渔具，并处以罚款；情节严重的，可以没收渔船。罚款按下列数额执行：从事捕捞、补给或转载渔获等渔业生产活动的，可处 40 万元以下罚款；从事生物资源调查活动的，可处 30 万元以下罚款
第 16 条	未经得入渔许可进入中华人民共和国管辖水域，或取得入渔许可但航行于许可作业区域以外的外国船舶，未将渔具收入舱内或未按规定捆扎、覆盖的，中华人民共和国渔政渔港监督管理机构可处以 3 万元以下罚款的处罚

从此次修订情况看，我国加大了对管辖海域外国人、外国船舶渔业违法行为的处罚力度。一方面，在上位法的基础上，该法具体规定了处罚范围及力度，充分发挥了该有的法律效力，此次修订填补了之前存在的漏洞，以更完善的法规规制外国人、外国船舶渔业违法行为；另一方面，在海洋强国背景下，这体现了我国海洋法制意识的强化，以及我国不断对涉海涉外领域加强重视。

（二）《渔业行政处罚规定》

《渔业行政处罚规定》于 1998 年 1 月 5 日由农业部令第 36 号公布，于 2022 年 1 月 7 日由农业农村部令 2022 年第 1 号修订，[①] 该处罚规定目的是严格执行渔业法律法规，规范渔业行政处罚，保障渔业生产者的合法权益。该规定共有 21 条内容。[②]

---

① 《渔业行政处罚规定》是根据《中华人民共和国渔业法》《中华人民共和国渔业法实施细则》《中华人民共和国行政处罚法》等法律法规制定的。

② 《渔业行政处罚规定》，农业农村部网站，2022 年 1 月 7 日，http：//www. moa. gov. cn/govpublic/CYZCFGS/202201/t20220127_ 6387841. htm。

2022 年 1 月 7 日，农业农村部对《渔业行政处罚规定》做出了 12 项修订，修订内容涉及诸多方面，且有很强的实际意义，为我国相关行政部门开展涉海海域和内陆水域渔业执法行动提供了详细的法律依据（见表 3）。①

表 3 《渔业行政处罚规定》修订情况

第 3 条	渔业违法行为轻微并及时改正,没有造成危害后果的,不予处罚;初次实施渔业违法行为且危害后果轻微并及时改正的,可以不予处罚;当事人有证据足以证明没有主观过错的,不予行政处罚;对当事人的违法行为依法不予行政处罚的,应当对当事人进行教育
第 6 条	依照《渔业法》第三十八条和《实施细则》第二十九条规定,有下列行为之一的,没收渔获物和违法所得,处以罚款;情节严重的,没收渔具、吊销捕捞许可证;情节特别严重的,可以没收渔船,罚款按以下标准执行:使用炸鱼、毒鱼、电鱼等破坏渔业资源方法进行捕捞的,违反关于禁渔区、禁渔期的规定进行捕捞的,或者使用禁用的渔具、捕捞方法和小于最小网目尺寸的网具进行捕捞或者渔获物中幼鱼超过规定比例的,在内陆水域,处以三万元以下罚款;在海洋水域,处以五万元以下罚款;敲舟古作业的,处以一千元至五万元罚款;擅自捕捞国家规定禁止捕捞的珍贵、濒危水生动物,按《中华人民共和国野生动物保护法》和《中华人民共和国水生野生动物保护实施条例》执行;未经批准使用鱼鹰捕鱼的,处以五十元至二百元罚款 在长江流域水生生物保护区内从事生产性捕捞,或者在长江干流和重要支流、大型通江湖泊、长江河口规定区域等重点水域禁捕期间从事天然渔业资源的生产性捕捞的,依照《中华人民共和国长江保护法》第八十六条规定进行处罚
第 7 条	按照《渔业法》第三十九条规定,对偷捕、抢夺他人养殖的水产品的,或者破坏他人养殖水体、养殖设施的,责令改正,可以处二万元以下的罚款;造成他人损失的,依法承担赔偿责任
第 8 条	按照《渔业法》第四十一条规定,对未取得捕捞许可证擅自进行捕捞的,没收渔获物和违法所得,并处罚款;情节严重的,并可以没收渔具和渔船。罚款按下列标准执行:在内陆水域,处以五万元以下罚款;在海洋水域,处以十万元以下罚款。无正当理由不能提供渔业捕捞许可证的,按本条前款规定处罚
第 9 条	按照《渔业法》第四十二条规定,对有捕捞许可证的渔船违反许可证关于作业类型、场所、时限和渔具数量的规定进行捕捞的,没收渔获物和违法所得,可以并处罚款;情节严重的,并可以没收渔具,吊销捕捞许可证。罚款按以下标准执行:在内陆水域,处以二万元以下罚款;在海洋水域,处以五万元以下罚款

① 《中华人民共和国农业农村部令 2022 年第 1 号》，农业农村部网站，2022 年 1 月 7 日，http：//www. moa. gov. cn/govpublic/CYZCFGS/202201/t20220112_ 6386801. htm。

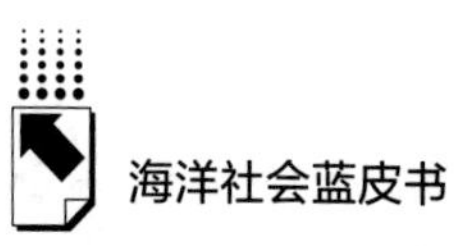

续表

第 10 条	按照《渔业法》第四十三条规定，对涂改、买卖、出租或以其他形式非法转让捕捞许可证的，没收违法所得，吊销捕捞许可证，可以并处罚款
第 11 条	按照《中华人民共和国水污染防治法》第九十四条、《中华人民共和国海洋环境保护法》第九十条规定，造成渔业污染事故的，按以下规定处以罚款：对造成一般或者较大污染事故的，按照直接损失的百分之二十计算罚款；对造成重大或者特大污染事故的，按照直接损失的百分之三十计算罚款
第 13 条	违反《渔业法》第三十一条和《实施细则》第二十四条、第二十五条规定，擅自捕捞有重要经济价值的水生动物苗种、怀卵亲体的，没收其苗种或怀卵亲体及违法所得，并可处以三万元以下罚款
第 14 条	外商投资渔业企业的渔船，违反《实施细则》第十六条的规定，未经国务院有关主管部门批准，擅自从事近海捕捞的，依照《实施细则》第三十六条的规定，没收渔获物和违法所得，并可处以三千元至五万元罚款
第 15 条	外国人、外国渔船违反《渔业法》第四十六条规定，擅自进入中华人民共和国管辖水域从事渔业生产或渔业资源调查活动的，责令其离开或将其驱逐，可以没收渔获物、渔具，并处五十万元以下的罚款；情节严重的，可以没收渔船；涉嫌犯罪的，及时将案件移送司法机关，依法追究刑事责任
第 18 条	按照《渔业法》第三十八条、第四十一条、第四十二条、第四十三条规定需处以罚款的，除按本规定罚款外，依照《实施细则》第三十四条规定，对船长或者单位负责人可视情节另处一百元至五百元罚款
第 20 条	在海上执法时，对违反禁渔区、禁渔期的规定或者使用禁用的渔具、捕捞方法进行捕捞，以及未取得捕捞许可证进行捕捞的，事实清楚、证据充分，但是当场不能按照法定程序做出和执行行政处罚决定的，可以先暂时扣押捕捞许可证、渔具或者渔船，回港后依法作出和执行行政处罚决定

《渔业行政处罚规定》第 20 条的修订，进一步为我国海上执法工作提供了详细可行的处罚依据。这更加有利于我国海上执法行动的开展，保障渔业活动有法可依，捍卫渔业合法行为，惩处渔业非法行为，进而促进渔业可持续发展。

此次《渔业行政处罚规定》的修订是在《中华人民共和国渔业法》的基础上进行的，该规定是在海洋强国、“一带一路”倡议、“海洋命运共同体”等背景下出台的新规定，适应新发展趋势，增强了法律法规的及时性、系统性、针对性及有效性。海洋渔业是我国海洋事业发展必不可少的一部分，也是我国海洋强国战略中的重要一环，对海洋渔业相关法律、法规和制度的完善能够为我国渔政管理部门开展海上执法行动提供可靠的保障。

三　出台并施行多部涉海政策及发展规划

2021年，多部涉海政策及发展规划正式实施，其中具有代表性的有：《海洋生态修复技术指南（试行）》，于2021年7月1日印发；《赤潮灾害应急预案》，于2021年7月9日印发；《渔政执法工作规范（暂行）》，于2021年1月13日印发。同时，2021年还有多部涉海发展规划制定并施行，包括：《“十四五”海洋经济发展规划》，于2021年12月27日施行；《海水淡化利用发展行动计划（2021—2025年）》，于2021年6月2日印发；《全国海洋生态预警监测总体方案（2021—2025年）》，于2021年12月30日发布实施。

（一）出台并施行多部涉海政策

1.《海洋生态修复技术指南（试行）》

《海洋生态修复技术指南（试行）》由自然资源部于2021年7月1日印发，为我国各沿海省份的自然资源主管部门以及各省份的海洋局在开展海洋生态修复相关工作时提供参照执行的依据。[①]《海洋生态修复技术指南（试行）》共有6个章节。[②]

该指南的发布，贯彻落实了党中央、国务院关于生态文明建设的战略决策部署，进一步落实了自然资源部统一行使国土空间生态修复的工作职责，同时对提升海洋生态修复科学化水平，规范红树林、海草床、盐沼、

① 《自然资源部办公厅关于印发〈海洋生态修复技术指南（试行）〉的通知》，中国政府网，2021年7月1日，http://www.gov.cn/zhengce/zhengceku/2021-07/14/content_5624823.htm。

② 《海洋生态修复技术指南（试行）》包括适用范围、规范性引用文件、术语和定义、总则、典型生态系统修复、综合生态系统修复6个章节。

海藻场、珊瑚礁、牡蛎礁等典型海洋生态系统以及岸滩、河口、海湾和海岛等综合型生态系统的生态修复有重要指示作用。另外，该指南为全面提高海洋生态修复工作的规范化水平、提升海洋生态系统修复的质量提供了参考依据。

2.《赤潮灾害应急预案》

《赤潮灾害应急预案》由自然资源部于2021年7月9日印发,[①] 适用于各级自然资源（海洋）主管部门组织开展的赤潮灾害监测、预警和灾害调查评估等工作。[②]《赤潮灾害应急预案》共包括8个章节。[③]

该预案主要针对近年频发的海洋赤潮灾害，旨在提高我国应对海洋灾害的应急管理能力，促使我国沿海城市相关部门真正发挥监测海洋灾害的能力，将沿海人民切身利益放在国家首要位置，减少或避免人民群众财产、健康及生命安全损害。在该预案规定下，各级分管部门依照统一规定，有序开展赤潮灾害监测、预警和调查评估工作。其中，自然资源部负责全国赤潮工作的组织协调和监督指导；各海区局承担近岸海域以外赤潮工作的第一责任。该预案明晰了各个层级的职责范围，对全国范围上下各部门保护沿海公众身体健康和生命安全有着重要的指导作用。

3.《渔政执法工作规范（暂行）》

《渔政执法工作规范（暂行）》由农业农村部于2021年1月13日印发，于2021年2月1日起正式施行，依据《中华人民共和国行政处罚法》《中华人民共和国行政强制法》《中华人民共和国渔业法》《中华人民共和国海上交通安全法》等法律法规以及《国务院办公厅关于切实做好长江流域

① 《赤潮灾害应急预案》依据《中华人民共和国海洋环境保护法》《中华人民共和国突发事件应对法》《国家突发公共事件总体应急预案》制定。

② 《自然资源部发布新修订〈赤潮灾害应急预案〉》，自然资源部网站，2021年8月9日，http://www.mnr.gov.cn/dt/ywbb/202108/t20210809_2675945.html。

③ 《赤潮灾害应急预案》由总则、组织体系与职责、应急响应启动标准、应急响应程序、信息公开、应急保障、预案管理、附录构成。

禁捕有关工作的通知》要求制定。[①]《渔政执法工作规范（暂行）》共9章120条[②]。

该规范的发布目的是贯彻落实中央关于长江“十年禁渔”、渤海综合治理和涉海涉外渔业综合管理等的决策部署，强化渔政执法攻坚，提高严格规范公正文明执法水平。同时，党的十八大以来，中国特色社会主义法治体系不断健全，法治中国建设迈出了坚定的步伐，该规范在法治固根本、稳预期、利长远的保障作用下，为我国在涉海领域综合治理发挥专长作用提供了有力的保障，能够强化我国以法治方式推动渔政执法工作开展的能力。

（二）出台并施行多部涉海规划

1.《“十四五”海洋经济发展规划》

《“十四五”海洋经济发展规划》由中华人民共和国中央人民政府于2021年12月27日发布。[③] 该规划立足新发展阶段，完整、准确、全面贯彻新发展理念，构建新发展格局，最终推动海洋经济高质量发展。该规划的发布呼应了我国海洋强国的战略目标，海洋经济发展是海洋强国进程中的关键一环，而发展的最终目的是以改善民生为主，满足我国人民日益增长的美好生活需要。为此，该规划以整体、宏观的全局视角，明确指示了在着重发展海洋经济的同时，需协调推进海洋资源保护，重视海洋生态保护，形成经济与生态协同发展的治理格局。[④]

该规划的出台是我国走海洋强国道路实际行动的体现，对促进我国调整海洋经济空间布局、加快建设我国现代化海洋产业体系有重要指示作用。一

---

① 《农业农村部关于印发〈渔政执法工作规范（暂行）〉的通知》，农业农村部网站，2021年9月25日，http：//www.moa.gov.cn/nybgb/2021/202101/202109/t20210925_6378064.htm。

② 《渔政执法工作规范（暂行）》由总则、检查规范、办案规范、执行规范、取证规范、行政执法与刑事司法衔接规范、结案规范、工作条件及附则构成。

③ 《国务院关于“十四五”海洋经济发展规划的批复》，中国政府网，2021年12月27日，http：//www.gov.cn/zhengce/zhengceku/2021-12/27/content_5664783.htm。

④ 《国务院关于“十四五”海洋经济发展规划的批复》，中国政府网，2021年12月27日，http：//www.gov.cn/zhengce/zhengceku/2021-12/27/content_5664783.htm。

方面，《“十四五”海洋经济发展规划》增强了各相关省份人民政府的组织领导能力，明确了责任机制，促使各省份发挥自身区位优势，推动海洋经济的可持续发展；另一方面，《“十四五”海洋经济发展规划》对我国陆海统筹以及实现以陆促海、以海带陆的目标有指导作用，为各区域结合相关法律法规开展海洋经济发展工作指明了发展方向和重点。

2.《海水淡化利用发展行动计划（2021—2025年）》

《海水淡化利用发展行动计划（2021—2025 年）》由国家发展改革委、自然资源部联合有关部门根据《中华人民共和国国民经济和社会发展第十四个五年规划和 2035 远景目标纲要》要求组织编制，于 2021 年 6 月 2 日印发。其以习近平新时代中国特色社会主义思想为指导，深入贯彻习近平生态文明思想，全面贯彻党的十九届六中全会精神，实施海洋强国战略，以推进海水淡化规模化利用为目的，以突破关键核心技术和提高产业化水平为抓手，以完善政策标准为支撑，坚持引导需求和培育供给，加强顶层设计，提高产业链、供应链水平，建设重大工程，完善配套设施，强化激励措施，开展试点规范，促进我国沿海地区经济社会实现高质量发展。①

该行动计划的主要目标是：到 2025 年，全国海水淡化总规模达 290 万吨/日以上，新增海水淡化规模达 125 万吨/日以上，其中沿海城市新增海水淡化规模达 105 万吨/日以上，海岛地区新增海水淡化规模达 20 万吨/日以上。② 同时，海水淡化利用发展的标准体系基本健全，政策机制更加完善。

《海水淡化利用发展行动计划（2021—2025 年）》对我国沿海地区、离岸海岛打破水资源瓶颈、保障经济社会可持续发展有重要意义，为增加水资源供给、优化供水结构提供了重要手段。

3.《全国海洋生态预警监测总体方案（2021—2025年）》

《全国海洋生态预警监测总体方案（2021—2025 年）》由自然资源部

① 《国家发展改革委自然资源部关于印发〈海水淡化利用发展行动计划（2021—2025 年）〉的通知》，国家发展和改革委员会网站，2021 年 5 月 24 日，https：//www. ndrc. gov. cn/xxgk/zcfb/ghwb/202106/t20210602_ 1282452. html？ code = &state = 123。

② 《两部门印发海水淡化利用发展行动规划》，东方财富网，2021 年 6 月 2 日，https：//finance. eastmoney. com/a2/202106021946960443. html。

于 2021 年 12 月 30 日发布。2018 年以来，自然资源部印发了《自然资源调查监测体系构建总体方案》《关于建立健全海洋生态预警监测体系的通知》，出台了《海洋生态分类指南（试行）》《中国近海生态分区（试行稿）》，对全国范围内的海草床、珊瑚礁、盐沼等地域生态环境进行了现状调查，修订了海洋生态预警监测方案，并按照年度进行更新上报，为海洋生态监测整体工作提供了基础框架和探索实践的方向。①

根据该方案，“十四五”海洋生态预警监测围绕“对海洋生态系统的分布格局掌握清楚，对典型生态系统的现状与演变趋势掌握清楚，对重大生态问题和风险掌握清楚”的总体目标，建立从上到下权责分工明确的管理体系，形成中央与地方协作运行的业务体系，实现建成全国海洋生态一体化监测站网的目标。预计 2025 年，我国将进一步优化近海生态监测布局，更加明晰近岸海域生态系统状况，同时特别关注典型生态系统健康状态，建立一套能够对海洋生态状况进行综合评价的体系，及时掌握生态风险，对重大风险做好科学合理的应对。②

四　全国两会涉海提案

2021 年是中国共产党成立 100 周年，也是我国现代化建设进程中具有特殊意义的一年。这一年，我国全面建成了小康社会，历史性地解决了绝对贫困问题;③ 同时，我国构建了新发展格局并迈出了新步伐，高质量发展取得成效，经济社会发展稳中有进，“十四五”开局态势良好，海洋强国战略的实施也取得了一定成果，海洋法制建设趋于完善，海洋经济朝可持续发展的方向顺利前进。

① 《“十四五”全国海洋生态预警监测总体方案》，自然资源部网站，2021 年 12 月 29 日，http：//www. mnr. gov. cn/dt/ywbb/202112/t20211229_ 2716126. html。

② 《自然资源部发布“十四五”全国海洋生态预警监测总体方案》，中国青年网，2021 年 12 月 29 日，https：//baijiahao. baidu. com/s? id=1720472358802295755&wfr=spider&for=pc。

③ 《习近平在庆祝中国共产党成立 100 周年大会上的讲话》，中国政府网，2021 年 7 月 15 日，http：//www. gov. cn/xinwen/2021-07/15/content_ 5625254. htm。

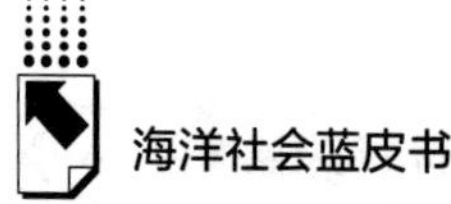

现阶段，中国发展仍处于并将长期处于重要战略机遇期，同时面临复杂严峻的内外部环境挑战。2022 年全国两会的胜利召开，在总结过去的基础上为我国未来发展提供了方向，同时凝聚了我国坚定的奋斗信心。2022 年全国两会提出了多项涉海提案，受到相关部门的高度重视，提案涉及的海洋问题要么是过去被忽视或尚未被重视的问题，要么是对未来海洋治理提出的发展建议，这些涉海提案极大地促进了我国涉海工作的开展。

（一）农工党中央提案

2022 年，农工党中央在全国政协十三届五次会议上提交了 34 件提案，其中涉海工作提案 1 件。[①] 该提案是关于加强海域生态空间规划与用途管制的提案，农工党中央认为，加强海洋生态空间规划与用途管制是提升海洋综合管制能力的具体举措，能够在维护海洋生态系统平衡的基础上避免用海冲突，对我国实现经济可持续发展起到重要作用，也能够保证生态环境的可持续发展，守住生态红线，促进海洋生态可持续发展。

同时，农工党中央提出，目前我国海洋生态发展面临以下三个问题：一是海洋生态空间的发展面临巨大的压力，各类涉海行业使用海域过程中矛盾日益增多、近海渔业资源种类减少、海洋生态环境破坏严重；二是存在海域空间的用海重叠和矛盾；三是现有海洋生态保护区的划定仅以经纬度作为标准，没有考虑自然生物的活动范围、习性、群落分布。[②]

对此，农工党中央有以下建议。一是开展生态资源基础数据调查，根据 2021 年农业农村部发布的《关于开展全国农业种质资源普查的通知》开展调查；二是调整完善海洋保护区制度；三是推进数字化检测，建立海洋生态保护信息共享平台；四是合理编制国土空间规划；五是完善海洋生态保护法律体系。[③]

---

① 资料来源于中国共产党新闻网。

② 《2022 年全国两会各民主党派提案选登》，人民网，http：//cpc. people. com. cn/GB/67481/441991/。

③ 《农工党中央：关于加强海域生态空间规划与用途管制的提案》，人民网，2022 年 3 月 2 日，http：//cpc. people. com. cn/n1/2022/0302/c442046-32363677. html。

（二）九三学社中央提案

2022 年，九三学社中央在全国政协十三届五次会议上提交了 76 件提案，其中涉海提案 2 件。一件是关于加强我国近海海洋生态环境保护治理的提案，另一件是关于加强滨海滩涂湿地保护管理的提案。①

1. 近海海洋生态环境保护治理

九三学社中央认为，我国近海海洋生态环境保护治理取得了明显成效，近岸海洋环境治理出现向好趋势，但还面临一些问题，体现在以下四个方面：一是陆源污染物量大面广，营养盐、海洋塑料垃圾、微塑料和新兴污染物问题突出；二是珊瑚礁、海草床、盐沼湿地等典型海洋生态系统服务功能退化，近海赤潮、绿潮等生态灾害频发；三是海洋变暖引起海洋热浪加剧、海洋酸化、缺氧、高盐海水入侵及海平面上升，导致近海生态系统脆弱；四是海洋捕捞总产量不断减少。

对此，九三学社中央建议：一是建立现代化立体观测体系，创新海洋生态系统综合监管政策；二是构建全方位陆海一体联防联控机制，提升海洋环境风险防范能力；三是构建沿海生物多样性保护网络，实施近海海洋生态保护行动。②

2. 滨海滩涂湿地保护管理

我国滨海滩涂湿地分布在沿海 11 个省份和港澳台地区，处于东亚—澳大利亚候鸟迁徙路线上的核心地带，生物多样性丰富，为很多珍稀濒危候鸟提供了栖息环境。但九三学社中央认为，我国滨海湿地保护力度整体较为薄弱，保护率仅为 24%，滨海滩涂湿地保护率更低。滨海滩涂湿地保护管理面临三个问题：一是滨海滩涂大面积丧失，自然岸线率大幅下降；二是大部分滨海滩涂湿地呈现亚健康状态；三是滨海滩涂湿地适宜生境质量显

① 《九三学社中央：关于加强我国近海海洋生态环境保护治理的提案》，人民网，2022 年 2 月 28 日，http：//cpc. people. com. cn/n1/2022/0228/c442048-32361319. html。

② 《九三学社中央：关于加强我国近海海洋生态环境保护治理的提案》，人民网，2022 年 2 月 28 日，http：//cpc. people. com. cn/n1/2022/0228/c442048-32361319. html。

著降低。①

对于这些问题，九三学社中央建议：一是制定滨海滩涂湿地保护专项规划，构建滨海滩涂湿地保护的总体布局；二是完善滨海湿地的保护体系，通过建立不同级别的自然保护地，在滨海地区形成一个从南到北相对连续的保护廊道；三是加大自然保护地的管护力度，降低保护区周边区域的人为干扰；四是科学保护修复滩涂湿地，严格控制滩涂养殖的模式和强度，避免工程规模过大对滩涂湿地造成非预期扰动。②

① 李裕红：《我国滨海湿地生物多样性保护的难点与对策》，《中华环境》2019 年第 6 期，第 48 页。

② 《九三学社中央：关于加强滨海滩涂湿地保护管理的提案》，人民网，2022 年 2 月 28 日，http：//cpc. people. com. cn/n1/2022/0228/c442048-32361372. html。

专 题 篇

Special Reports

B.7

2021年中国全球海洋中心城市发展报告

崔 凤　靳子晨*

摘　要： 2021年是“十四五”规划的开局之年，深圳、上海、广州、大连、天津、青岛、宁波、舟山、厦门9个城市皆加大了政府的支持力度、快速发展现代海洋产业集群、稳步推进海洋科技教育、逐步加大海洋生态文明建设力度、持续提升航运金融建设水平，全球海洋中心城市建设成就显著。但同时，全球海洋中心城市建设存在以下问题：建设起步较晚，发展基础薄弱；发展定位不明晰，同质化现象严重；海洋经济规模小，增速依旧较缓慢；海洋科技创新落后，成果转化率亟待提高；专项研究较为空白，缺乏适合国情的评价指标体系。推进和加快全球海洋中心城市建设，需要做到：推动结构改

* 崔凤，哲学博士、社会学博士后，上海海洋大学海洋文化与法律学院教授、博士生导师，社会工作系主任，海洋文化研究中心主任，研究方向为海洋社会学、环境社会学、社会政策、环境社会工作；靳子晨，上海海洋大学海洋文化与法律学院2020级硕士研究生，研究方向为渔业资源。

革，促进海洋经济提质增效；明确建设定位，紧跟政策；提升科技力量，推动海洋经济高质量发展；兼顾软件建设，全方位提升海洋综合实力；开展专项研究，制定适合国情的评价指标体系。

关键词： 全球海洋中心城市　“十四五”规划　海洋经济发展

“全球海洋中心城市”一词来源于2012年挪威海事展（Nor-Shipping）和奥斯陆海运（Oslo Maritime Network）联合发布的“全球领先海事之都”排名，为使其更符合中文表达，中国学者将其翻译为“全球海洋中心城市”。2017年5月，国家发展和改革委员会、国家海洋局共同发布的《全国海洋经济发展“十三五”规划》提出“推进深圳、上海等城市建设全球海洋中心城市”，“全球海洋中心城市”首次被纳入国家规划，该规划的发布标志着中国建设全球海洋中心城市目标的正式提出，中国建设全球海洋中心城市迈入了崭新阶段。截至2020年底，已有深圳、上海、大连、天津、青岛、宁波、舟山、厦门、广州9个城市明确提出要建设全球海洋中心城市，并将建设目标写入本地的“十四五”规划。

一　2021年全球海洋中心城市建设的主要措施和主要成就

从“十三五”规划提出推进全球海洋中心城市建设到2021年初，深圳、上海、大连、天津、青岛、宁波、舟山、厦门、广州9个城市相继出台了本地的“十四五”规划，建设全球海洋中心城市逐渐被正式纳入地方政府政策规划（见表1），这一发展目标已经上升到了国家战略高度，是促进海洋强国建设的重要举措。

表 1　9 个城市“十四五”规划对全球海洋中心城市建设的定位

城市	文件名称	印发时间	关键表述
上海	《上海市国民经济和社会发展第十四个五年规划和二〇三五年远景目标纲要》	2021 年 1 月	提升全球海洋中心城市能级
深圳	《深圳市国民经济和社会发展第十四个五年规划和二〇三五年远景目标纲要》	2021 年 6 月	加快建设全球海洋中心城市
广州	《广州市国民经济和社会发展第十四个五年规划和 2035 年远景目标纲要》	2021 年 4 月	打造全球海洋中心城市
青岛	《青岛市国民经济和社会发展第十四个五年规划和 2035 年远景目标纲要》	2021 年 3 月	持续提升在全球海洋中心城市中的能级
天津	《天津市海洋经济发展“十四五”规划》	2021 年 6 月	对标全球海洋中心城市，加快构建现代海洋产业体系
大连	《大连市国民经济和社会发展第十四个五年规划和二〇三五年远景目标纲要》	2021 年 3 月	建设海洋强市
舟山	《舟山市国民经济和社会发展第十四个五年规划和二〇三五年远景目标纲要》	2021 年 3 月	与宁波共建全球海洋中心城市
宁波	《宁波市国民经济和社会发展第十四个五年规划和二〇三五年远景目标纲要》	2021 年 3 月	全力建设全球海洋中心城市
厦门	《厦门市国民经济和社会发展第十四个五年规划和二〇三五年远景目标纲要》	2021 年 3 月	建设现代海洋城市和海洋强市

资料来源：相关省份政府网站。

围绕本地的“十四五”规划，深圳等 9 个城市均高度重视全球海洋中心城市建设，随着政府支持力度的加大，各城市关注现代海洋产业集群、海洋科技教育、海洋生态文明建设等方面，不断加大投入力度，全球海洋中心城市建设成绩斐然。

（一）政府支持力度逐渐加大

2021 年 12 月 27 日，国务院发布《关于“十四五”海洋经济发展规划的批复》，原则同意《“十四五”海洋经济发展规划》。《“十四五”海洋经济发展规划》遵循“积极拓展海洋经济发展空间”等一系列要求，提出加速建设海洋强国，强调了现阶段中国海洋国土的战略意义以及经略海洋的重要性。

在2021年2月召开的山东省十三届人大五次会议上，“支持青岛建设全球海洋中心城市”被写入了2021年山东省政府工作报告，同月23日，青岛召开全市海洋发展工作会议，系统安排了2021年的重点工作并制定了创建全球海洋中心城市的发展总目标。2021年12月，山东省人民政府印发《山东半岛城市群发展规划（2021—2035年）》，其中直接或间接“点名”青岛90余次，赋予了青岛一系列新定位、新任务，支持青岛创建全球海洋中心城市，该说法与此前山东省“十四五”规划中的说法略有差异，将“建设”调整为“创建”，虽一字之差，但可以看出青岛已经有了“创建”全球海洋中心城市的路径。同时，青岛在2021年底正式印发《青岛市“十四五”海洋经济发展规划》，加速了青岛全球海洋中心城市在“十四五”关键时期的建设。2022年，青岛推动了《关于加快打造引领型现代海洋城市助力海洋强国建设的意见》（以下简称《意见》）、《引领型现代海洋城市建设三年行动计划（2021—2023年）》（以下简称《行动计划》）、《青岛市支持海洋经济高质量发展的15条政策》（以下简称《海洋15条》）的落地实施。[①]《意见》系统部署了“五个中心”，即国际海洋科技创新中心、现代化国际航运贸易金融创新中心、全球现代海洋产业中心、全球海洋生态示范中心、全球海洋事务交流中心的建设；《行动计划》主要针对“五个中心”建设要求，提出实施一批重大任务、重大项目；《海洋15条》则聚焦高端海工装备、海洋生物医药等海洋重点产业，提出了15条29项扶持政策。这3个政策文件成为一套“组合拳”，形成了“1+1+1”政策支撑体系，能够更好地推动青岛创建全球海洋中心城市加快起势。

除青岛之外，大连、天津、宁波、厦门、深圳也在2021~2022年陆续印发了海洋经济发展“十四五”规划（大连于2021年12月发布《大连市

① 《青岛市海洋发展局2022年工作要点》，青岛政务网，2022年2月28日，http://www.qingdao.gov.cn/zwgk/xxgk/hyfz/gkml/ghjh/202202/t20220228_4470613.shtml。

海洋经济发展“十四五”规划》，天津于2021年6月印发《天津市海洋经济发展“十四五”规划》，宁波于2021年12月印发《宁波市海洋经济发展“十四五”规划》，厦门于2021年8月印发《厦门市海洋经济发展“十四五”规划》，深圳于2022年6月印发《深圳市海洋经济发展“十四五”规划》），并分别制定了为期5年的海洋经济发展专项规划，旨在推动城市海洋经济高质量发展和支持全球海洋中心城市建设。除此之外，《辽宁省国土空间规划（2021—2035年）》提到，将构建“一圈一带、两核双轴”的空间发展格局，“两核”其中的“一核”即支持大连建设具有国际影响力的全球海洋中心城市。浙江于2021年5月发布《浙江省海洋经济发展“十四五”规划》，首次提出联动宁波舟山建设全球海洋中心城市，宁波还制定印发了《宁波市加快发展海洋经济建设全球海洋中心城市行动纲要（2021—2025年）》，直指全球海洋中心城市建设，并列出了十二大行动，对宁波海洋经济的中长期发展作出部署。厦门同时制定了《加快建设“海洋强市”推进海洋经济高质量发展三年行动计划方案（2021—2023年）》，主要聚焦十项重点任务，以推动本市海洋经济高质量发展。

上海市政府于2021年7月发布了《上海国际航运中心建设“十四五”规划》，确定了未来上海“五大中心”之一的国际航运中心将从“基本建成”迈向“全面建成”的新阶段，上海建设国际航运中心的实力基本上能侧面体现出其建设全球海洋中心城市的能力。同时，建设国际航运中心是加快上海全球海洋中心城市建设十分关键的正向推动力。

（二）现代海洋产业集群快速发展

上海自建设全球海洋中心城市以来，逐步打造了临港海洋产业发展核和长兴岛海洋产业发展核，临港、长兴产业园发展驱动效应突出，临港逐步成为海洋工程装备产业和战略性新兴产业集聚区域，在特种船舶、海底观测探测设备等领域获得了领先的产品成果；长兴岛则是中国重要的船舶、海洋装备制造基地，包括江南造船、沪东中华等产业基地。

深圳大鹏新区是深圳东部新的增长极，先后获得国家级海洋生态文明建设示范区、国家级海洋牧场示范区等 5 块国字号“招牌”。“十四五”开局之时，深圳大鹏新区打造“三城三湾一区”① 新一轮向海发展产业格局，全力打造深圳建设全球海洋中心城市集中承载区。国际金枪鱼交易中心落户深圳大铲湾，前期招标工作正在有序进行中。

青岛不断致力于做大做强现代海洋产业集群。2021 年，中国北方（青岛）国际水产品交易中心和冷链物流基地、蓝谷药业海洋科技谷、百发海水淡化二期、崂山沙港湾等重点项目建设稳步推进，全国唯一的国家深远海绿色养殖试验区建设加快推进。同年 6 月，“深蓝一号”网箱三文鱼深远海养殖试验成功并首次实施规模化收鱼。② 据统计，2021 年 1~10 月，青岛总投资 3565 亿元的 110 个涉海重点项目的开工率高达 98.2%。③

2021 年，大连明确了建设东北亚海洋强市的发展目标，且海洋经济总产值达到 3000 亿元。在海洋现代产业方面，大连也交出了不错的成绩单：5 处国家级海洋牧场示范区通过农业农村部审核，庄河海域风电场等重点项目建设有序推进。④

2022 年初，宁波一流强港建设捷报频传：宁波舟山港的高端海洋能源装备系统应用示范项目临时码头工程顺利通过交工验收，宁波舟山港北仑港区通达 7 号 10 万吨级集装箱泊位通过对外启用验收。⑤ 舟山一直秉持和宁波共建全球海洋中心城市的理念，浙江省唯一的国家新区以及中国（浙江）自由贸易试验区都选址于舟山。“十四五”时期，舟山正在探索建设具有全球影响力的以油气为核心的大宗商品资源配置新高地，争创大宗商品特色自

---

① 三城三湾一区：葵涌综合服务新城、大鹏旅游服务小城、新大旅游服务小城；坝光科技创新湾、龙岐海洋经济湾、大鹏滨海文旅湾；大鹏半岛主体旅游景区。

② 《2021 年重点任务公开承诺事项进展情况》，青岛政务网，2021 年 12 月 22 日，http://www.qingdao.gov.cn/ywdt/zwzl/2021gkcn/cnsx12_2021/202112/t20211222_4117637.shtml。

③ 《青岛加快建设引领型现代海洋城市　即墨区强化“海洋科研实力”》，创投网，2021 年 12 月 16 日，http://www.xunjk.com/xinwen/yejie/2021/1216/182084.html。

④ 《海洋强市！强力打造！》，搜狐网，2022 年 1 月 9 日，https://www.sohu.com/a/515362402_121106822。

⑤ 《宁波下一站：建设全球海洋中心城市》，搜狐网，2022 年 4 月 7 日，https://www.sohu.com/a/536095347_121123751。

由贸易港，发挥新优势。舟山和宁波还联合打造了甬舟铁路，甬舟铁路在2020年底正式开工，预计2026年建成通车，届时甬舟铁路将与上海互联互通。

（三）海洋科技教育稳步推进

“十四五”开局前，青岛已经先人一步取得了诸多海洋科技教育成果：中国科学院海洋大科学研究中心正式启用；青岛联合清华大学和中国海洋发展研究会共建的中国海洋工程研究院（青岛）挂牌成立，首批落地项目中的3个项目被纳入省级重大科技创新工程；积极对接国家部委，争取国家深海基因库、国家深海大数据中心和国家深海标本样品馆三大平台的落户。①2021年7月，自然资源部新增42家重点实验室，青岛获批海岸带科学与综合管理重点实验室、渤海生态预警与保护修复重点实验室和滨海城市地下空间地质安全重点实验室3个部级重点实验室，这为青岛创建全球海洋中心城市提供了更为有力的科技支撑。②

厦门计划在“十四五”时期着力打造未来科学城，这一目标被纳入了省政府工作报告。2022年4月，厦门发布《关于加快推进厦门科学城建设的若干措施》，提出将打造福夏泉国家自主创新示范区厦门片区。2022年2月，厦门市政府网站公布了2022年全市教育工作会议暨市政府教育督导委员会工作视频会的重点内容，提出厦门将开始筹建海洋大学，暂定名为厦门海洋工程大学。

广州于2019年成立了南方海洋科学与工程广东省实验室（广州）（又称广州海洋实验室），该实验室聚焦海洋科技前沿，是南沙自贸区科技领域的粤港澳合作重点项目。“十四五”时期，广州海洋实验室将持续推进冷泉研究装置建设，助力海洋烃类能源绿色有序开采，同时聚焦南海核心科学问

---

① 《2021年重点任务公开承诺事项进展情况》，青岛政务网，2021年12月22日，http://www.qingdao.gov.cn/ywdt/zwzl/2021gkcn/cnsx12_2021/202112/t20211222_4117637.shtml。

② 《山东青岛：上半年海洋生产总值增长21.9%》，光明网，2021年8月16日，https://difang.gmw.cn/qd/2021-08/16/content_35083722.htm。

题与相关科技难题，加快推进 4 个国家级海洋平台建设。此外，广州将在“十四五”时期建设具有全球影响力的科技创新强市，构建“一轴四核多点”的科技创新空间功能布局，举全市之力规划建设以中新广州知识城和南沙科学城为极点的科技创新轴。①

2021 年，上海在科技创新方面又有大动作。中国海洋工程装备技术发展有限公司在上海正式揭牌，该公司由国务院国资委牵头组织中国船舶集团等 10 家央企与地方国企设立，定位为国家海工装备创新发展平台、中国海工装备产业发展创新引领者。船舶制造方面，2022 年初，上海长兴岛打造的中国首款首制首艘江海联运型液化天然气（LNG）船“传奇太阳”号在崇明交付。② 深潜方面，继“蛟龙号”之后，上海研发的“彩虹鱼”号载人深潜器突破载人深潜器国产超高强度载人舱制造关键技术，计划将下潜深度推进至 11000 米。③

深圳在“十三五”时期规划了“十二个一”向海而生工程④。2021 年，深圳重点推进海洋大学建设前期工作，目前深圳海洋大学项目已获批复，之后将进入政府投资建设程序。深圳海洋电子信息创新研究院揭牌仪式在深圳国家工程实验大楼举行。此外，中国海洋大学深圳研究院已落地大铲湾港区，未来将分批建设运行“三实验室、一中心、一智库”。

（四）海洋生态文明建设力度逐步加大

2021 年 1 月 9 日，上海首个海洋文化交流中心——上海湾区海洋文化

---

① 《广州市国民经济和社会发展第十四个五年规划和 2035 年远景目标纲要》，广州市人民政府网站，2021 年 4 月 20 日，https：//www. gz. gov. cn/zt/jjsswgh/ghgy/content/post_ 7338078. html。

② 《崇明区：长兴复工复产满月，全球最大、中国首款首制首艘江海联运型 LNG 船命名交付》，上海市人民政府网站，2022 年 5 月 27 日，https：//www. shanghai. gov. cn/nw15343/20220529/b8668d7d873c4782a54fb934e9408070. html。

③ 《“蛟龙号”之后，中国如何向更深的海底进发?》，搜狐网，2021 年 12 月 14 日，https：//www. sohu. com/a/508078415_ 121124375。

④ “十二个一”向海而生工程：按程序组建海洋大学，建设国家深海科考中心，探索设立国际海洋开发银行，成立海洋科学研究院，打造全球海洋高端智库，建设国际金枪鱼交易中心，组建海工龙头企业集团，壮大海洋新兴产业发展基金，加快建设海洋新城，探索设立深圳海事法院，规划建设深圳海洋博物馆和海洋科技馆，办好中国海洋经济博览会。

交流中心在杭州湾畔举行启用仪式，标志着金山区全力打响“上海湾区”城市品牌，研究和发展上海湾区海洋文化有了实质性进展。①

2021 年 12 月，全国唯一的水下考古博物馆、山东省第一家“国字号”央地共建博物馆——国家海洋考古博物馆正式在青岛开建，助力青岛建设国家海洋名城，为青岛建设全球海洋中心城市增添了新引擎。同月，青岛市人民政府编制的《青岛市“十四五”海洋生态环境保护规划》正式印发，该规划罗列了六大主要任务，按照不同湾区梳理了 21 项重点工程项目，为青岛建设全球海洋中心城市提供了生态支撑。

深圳历时 4 年完成了首个国家级海洋牧场示范区的筹备工作，于 2022 年底开始建设。此外，深圳还在全国率先编制了《深圳市海岸带综合保护与利用规划（2018—2035）》《深圳市海洋环境保护规划（2018—2035）》《深圳市海洋自然灾害防灾减灾专项规划（2021—2025 年）》等专项规划。

2021 年 11 月，天津海洋生态保护修复项目获批，获得国家 4 亿元资金支持。天津近些年一直大力实施渤海综合治理攻坚战，其海域生态环境质量得到明显提升。天津海洋生态保护修复项目主要包括七大工程，以自然恢复为主、人工修复为辅，随着中央财政资金的到位，天津已于 2022 年着手启动各项目的前期准备工作。② 天津国家海洋博物馆是中国唯一的国家级综合性海洋博物馆，于 2020 年全部完成内部建设，已成为天津滨海新区亮丽的海洋文化旅游名片；“十四五”时期，天津国家海洋博物馆还将努力建设成国家公共文化体系的重要组成部分，以更好地传播海洋文化、进行海洋意识教育。③

2021 年，大连金石滩海湾获评全国首批美丽海湾案例，金石滩海湾主要以省内两级海洋生态环境保护规划为引领，以改善区域海洋生态环境质

① 《打响“上海湾区”城市品牌又有新动作，沪上首个海洋文化交流中心建成启用》，搜狐网，2021 年 1 月 9 日，https：//www. sohu. com/a/443566334_ 739109。

② 《为何国家 4 亿元资金投向这里?》，天津市人民政府网站，2021 年 11 月 22 日，https：//www. tj. gov. cn/sy/tpxw/202111/t20211122_ 5714368. html。

③ 《天津滨海新区：今年推进国家海洋博物馆创建国家 4A 旅游景区》，“澎湃新闻”百家号，2020 年 6 月 3 日，https：//baijiahao. baidu. com/s? id=1668446778184927412&wfr=spider&for=pc。

量、提升亲海品质为核心，以美丽海湾建设为主线，全面开展生态修复，推进美丽海湾建设。金石滩也是东北地区唯一入选的案例。①

（五）航运金融建设水平持续提升

2021 年，山东（青岛）国际航运交易所挂牌成立，这是山东省首家航运交易机构，将在航运金融、船舶交易、代理服务等业务领域持续发力。“十四五”时期，青岛还将通过加快董家口港区项目建设，推进国际邮轮母港区开发建设，支持金融机构开展海洋绿色信贷、蓝色债券示范金融业务试点，以及建设国内国际多式联运组织中心等举措，引领打造世界一流海洋港口和东北亚国际航运枢纽中心。②

广州于 2021 年发布《建设广州国际航运枢纽三年行动计划（2021—2023 年）》，从建设功能完善的基础设施、打造便捷高效的物流服务、提升航运服务发展能级、强化智慧港口建设等 8 个方面提出了 25 条任务和 5 条保障措施，支持本市打造全球海洋中心城市。2021 年 11 月，广州成功举办第十五届中国邮轮产业发展大会；南沙区正在抓紧申请邮轮母港口岸开放，也在积极申报中国（广州南沙）邮轮旅游实验区。

上海宝山区吴淞口国际邮轮港在“十三五”时期已建设成亚洲第一、全球第四的邮轮母港，具备强劲的全球资源配置能力。2021 年 8 月，宝山区人民政府编制《上海国际邮轮旅游度假区总体规划》，面向“十四五”时期，明确将“高标准建设以吴淞口国际邮轮港、上海国际邮轮产业园、邮轮滨江带为主体的中国邮轮旅游发展示范区。”

2021 年，大连不断加快物流枢纽建设，新增外贸集装箱航线 5 条，全市集装箱航线达 100 条，大连商品交易所新增 15 个期货品种基差交易，航

---

① 《东北唯一！大连金石滩海湾获评全国首批美丽海湾案例》，“潇湘晨报”百家号，2022 年 4 月 18 日，https：//baijiahao. baidu. com/s？ id=1730447763138361111&wfr=spider&for=pc。

② 《建设“五个中心”！青岛打造引领型现代海洋城市》，“青岛早报”百家号，2022 年 9 月 21 日，https：//baijiahao. baidu. com/s？ id=1744544303011088772&wfr=spider&for=pc。

运、物流、金融中心竞争力有效提升。① 2021 年初，国内首条东亚至中亚商品车陆海联运通道在大连港开通，这一通道充分发挥了大连自贸片区“东连东亚、西接西亚”的区位优势和桥梁纽带作用，进一步提升了大连自贸片区面向东北亚的开放合作水平。②

2022 年 7 月，《新华·波罗的海国际航运中心发展指数报告（2022）》发布，宁波舟山继 2021 年首次跻身国际航运中心全球十强后成功巩固这一地位。2021 年，宁波舟山港货物吞吐量首次超过 12 亿吨（见表 2），自 2009 年起连续 13 年成为世界第一大港，年集装箱吞吐量位居全球第三。

表 2　2021 年我国部分港口货物吞吐量排名

港口	货物吞吐量（万吨）	同比(%)	全国排名	集装箱吞吐量(万标准箱)	同比(%)	全国排名
宁波舟山港	122405	+4.4	1	3108	+8.2	2
上海港	76970	+8.0	2	4703	+8.1	1
广州港	65130	+6.4	4	2447	+5.6	4
青岛港	63029	+4.3	5	2371	+7.8	5
天津港	52954	+5.3	7	2027	+10.4	6
大连港	31553	-5.5	11	367	-28.1	15
深圳港	27838	+5.0	16	2877	+8.4	3
厦门港	22756	+9.7	23	1205	+5.6	7

资料来源：根据交通运输部网站公开资料整理。

二　中国全球海洋中心城市建设过程中存在的主要问题

2021 年，中国全球海洋中心城市建设取得了较为明显的成就，但不可否认的是，中国全球海洋中心城市建设过程中还存在诸多问题。

① 《大连市人民政府关于印发陈绍旺市长在十七届人大一次会议上所作政府工作报告的通知》，大连市人民政府网站，2022 年 1 月 19 日，https：//www.dl.gov.cn/art/2022/1/19/art_852_1999063.html？xxgkhide=1。

② 《国内首条东亚至中亚商品车陆海联运新通道常态化运营》，大连市人民政府网站，2021 年 2 月 22 日，https：//www.dl.gov.cn/art/2021/2/22/art_1185_526331.html。

（一）建设起步较晚，发展基础薄弱

在中国，现代海洋开发利用起步时间较晚，目前仍处于初期探索阶段。早在20世纪60年代，国外一些临海国家如英国、法国、美国等就开始制定海洋经济发展相关战略规划，将海洋发展提升到一个新的战略高度。1994年，《联合国海洋公约法》开始实施，新的国际海洋秩序正式形成，人类开始迎来全面探索海洋、发展海洋的新时代；也是在20世纪90年代，中国开始逐渐意识到海洋开发和利用的重要性。中国首次提出“建设全球海洋中心城市”是在“十三五”时期，而国外对“世界领先的海事之都”的评价从2012年就已开始，这个评价以固定的客观指标以及行业内专家的主观评价为依据对全球海洋城市进行评选，评选结果每两年更新一次。因此相对来说，在全球海洋城市发展大环境下，中国全球海洋中心城市建设起步时间较晚，很多国家的全球海洋中心城市建设已经取得了一些相当不错的成就，而中国尚处于初期探索阶段，远不具备拔得头筹的发展基础和优势。

另外，中国全球海洋中心城市建设的基础比较薄弱，发展水平也较低。虽然近些年中国建设全球海洋中心城市的力度不断加大，中国海洋经济已进入高质量增长阶段，但是经济总体规模仍较小。2016~2020年，中国海洋经济产值由70507亿元增长到80010亿元，占全国生产总值的比重不到10%。

中国的海洋产业结构不够完善、层次较低，这也是制约中国建设全球海洋中心城市的重要因素。根据目前国外海洋经济发展趋势，全球已形成以海洋石油工业、海洋交通运输业、海洋渔业和滨海旅游业为主的四大海洋支柱产业，而中国由于海洋石油资源较为匮乏，海洋支柱产业仅由后三种产业构成。近几年，中国一直致力于推动海洋产业转型升级，2015~2021年，以海洋交通运输业、滨海旅游业和海洋服务业为代表的海洋第三产业发展迅猛，占比逐年提升，与海洋第一产业和海洋第二产业之间拉开了较大的差距（见图1），海洋经济发展呈现“三二一”的稳定产业格局，这说明传统海洋产业正在加速转型升级，海洋第三产业已经成为海洋经济持续发展的真正驱动力。与此同时，虽然海洋第三产业在海洋经济发展中扮演着“顶梁柱”的角色，但其结构层次不高，未来若想加速现代化海洋产业以及海洋经济的发展，还需更多地依靠以新兴海洋产业为主的海洋第二产业。海洋第二产业的发展需要高水平科技力量的支撑，目前中国海洋科技水平仍较低，建立完整的海洋工业体系、建设高端海洋装备产业等难度较大，而从近几年的数据也可以看出，海洋第二产业的占比仍较低，短期内发展成支撑中国海洋经济持续增长的主导产业存在较大难度，还有相当大的上升空间。

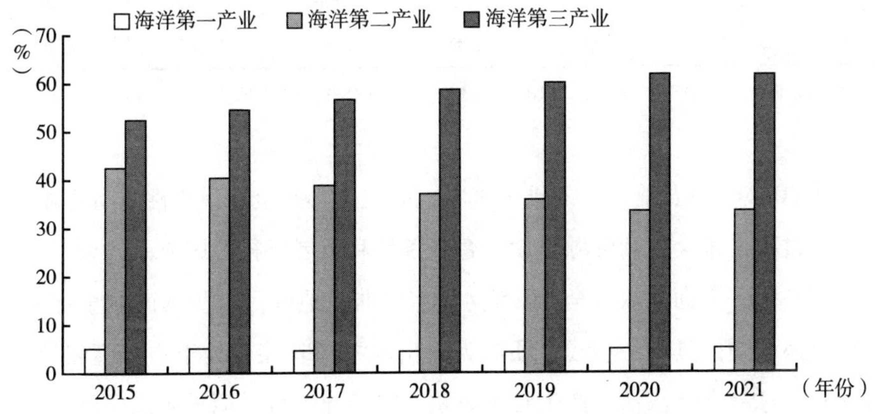

图1　2015~2021年中国海洋产业占比

资料来源：根据自然资源部网站公开资料整理。

（二）发展定位不明晰，同质化现象严重

国际上主要从五大客观因素（航运中心、海洋金融与法律、海洋科技、港口与物流、吸引力与竞争力）对全球30多个知名的海洋城市进行排名。在2022年的排名中，新加坡海洋综合实力较强，位列第一，其在基础航运、海洋现代化产业、海洋科技等方面多栖发展，现已成为极具吸引力的新一代综合性海洋城市；奥斯陆在海工装备方面具备突出实力，海洋科技能力显眼；还有的城市以海洋贸易为主导，如伦敦的海事仲裁业务占据全球的

80%，海事保险业务占据全球的62%，海洋贸易优势抢眼；① 上海在港口与物流方面的竞争力大幅提升，位居全球第一（见表3）。

表3　2022年全球领先海洋城市排名

排名	航运中心	海洋金融与法律	海洋科技	港口与物流	吸引力与竞争力	综合
1	雅典	纽约	新加坡	上海	新加坡	新加坡
2	新加坡	伦敦	奥斯陆	鹿特丹	伦敦	鹿特丹
3	东京	东京	釜山	新加坡	哥本哈根	伦敦
4	上海	奥斯陆	伦敦	香港	鹿特丹	上海
5	汉堡	巴黎	上海	广州	奥斯陆	东京

资料来源：根据DET NORSKE VERITAS（DNV）网站公开资料整理。

从2022年以及前几年的排名来看，即便是具有全球代表性的海洋城市，在发展过程中也会受到资源禀赋、客观条件和发展路径等因素的约束，并不能做到在每个方面都保持全球一流水准。② 准确地说，这些城市在全球海洋城市体系范围内具备一项或多项极为突出的海洋功能，处于中心枢纽地位，且能对全球社会经济活动产生较大影响。基于此，可以明晰未来中国建设全球海洋中心城市的发展路径，各城市必须对自身发展定位进行“稳准狠”的判断。

目前，中国沿海城市在建设全球海洋中心城市的过程中，缺乏对自身发展定位的探寻，造成城市间发展同质化现象明显，一些双核城市之间形成了竞争关系。舟山和厦门同属于海岛型城市且综合实力有待提高，提到这两个城市首先想到的是海岛旅游胜地，但是单靠旅游并不能拉动城市整体发展。厦门在海洋建设方面与其他几个城市没有可比性，缺乏竞争力；

① 崔翀、古海波、宋聚生、李孝娟、苏广明：《“全球海洋中心城市”的内涵、目标和发展策略研究——以深圳为例》，《城市发展研究》2022年第1期。

② 刘兴、贝竹园、张呈：《加快上海全球海洋中心城市建设的思考》，《交通与港航》2021年第6期。

舟山目前的思路主要是和宁波共建全球海洋中心城市，两个城市成了发展道路上的“命运共同体”，舟山单独完成建设全球海洋中心城市的目标更加困难。广州和深圳同处于珠三角经济区和粤港澳大湾区，自国家点名深圳首发建设全球海洋中心城市之后，广州也将建设全球海洋中心城市提上了发展日程，但这会造成各种资源的分配不均。从国家重视度和政府投入力度来看，深圳明显更受关注，且深圳正处于加快建设阶段，广州因此略逊一筹。短期内，广州想要建设成全球海洋中心城市恐怕存在一定困难，面对未来长期的发展，广州还需拿出自己的强势特色和发展优势，探索出一个符合自身发展现状的建设方向。因此，在建设全球海洋中心城市的过程中，如何找准定位、突出亮点、发挥特色、避免同质化发展，是9个城市在未来发展过程中亟待解决的问题。

（三）海洋经济规模小，增速依旧较缓慢

发达的海洋经济是推动海洋强国战略实施和全球海洋中心城市建设的重要基础，将会直接影响海洋资源的开发和海洋核心功能的发挥。目前，中国海洋经济总体规模仍较小，还有较大发展空间，虽然目前的海洋经济总量对带动沿海地区经济发展起到了一定效果，但要带动整体国民经济增长还存在一定困难。2016~2019年，全国海洋生产总值呈稳定增长状态，但其占国内生产总值的比重呈下降状态，占比由9.5%下降到9.0%（见图2）；2020年，受新冠疫情影响，全国海洋生产总值比上年下降了5.3个百分点；2021年，全国海洋生产总值涨幅明显，但是其占国内生产总值的比重仅为8.0%。有研究表明，世界一些发达国家的海洋生产总值对国内生产总值的贡献率超过一半；[①] 而从2016~2021年整体看来，中国海洋生产总值占国内生产总值的比重平均不到9.0%，占比较低，总体规模较小。中国海洋经济目前的发展情况，对带动沿海地区经济发展能产生一定作用，但是这种带动

① 周于兰：《发展海洋经济建设海洋强国思考》，《合作经济与科技》2022年第4期。

作用十分有限。从“十三五”时期之后至2021年全国海洋经济生产情况来看，全国海洋生产总值与国内生产总值存在较大差距，所占比重较小，对国民经济增长的拉动作用有限。同时，由于外部环境的不稳定，近几年全国海洋生产总值也呈现不稳定状态。

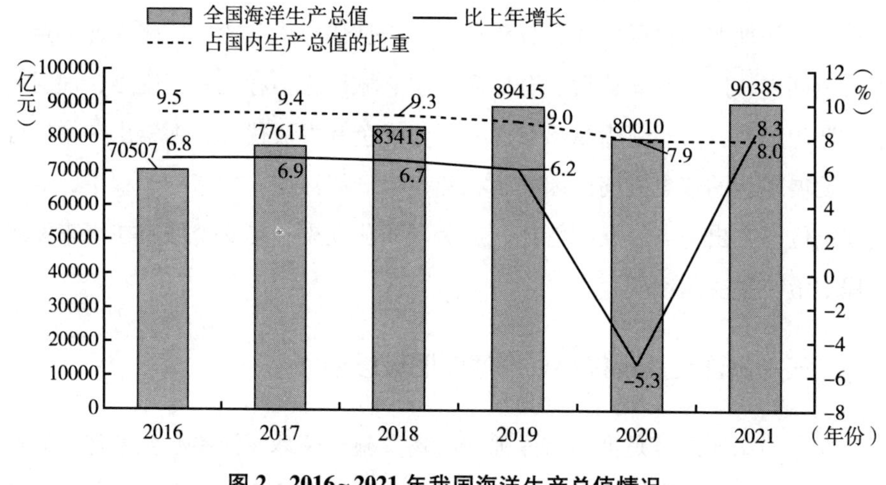

图2　2016~2021年我国海洋生产总值情况

资料来源：根据自然资源部官网整理。

建设全球海洋中心城市强调高速增长的海洋经济，以支撑城市建设和发展，从而保持地区的经济活力。但中国海洋经济增长速度在逐年放缓。根据交通运输部的统计数据，2010~2015年，中国海洋经济年平均增速保持在9%左右，而2016~2021年，中国海洋经济年平均增速下降至5%。可以看出，中国海洋经济增速呈现大幅度降低趋势，海洋经济增速快于国民经济增速的优势越发不明显。① 这表明中国海洋经济发展仍处在一个相对较低的水平，海洋经济整体规模较小、增速较慢，在现阶段远不能够带动国内生产总值增长，而建设全球海洋中心城市最重要的一点是必须要有海洋经济的支撑，海洋经济总量将会直接影响城市未来的建设和发展。

① 周乐萍：《中国全球海洋中心城市建设及对策研究》，《中国海洋经济》2019年第1期。

（四）海洋科技创新落后，成果转化率亟待提高

科技引领发展，海洋科技创新是建设全球海洋中心城市必不可少的内在驱动力，对区域经济发展和城市海洋经济发展均能产生明显的推动作用。目前，中国在海洋科技创新方面仍存在诸多问题，这些问题限制了中国海洋科技本身的发展，同时限制了中国海洋经济的发展。首先，近几年中国虽然在不断加大对海洋科技创新的投入力度，但是与英国、美国、日本等发达国家相比，仍然有所欠缺。长期缺乏充足的经费投入会导致涉海科技企业无法获得持续推进海洋科技创新的资金支持，从而大大降低企业进行海洋科技创新及自主研发的积极性，同时致使海洋科技基础设施建设滞后，继而导致海洋科技能力得不到提升；并且，投入力度的不足使海洋科技创新平台无法得到持续优化，同样阻碍了海洋科技创新水平的提升。①

其次，中国海洋科技创新动力不足。当前中国海洋科技创新成果转化率维持在50%左右，难以满足快速发展的海洋经济对科技创新的需求。② 另外，中国海洋领域国家重点实验室数量较少，且主要研究方向不够广泛，多聚焦于海洋工程和海洋环境领域，深海技术开发、海水医药生物、海洋高端科技产业等领域涉及不多，核心海洋科技方面的建设较依赖国外技术。海洋科技创新动力的不足和海洋科技创新成果难以转化落地将会从本质上制约中国海洋科技创新的加速发展。

最后，当下中国海洋科技创新人才储备不足。海洋科技创新人才是驱动海洋科技创新发展的关键因素，起着决定性的作用。虽然中国在近几年开始重视对海洋科技创新人才的培养，但是培养力度仍不足，缺少国际化的海洋科技创新人才，人才引进力度小；涉海类专业一流高校亟待加大建设力度，并增设多门类、综合性的相关专业；中国海洋科技创新领域仍然需要注入大

① 林昆勇：《中国海洋科技创新发展的历程、经验及建议》，《科技导报》2021年第20期。

② 许晓冬、邹绍敏：《海洋强国战略背景下海洋产业科技创新能力的提升》，《晋中学院学报》2021年第2期。

量的专业优秀人才以及顶尖领军人物。除此之外，人才体系有待完善。海洋科技创新信息交流平台和不同职能部门的协调合作机制不够完善，存在各方面信息的滞后，政府、企业和高校之间存在“闭门造车”现象，从而导致海洋科技创新人才资源不合理利用，[①] 无法进行人才的整合发展，亟待加大对海洋科技创新人才的培养力度，打造产学研一体化的人才培养模式，完善人才培养体制机制。

（五）专项研究较为空白，缺乏适合国情的评价指标体系

在海洋强国战略背景下，全球海洋中心城市建设被赋予了全新的内涵，全球海洋中心城市在中国已经发展成了一个全新的概念，但由于全球海洋中心城市是由“全球领先海事之都”演变而来，且中国全球海洋中心城市建设仍处于起步阶段，目前中国对全球海洋中心城市的研究依然是整体参照一些比较典型及综合实力较强的城市，借鉴其发展经验和评价体系。因此，中国现阶段建设全球海洋中心城市面临的第一个问题就是缺乏对全球海洋中心城市的专项研究。全球海洋中心城市在中国学术界尚未形成一个能够被统一认定且准确的学术概念及定义，现存较多的是定性的社科类研究，且主要集中于对全球海洋中心城市个别领域的研究，缺乏整体性、系统性的多学科交叉研究。大多数学者主要以张春宇和周乐萍的理念为核心参考。张春宇从航运、海洋科技、金融及全球治理等角度界定了全球海洋中心城市的基本内涵，但没有给出一个相对清晰准确的概念；周乐萍对全球海洋中心城市的概念内涵做了系统、综合的阐述，但其主要研究方向却依旧没能摆脱人文经济学科方面的束缚，且欠缺对海洋生态保护及环境治理等自然科学方面的研究。[②]

中国建设全球海洋中心城市面临的第二个问题，建立在第一个问题的基础上，即亟待建立符合中国整体国情的定量综合评价指标体系。梳理中国 9

① 许晓冬、邹绍敏：《海洋强国战略背景下海洋产业科技创新能力的提升》，《晋中学院学报》2021 年第 2 期。

② 杨钒等：《海洋中心城市研究与建设进展》，《海洋经济》2020 年第 6 期。

个城市的全球海洋中心城市建设相关规划措施可以发现，中国全球海洋中心城市建设的着力点主要集中在港口航运、现代化海洋产业、科技教育、金融服务几个方面，依旧参照了“世界领先的海事之都”的评价指标体系。但在海洋强国战略背景下，全球海洋中心城市被赋予了新的内涵，国外已有的评价指标体系并不能完全适用于中国国情。未来，在参考借鉴国内外海洋中心城市发展历程的基础上，不仅要在硬实力上投入建设，相关研究部门、专家学者还应结合中国具体国情，开展全球海洋中心城市基本理念、发展历程、综合评价指标体系、城市比较等方面的研究，逐渐完善全球海洋中心城市评价指标体系，海洋文化、海洋生态文明建设等都应该纳入全球海洋中心城市评价指标体系。

三 中国全球海洋中心城市建设的政策建议

中国全球海洋城市建设尚处于探索阶段，虽进程较快，也取得了一定的成就，但在建设过程中所出现的问题也不容忽视，只有把问题解决好，才能进一步加快全球海洋中心城市建设进程，争取早日建成全球海洋中心城市。

（一）推动结构改革，促进海洋经济提质增效

中国现阶段正处于全球海洋中心城市建设的起步阶段，务必先打好前端基础，以基础谋发展。只有夯实根基，才能更容易实现“平地起高楼”。中国海洋经济发展规模虽在日益扩大，但在海洋生产总值中占比较高的依然是海洋渔业、滨海旅游业和海洋交通运输业等传统海洋产业。传统海洋产业发展上升空间有限；海洋渔业具有生物资源发展不稳定性，受气候、季节等因素影响，会产生较大波动；滨海旅游业和海洋交通运输业由于国际形势的影响，增速也明显放缓。显然，仅依靠海洋第二产业难以实现中国海洋经济发展量的转变。现阶段要积极转变发展模式，对传统海洋产业进行转型升级，整合海洋产业链，同时加大对新兴海洋产业的建设力度。

中国新兴海洋产业近几年一直呈现高水平增长趋势，具备相当大的发展潜力和上升空间，因此亟须推动以新兴海洋产业为主的海洋第二产业加速发展。数据显示，近几年海洋第二产业的占比出现下降趋势，这表明中国目前的海洋产业结构仍不够完善，发展层次较低，仍采用较为粗放的发展方式。因此，若想使中国海洋经济获得长久发展，就必须持续不断地推动中国海洋经济结构转型升级，提升发展高度，加大对新兴海洋产业的扶持力度。应对新兴海洋产业进行前瞻性发展布局规划，同时减少对国外技术及设备的依赖，[①] 这需要具备较高的科技创新水平，因此中国需持续不断地推动海洋科技创新发展。

（二）明确建设定位，紧跟政策

要成为全球海洋中心城市，至少需要具备一项以上评价指标体系内包含的海洋功能，且应具有全球性的竞争力和影响力。首先要明晰各沿海城市海洋经济发展基础优势条件、发展状况、在区域中的职能等，找到一个恰当的切入点，统筹发展，加强顶层设计，在此基础上把握好适合城市自身的发展方向，明确发展目标。深圳在海洋科技创新领域一直走在全国前列，建成了全国首个海洋综合管理示范区、国家海洋经济科学发展示范区和国家海洋经济创新发展示范城市，截至 2020 年，深圳已建成海洋产业相关的国家级、省级重点实验室 5 个，市级重点实验室 6 个，市级工程实验室 14 个。[②] 除此之外，深圳在电子信息领域的实力相当突出，市场规模大，具备全球最完备电子信息产业链，其产业规模约占全国的1/6，形成了一大批如中兴、华为、海能达通信等的知名企业，5G、人工智能等新兴产业发展走在全国前列。深圳应该最大限度地发挥其在电子信息领域的优势，同时可以融合海洋领域优势，目前已有众多电子信息领域的公司积极参与海洋领域的研发建设。深圳是全国首个 5G 通信全覆盖的城市，凭借先进的智能技术，

① 孙久文、高宇杰：《中国海洋经济发展研究》，《区域经济评论》2021 年第 1 期。

② 胡振宇、冯猜猜、陈美婷、丁骋伟：《深圳建设全球海洋中心城市的国际比较研究》，《中国经济特区研究》2020 年第 1 期。

深圳成功建设了5G智慧港口创新实验室；中国海洋石油集团有限公司开发的中海北斗系统，在全球率先实现了在远洋海域陆域优于10厘米的超快速精准定位。高新技术电子信息产业是深圳在创新上成为领跑者的“试验田”，深圳可以发挥自身突出优势，参照全球科技主导型海洋城市的发展经验取长补短。

上海各方面综合实力较强，在2022年全球领先海洋城市排名中跃居世界第四，已在全球具备了一定的竞争力与影响力。其中，在港口与物流发展方面，上海位列世界第一。上海拥有全球最大的集装箱港口上海港，其集装箱吞吐量常年保持全球第一；上海还拥有世界最大的智能化码头洋山港区四期码头，全球海洋资源配置功能突出。此外，上海国际航运中心的地位也在持续上升，汇聚了中远海运、中国船舶集团、振华重工等众多综合运力位居世界前列的知名企业，目前正朝世界一流国际航运中心的目标开展建设。中国全球海洋中心城市建设在初期探索阶段要把握好方向，从统筹发展的角度加强顶层设计，明确发展定位，确定独具特点的城市发展方向，有选择性地选取某个核心功能投入主要建设，再辐射带动其他功能的发展，如海洋金融中心、海洋科技中心、海洋航运中心和海洋文化交流中心等。[①] 明确发展定位从而展开建设，不仅能够将城市自身特点优势最大限度地展现，还可以避免中国全球海洋中心城市建设的同质化，减少对建设资源的浪费。

建设全球海洋中心城市既是实施海洋强国战略的关键，又是服务国家和经济可持续发展的战略要求。在建设过程中，应该积极与国家重大战略进行对接融合，以便能够最大限度地发挥全球海洋中心城市服务国家发展的功能。全球海洋中心城市具备优越的地理位置优势，周边区域一般经济实力强、国际化程度高，又具有较强影响力。因此，树立全球海洋中心城市建设目标的沿海城市更应发挥自身功能，紧跟国家政策趋势，积极与国家重大战略对接。首先是海洋强国战略和“一带一路”倡议，全球海洋中心城市是海洋强国战略和“21世纪海上丝绸之路”建设的重要战略支

① 周乐萍：《中国全球海洋中心城市建设及对策研究》，《中国海洋经济》2019年第1期。

点，支撑中国自由贸易区的建设，也是各城市更好融合发展的助推剂。[①]此外，中国现阶段正在加快构建以国内大循环为主体、国内国际双循环相互促进的新发展格局，首批树立全球海洋中心城市建设目标的 9 个城市是国内国际双循环的叠加区域，战略价值极高。全球海洋中心城市的“中心”功能助推区域经济协同增长、增强城市群承载力；“全球性”特点帮助中国提高对外开放程度，提升中国在全球政治、经济、科技等各领域的影响力。

（三）提升科技力量，推动海洋经济高质量发展

海洋科技创新驱动时代发展，其也是当下推动中国海洋经济结构转型升级及海洋经济可持续发展的决定性因素，科技创新力量的强大能彰显一个国家或城市的未来发展潜力。因此，要建设全球海洋中心城市，就必须集中补齐目前存在的短板，持续提升中国海洋科技创新能力，大力推动海洋科技创新，形成更高层次的科技创新要素。

激励企业创新，加速构建海洋科技创新产业体系，完善海洋科技创新产业链。首先要加强对中国综合性海洋科技创新平台的搭建，集聚国内外创新要素，对前沿科技进行深入探索、突破，通过构建海洋经济发展示范区、海洋科技创新成果交易中心等海洋科技创新平台，突出并强化平台对海洋科技创新的功能承载性，以此促进全球海洋中心城市海洋科技创新活力和效率的提高；其次要构建企业创新主体，加速培育海洋科技创新型企业的发展，瞄准全球海洋科技创新高地及新兴海洋产业发展前沿，着力实现中国海洋科技在海洋高端技术领域的突破，鼓励建设并发展海洋高端装备制造业、海洋生物医药、海水淡化等科技领军企业，突破关键技术建设瓶颈，构建以海洋科技创新型企业为主体的产业体系。

加快人才引进和培养机制创新，加大对涉海科创人才的挖掘培养力度，

---

① 钮钦：《全球海洋中心城市：内涵特征、中国实践及建设方略》，《太平洋学报》2021 年第 8 期。

推动涉海科创人才发展体制机制加快创新。一是结合目前中国海洋产业发展现状对涉海科创人才的需求，积极引进国内外顶尖的涉海科创人才，将挖掘引进的各类科研力量进行集中整合，全面打造全球先进的海洋科技创新平台与国际合作创新网络。[①] 二是提升涉海科创人才的自主培养能力，支持各城市建设高水平综合性海洋大学，将海洋大学作为涉海科创人才培养基地。组建科研院所、科技创新实验室等人才培养平台，鼓励各涉海科创人才培养平台自主创建科创团队，对内部科研力量进行整合，以加速完善涉海科创人才培养体系。三是完善升级涉海科创人才创新环境，打造产学研深度融合的海洋科技创新模式，构建以企业为主体、以市场为导向、高校和科研机构共同参与的海洋科技创新平台，[②] 巩固涉海科创人才发展基础，最大限度地发挥人才优势，鼓励不同形式的合作，以促进海洋科技创新成果转化效率的提升。

加大政策创新力度，着力加大政策扶持力度和建设投入力度。其一是政府应对海洋科技创新的近期和远期发展规划进行科学合理的引导，构建科学的发展规划和发展目标，推动中国海洋科技创新布局更加合理，完善体系构建，围绕海洋强国等国家重大发展战略统筹规划，加强顶层设计，编制推动海洋科技创新发展的长期规划和政策措施，以确保中国海洋科技创新能够循序渐进、稳步发力。其二是政府应加大对海洋科技创新发展的经费扶持力度，拓宽海洋科技创新融资渠道，引导社会多元资本支持海洋科技创新发展。[③] 推动设立专业性海洋开发银行，设置足够的配套资金或专项资金，用于支持、激励企业科技创新和涉海科创人才培养。[④] 其三是政府应持续推进海洋科技创新体制机制改革，将海洋科技创新组织、海洋科技创新型企业、涉海科技部门、政府管理部门等紧密结合在一起，建立不同部门间

---

① 李学峰、岳奇：《我国全球海洋中心城市建设发展现状》，《环渤海经济瞭望》2021 年第 3 期。

② 孙久文、高宇杰：《中国海洋经济发展研究》，《区域经济评论》2021 年第 1 期。

③ 林昆勇：《中国海洋科技创新发展的历程、经验及建议》，《当代中国史研究》2022 年第 1 期。

④ 王园、吴净、张仪华：《我国海洋科技创新效率及其动态演化实证研究》，《集美大学学报》（哲学社会科学版）2022 年第 3 期。

完整的联系机制，使各部门之间互通有无，实现资源、技术、服务等的共商、共享、共用。

（四）兼顾软件建设，全方位提升海洋综合实力

首先要加强中国特色海洋文化建设。这是新时代服务海洋强国战略、推动“21 世纪海上丝绸之路”建设、助力全球海洋中心城市建设的必要举措。一个国家或地区的海洋文化反映了其对海洋的心理感知和价值认知，也体现了其海洋精神价值和历史底蕴。一是致力于建设中国特色海洋文化产业体系，海洋文化产业是支撑中国海洋事业可持续发展的软实力，同时是推动现代海洋文化建设和发展的重要载体，要不断整合海洋文化资源，优化海洋产业发展布局，在挖掘传统海洋产业内涵的同时增强创新理念，支持海洋文化产业与其他产业融合发展，推动海洋文化产业集群发展，不断为中国特色海洋文化注入活力。[①] 二是依托城市自身的海洋文化资源和海洋文化特点打造现代海洋特色文化品牌，9 个城市要根据自身优势，在海洋生态文化、海洋历史文化、海洋旅游文化等方面找到贴合城市海洋文化特点的切入点，打造具有竞争力的现代海洋特色文化品牌。三是不断增强中国国民海洋意识，加强海洋文化教育，引导大众树立正确的海洋文化观念，通过构建公共文化服务体系，建设代表城市海洋文化形象的公共基础设施，举办海洋文化交流活动，[②] 以新媒介的形式举办海洋文化科普讲座、创作海洋文化题材电影，以达到广泛宣传中国特色海洋文化并提高其影响力的目的，以此在大众意识中树立对中国特色海洋文化的认同观念。

其次要加强海洋生态环境保护与治理。良好的海洋生态环境是全球海洋中心城市建设和海洋经济可持续发展的自然支撑，应坚持陆海统筹，践行绿色发展理念，树立海洋生态文明理念，加强海洋生态环境保护与治理，推动海洋生态文明建设。一是持续完善海洋生态环境保护与治理的法律法规体

① 李梅：《建设现代海洋文化　增添向海发展动力》，《唯实》2022 年第 2 期。

② 谢茜、夏立平：《中国特色海洋文化建设探析》，《中国高校社会科学》2022 年第 2 期。

系，将全面依法治国的理念贯穿海洋生态环境保护与治理的各个方面，国家层面应适时启动“海洋基本法”的立法工作，修订和完善《中华人民共和国海洋环境保护法》，用法律形成刚性约束，用道德形成柔性约束。[①] 城市也应基于自身发展特点，尽早制定完善海洋生态环境保护与治理的地方法律法规。二是健全各方机构职能，完善海洋生态环境保护与治理责任体系，落实不同部门主体责任，在职能部门各司其职的基础上，强化联防联控协调发展机制，将职能相近与业务趋同的部门进行集中管理，强调部门间的协调联动，[②] 以便实现对海洋生态环境保护与治理的统一监管。三是抓住国际机遇，积极践行海洋命运共同体重要理念，推动该理念融入全球海洋生态环境保护与治理方案及合作机制的制定。深化与共建“一带一路”国家和全球主要海洋国家的合作，积极参与全球海洋治理，为保护全球海洋生态环境、推动全球海洋治理发展贡献中国智慧。[③]

（五）开展专项研究，制定适合国情的评价指标体系

在建设全球海洋中心城市之前，中国有建设海洋强省、海洋强市等战略的先行引路，应将海洋城市具备的海洋功能进行拓展和开发，以此带动整个城市乃至整个国家经济的可持续且高质量发展。全球海洋中心城市作为在海洋强国战略背景下的一个全新的发展概念，对其开展专项研究日益迫切，不能仅参照国内外现有同类型发展战略和同类型城市的发展经验，更不能照搬“全球领先海事之都”和“全球国际航运中心”的建设经验。要在总结国内外全球海洋中心城市研究及建设经验的基础上，依照中国目前的发展状况重新思考研究，如何建设、建设中需要哪些因素的支持、未来如何长期发展等问题都需要重点解决。

---

① 张丛林、焦佩锋：《中国参与全球海洋生态环境治理的优化路径》，《人民论坛》2021 年第 19 期。

② 姚瑞华、张晓丽、严冬、徐敏、马乐宽、赵越：《基于陆海统筹的海洋生态环境管理体系研究》，《中国环境管理》2021 年第 5 期。

③ 吴大千、林新珍：《面向 2035 年的我国海洋生态环境保护工作重点探析》，《环境保护》2021 年第 14 期。

在有关全球海洋中心城市建设的研究内容上，应结合全球城市、中心城市和海洋城市的相关研究，选择不同层次、规模、特征的典型城市进行实证研究，根据研究内容和分析结果，结合中国实际发展情况，总结完善全球海洋中心城市的相关概念、定义、标准和评价指标体系。[①] 在研究方法上，不能只从单一学科切入，而应探索整体且系统的研究路径，加强对定量研究方法的运用，使定性与定量相结合。应拓宽研究领域，扩大研究范围，加快对海洋科技创新、海事金融服务、海洋文化建设、海洋发展规划、海洋全球治理等方面的研究。现阶段中国建设全球海洋中心城市主要针对海洋经济建设，这之后的建设重点是海洋生态环境保护与治理。全球海洋中心城市建设要因地制宜，充分发挥城市的优势。虽然全球海洋中心城市没有硬性要求各方面都要强大，但是要具备较强的综合实力，以及一项或多项突出优势和特色，因此还应从除海洋经济和海洋生态环境保护与治理以外的多个角度加大研究力度。此外，目前中国全球海洋中心城市建设亟须建立一套符合中国国情和国家重大战略方向的评价指标体系，合适的评价指标体系会使全球海洋中心城市的建设框架和发展方向更为明晰，中国 9 个已经锚定全球海洋中心城市建设目标的沿海城市以及其他沿海城市之间可以加大合作力度，定期举办专业学术会议，便于不同城市、不同国家的海洋相关人才能够互相交流，为全球海洋中心城市建设提供智力支撑。

---

① 杨钒、关伟、王利、杜鹏：《海洋中心城市研究与建设进展》，《海洋经济》2020 年第 6 期。

B.8 2021年中国海洋公益服务发展报告

雷梓斌　高法成*

摘　要： 2021年，我国海洋公益服务取得了较好的发展。我国海事搜救的成功率保持在一个稳定的高度；海洋观测调查的新装备、新技术不断涌现，成为推动我国海洋观测调查与预报和海洋防灾减灾能力提升的坚实助力。在法治方面，海洋环境公益诉讼制度不断完善。在海洋命运共同体理念和"十四五"规划的指导下，我国海洋公益服务的国际合作和全球治理日益深化，地方性海洋公益服务水平不断提升。但就我国海洋公益服务发展现状与国际形势来看，海洋公益服务高素质人才的培养、现代化的发展和宣传以及国际合作仍需要加强。

关键词： 海洋公益服务　海上救援　海洋调查　海洋防灾减灾　海洋公益诉讼

一　海洋公益服务事业发展状况概览

（一）海上救援

随着全球疫情逐渐缓和，国际经济和全球贸易回暖，国际海上活动逐渐增多，海上事故发生的频率也随之提高。海洋溢油污染事故、沿岸生化品泄漏事故、海上交通事故等都是近年来十分常见的海上事故。海上事故发生的

---

* 雷梓斌，广东海洋大学法政学院社会学系2019级本科生，研究方向为海洋社会学；高法成，博士，广东海洋大学法政学院社会学系副主任、副教授，研究方向为应用社会学。

时间性和空间性决定了其一旦发生，遇险人员面对的往往是致命的威胁，同时会对海洋生态环境造成极大的负面影响，这也是海上救援需要快速发展的重要原因。

中国海上搜救中心每月发布的海上搜救统计月报信息显示，2020 年，全国各级海上搜救中心共核实遇险 1745 起，平均每天超过 4 起。2021 年共核实遇险 1924 起，比上年增加 179 起，增幅较大。从表 1 数据可以看出，接到警报并经过核实后，各级海上搜救中心秉持对人民生命财产安全负责的态度，能以较高的组织、协调效率派出大量的搜救船舶和飞机赶往事故现场进行搜救。

表 1　2020~2021 年全国各级海上搜救中心接警搜救情况

时间	接到各类遇险警报(起)	组织、协助搜救行动(起)	搜救船舶(艘)	飞机(架)
2020 年第 1 季度	574	317	1925	47
2020 年第 2 季度	916	433	2936	72
2020 年第 3 季度	556	462	1629	49
2020 年第 4 季度	—	533	—	—
2021 年第 1 季度	—	413	—	—
2021 年第 2 季度	—	430	448(数据不足)	10(数据不足)
2021 年第 3 季度	—	559	2649	66
2021 年第 4 季度	—	522	3610	84

注：2020 年 9 月至 2021 年 12 月接到的各类遇险警报以及 2020 年 9 月至 2021 年 5 月的搜救船舶和飞机的数据缺失。

资料来源：根据中国海上搜救中心的海上搜救统计月报信息整理。

海上事故救援在时间上的紧迫性和船舶活动范围的广阔性决定了救援活动的难度较高。但这并不妨碍相关部门在核实事故情况后立即开展救援活动，最大限度地挽救遇险者的生命，减少其财产损失。由表 2 数据可知，2020 年，全国各级海上搜救中心合计对 1375 艘遇险船舶实施搜救，其中有 1104 艘船舶获救；2021 年第 1、第 2 季度，全国各级海上搜救中心合计对 650 艘遇险船舶实施搜救，其中有 539 艘船舶获救，获救率达 82. 92%。2020 年，全国各级海上搜救中心共对 11269 名遇险人员实施了救援，其中有 10794 名遇险人员成功获救，遇险人员获救率达 95.78%；2021 年，全国各级海上搜救中心对 13198 名遇险人员实施了搜救，其中有 12613 名遇险人员成功获救，尽管遇险人员数量增加，但获救率没有明显下降，达到了 95.57%。

表 2　2020~2021 年全国各级海上搜救中心搜救情况

时间	搜救遇险船舶(艘)	获救船舶(艘)	遇险船舶获救率(%)	搜救遇险人员(名)	获救人员(名)	遇险人员获救(%)
2020 年第 1 季度	259	203	78.38	2154	2075	96.33
2020 年第 2 季度	350	280	80.00	2577	2456	95.30
2020 年第 3 季度	361	290	80.33	2987	2867	95.98
2020 年第 4 季度	405	331	81.73	3551	3396	95.64
2021 年第 1 季度	319	275	86.21	3149	3062	97.24
2021 年第 2 季度	331	264	79.76	3495	3292	94.19
2021 年第 3 季度	389	117(数据不足)	—	3146	3008	95.61
2021 年第 4 季度	363	—	—	3408	3251	95.39

注：2021 年 8~12 月获救船舶数据缺失。

资料来源：根据中国海上搜救中心的海上搜救统计月报信息整理。

无论是路上还是海上，因交通工具碰撞而产生的事故总是占据相当高的比例，并且这类事故常常会对人们的生命健康和财产造成巨大损失。因为海上交通的特殊属性，尽管第一时间进行海上人道主义救援，但一旦发生海上事故，还是不可避免地会造成人员伤亡。船舶因动力需要必须携带燃油，而原油运输也主要依赖海路，一旦发生事故，原油泄漏会造成严重的海洋生态环境污染。2021 年 4 月 27 日，杂货船“SEA JUSTICE”（义海轮）从苏丹港出发，在开往青岛的途中，与正朝连岛东南水域锚泊的油船“A SYMPHONY”（交响乐轮）发生碰撞，经中国海事局调查，约有 9400 吨船载货油泄漏入海，造成了严重的海域污染，也对附近海域生态环境造成了巨大破坏。虽然此次事故并没有造成人员伤亡，但鉴于其对环境的影响，其仍被判定为特别重大船舶污染事故。在接到义海轮的报告后，青岛海事局立即启动应急响应程序，组织多个部门进行溢油检测并派遣清污力量。2021 年 6

月 19 日，经专家评估，溢油及其污染得到基本控制，应急响应终止。

随着经济的发展，海上事故发生频率不断提高，为了应对海上事故的发生，我国海上救援能力不断提高。在制度上，我国不断完善海上救援机制和相关流程，提高了海上救援的响应速度和效率。2020 年底，江苏省启东市全方位构建和完善县级渔业应急救援体系，形成了一套完整的渔业应急救援新模式，并建立了应急预报及救援联动机制，使 2021 年的救援成功率达到 100%。在技术上，各种海上救援高新技术和装备的发展和投入使用提升了救援的效率和成功率。2021 年 5 月 7 日，首届长三角国际应急减灾和救援博览会在上海举行，5 吨级地效飞机 AG930，新舟灭火飞机和翼龙-2H 应急救灾型、气象型无人机等多款国产自研应急救援新装备亮相，促进国产应急救援装备体系化发展。由中国航空工业集团特飞所自主研发的 5 吨级地效飞机 AG930，是一款介于固定翼飞机和高性能船之间的新型水面高速运输工具，能以 180 千米/小时的速度迅速抵达救援现场，在 0.5~3 米的超低空进行快速搜寻，锁定目标后迅速降落并实施救援，一次性救援人数可达 8 人，能满足海上救援、海事巡逻等多种任务需求。① 除此之外，在人员的培养上，我国开展了各类海上救援演练，有助于提高救援人员的救援能力，积累救援经验。2021 年 9 月 13 日，国家首次海上搜救无脚本实战演练在河北举行，该演练提升了海上搜救组织的协调、决策、指挥能力以及海上搜救力量的协调配合、综合实战能力。②

（二）海洋观测调查与预报

海洋观测调查与预报是提高海洋公益服务能力的重要途径，在维护海洋权益、保护海洋生态环境、可持续开发海洋资源、预警海洋灾害等方面起着重要作用。

海洋科考是海洋观测调查的一个核心内容，为海洋搜救、海洋预报等工作

---

① 《应急“黑科技”（六）》，《湖北应急管理》2021 年第 6 期。

② 齐正胶、高赫遥、魏伟：《国家首次海上搜救无脚本实战演练在河北举行》，《中国海事》2021 年第 9 期。

提供了重要的信息支撑。2021 年，“向阳红 18”船完成“2021 年度中国近海综合开放航次——夏季航次”科考任务；[①] “向阳红 06”船完成 2021 年太平洋夏季航次任务，成功开展了地质绞车系统深海多类取样；[②] “向阳红 03”船完成“上海交通大学 2021 年度深海采矿 03 航次”任务，这也是上海交通大学深海采矿车首次海试；[③] “海洋地质七号”船完成“1∶25 万海洋区域地质调查”项目的相关任务，[④] 为维护我国相关海域的权益提供了科学依据。

2021 年，海洋观测调查不断涌现新装备、新技术，为海洋公益服务提供了强有力的技术支持。在天基海洋观测方面，2021 年 5 月 19 日，海洋业务卫星海洋二号 D 卫星由长征四号乙运载火箭送入预定轨道，标志着我国海洋动力环境卫星迎来三星组网时代。[⑤] 我国首个海洋动力环境卫星星座组建完成，将大幅提升我国对海风、海浪、海流等海洋动力环境信息的获取能力，进一步满足我国海洋业务需求，并为海洋气象、灾害的预测提供了信息支撑。而在海洋卫星数据的处理和应用方面，2021 年 12 月 3 日，“海洋卫星遥感山东数据应用中心建设项目”通过验收，该中心具有海洋卫星、高分卫星等多星源数据的综合管理、影像查询、专题展示与产品服务等功能，实现了多星源、多类型原始数据、成果数据及发布数据一体化查询、管理及分发。[⑥] 未来，该中心将进一步提升对海洋卫星遥感业务的支撑能力，以满足海洋资源调查监测、海洋环境监测、海洋灾害预警监测等业务的需求。

除了遨游九天的卫星外，用于海基观测的各类海洋调查船也陆续交付使

---

① 《“向阳红 18”船完成近海调查任务》，自然资源部网站，2021 年 9 月 24 日，http://www.mnr.gov.cn/dt/hy/202109/t20210924_2681947.html。

② 《“向阳红 06”船完成太平洋夏季航次任务》，“潇湘晨报”百家号，2021 年 10 月 20 日，https://baijiahao.baidu.com/s?id=1714120120363515260&wfr=spider&for=pc。

③ 《“向阳红 03”船圆满完成航次任务》，中国海洋网，2021 年 8 月 9 日，http://ocean.china.com.cn/2021-08/09/content_77682335.htm。

④ 《“海洋地质七号”船 2021 年度既定外业任务圆满完成》，中国地质调查局网站，2021 年 6 月 22 日，http://www.qimg.cgs.gov.cn/gzdt/202106/t20210622_674105.html。

⑤ 赵宁：《我国成功发射海洋二号 D 卫星》，《中国自然资源报》2021 年 5 月 20 日，第 1 版。

⑥ 《省海洋资环院海洋卫星遥感山东数据　应用中心建设项目顺利通过验收》，山东省自然资源厅网站，2021 年 12 月 6 日，http://dnr.shandong.gov.cn/xwdt_324/zwdt/202112/t20211206_3795462.html。

用。2021年6月26日，我国海洋综合科考实习船“中山大学”号在上海江南造船厂码头正式交付中山大学。[①]“中山大学”号将以先进的科考仪器设备和操控支撑设备满足海面、水体、海底及深海极端环境的科考需求。2021年9月6日，“实验6”号综合科学考察船从广州出发首航，这一科考利器填补了我国中型地球物理综合科学考察船领域的空白。[②] 2021年10月13日，浅水坐底打捞工程船——“德浮1200”正式交付烟台打捞局，填补了浅水坐底打捞工程船的空白。[③] 各种海洋调查船的交付使用，提高了我国的抢险打捞能力，为提高我国水上交通安全水平、推动海洋强国建设提供了重要保障。

水下海洋观测方面，2021年4月9日，湖南科技大学领衔研发的“海牛Ⅱ号”海底大孔深保压取芯钻机系统在南海超2000米深水成功下钻231米，刷新了世界深海海底钻机钻深纪录。[④] 纪录的刷新不仅标志着我国在该领域达到世界领先水平，更意味着我国理论上具备了海洋资源全覆盖的勘探能力。2021年6月，中国船舶集团公司第七一九研究所承担的“十三五”国家重点研发计划“深海关键技术与装备”重点专项“深海爬游混合型无人潜水器研制”项目“麒麟号”通过综合绩效评价，[⑤] 将为海洋资源勘探，海洋搜救以及信息调查、收集提供装备支撑。2021年11月6日，哈尔滨工程大学科研团队研发的“悟空号”全海深AUV于当地时间11月6日15时47分在马里亚纳海沟“挑战者”深渊完成万米挑战最后一潜，再次刷新了下潜深度纪录，[⑥] 为我国揭秘深海、推动海洋强国建设做出重要贡献。在其他方面，2021年12月29日，由国家海洋环境预报中心自主研发的“质量

---

① 吕宁、吴祥贵：《“中山大学”号海洋综合科考实习船交付》，《中国自然资源报》2021年7月2日，第5版。

② 《经过10天、1800多海里航行 “实验6”首航凯旋》，环球网，2021年9月16日，https：//china. huanqiu. com/article/44mwlzCVHEp。

③ 《烟台打捞局抢险打捞新型重要装备——“德浮1200”成功交付》，船海装备网，2021年10月14日，https：//www. shipoe. com/news/show-46703. html。

④ 《231米！中国刷新世界深海海底钻机钻深纪录》，人民网，2021年4月9日，http：//hn. people. com. cn/n2/2021/0409/c337651-34667413. html。

⑤ 邝展婷：《探索深海再添国产利器》，《中国自然资源报》2021年8月6日，第5版。

⑥ 《10896米！哈尔滨工程大学“悟空号”再次刷新下潜深度纪录》，黑龙江省人民政府网站，2021年11月25日，https：//www. hlj. gov. cn/n200/2021/1125/c43-11025672. html。

守恒海洋环流数值模式‘妈祖 1.0’”（MaCOM1.0）正式发布,[①] 这项成果填补了我国海洋环流数值预报领域的空白，在海洋环境保护、海洋气候评估等方面具有重大作用。

（三）海洋防灾减灾

2021 年 6 月 22 日，中共中央政治局常委、国务院总理李克强对防灾减灾救灾、防震减灾和自然灾害综合风险普查工作作出重要批示。[②] 他指出，我国防灾减灾救灾能力还需提高，全国自然灾害综合风险普查工作有待开展。他强调，只有建立完善的防灾减灾救灾预案体系，提高抢险救灾能力和公众防灾意识，才能为人民群众生命财产安全和社会良性发展提供切实保障。[③]

根据 2020 年第 28 号中国国家标准公告，《海洋防灾减灾术语》（以下简称《术语》）获国家市场监督管理总局批准发布，于 2021 年 7 月 1 日起正式实施。[④]《术语》首次界定了海洋防灾减灾工作中涉及的基本术语，包括海洋灾害风险防范、海洋灾害应急、海洋灾后恢复重建等。《术语》的发布，填补了我国海洋减灾防灾术语国家标准的空白，它的实施为我国海洋防灾减灾管理、科研学术、新闻出版等提供了规范，有利于提高公众对海洋防灾减灾的认识。

2021 年 1 月 5 日，自然资源部海洋信息技术创新中心课题、国家自然科学基金项目“基于深度学习的海洋承灾体评价方法研究”发布。其针对北部湾海洋灾害频发、承灾体灾变响应机理不明等问题，基于 AI 深度学习

---

① 安海燕、贺靓：《海洋预报“芯片”工程“妈祖 1.0”发布》，《中国自然资源报》2021 年 12 月 31 日，第 5 版。

② 《夯实全社会防灾减灾基础　最大程度减轻自然灾害风险和损失》，《人民日报》2021 年 6 月 23 日，第 2 版。

③ 《李克强对防灾减灾救灾、防震减灾和自然灾害综合风险普查工作作出重要批示强调夯实全社会防灾减灾基础最大程度减轻自然灾害风险和损失 王勇出席第一次全国自然灾害综合风险普查工作电视电话会议并讲话》，“新华社”百家号，2021 年 6 月 22 日，https：//baijiahao. baidu. com/s? id = 1703277239579410383&wfr = spider&for = pc。

④ 《〈海洋防灾减灾术语〉国家标准正式发布》，《大众标准化》2021 年第 5 期。

算法，在海洋集装箱大数据样本库的基础上构建了脆弱承灾体灾变模型。该灾变模型可以提供海洋承灾体脆弱性的评价方法，为海洋防灾减灾提供一定的技术支持。

在 2021 年 7 月自然资源部下发《关于建立健全海洋生态预警监测体系的通知》后，各地海洋部门围绕海洋生态“一张图”、海洋生态系统监测业务化运行、海洋生态分析评估等方面积极贯彻落实该通知精神。2021 年底，全国海洋生态预警监测平台在国家海洋信息中心的帮助下完成升级并试运行。该平台的建立与运行，有利于我国掌握海洋生态系统情况，建立和完善海洋生态系统监测体系和预警指标体系，为有效开展海洋防灾减灾和海洋生态保护修复提供强有力的技术支撑。

我国是世界上遭受海洋灾害影响最严重的国家之一，2021 年，我国海洋灾害以风暴潮、海浪以及海冰为主，共计造成直接经济损失 307087.38 万元，低于近十年（2012~2021 年）的均值，但相比 2020 年有所增加。同时，赤潮和绿潮的面积都有不同程度的扩大，绿潮面积甚至达到历史最高值。[①] 风暴潮灾害对我国影响最为严重，2021 年我国共发生 16 次达到蓝色及以上预警等级的风暴潮。在这 16 次风暴潮中，台风风暴潮有 10 次，其中 6 次造成灾害；温带风暴潮有 6 次，其中 3 次造成灾害。9 次灾害共造成直接经济损失 246738.22 万元（见表 3），约占各类海洋灾害直接经济损失的 80%。沿海 11 个省份中，受风暴潮灾害影响最严重的是浙江省，损失超过 9 亿元。2021 年，我国近海共发生灾害性海浪过程（指有效波高 4.0 米及以上的灾害性海浪过程）35 次，其中发生海浪灾害过程（指造成直接经济损失或人员死亡失踪的海浪灾害过程）9 次，明显低于 2012~2021 年海浪灾害发生次数的平均值（18.1 次）。[②]

① 《2021 中国海洋灾害公报》，自然资源部网站，2022 年 4 月 8 日，http：//gi.mnr.gov.cn/202205/t20220507_ 2735508.html。

② 《2021 中国海洋灾害公报》，自然资源部网站，2022 年 4 月 8 日，http：//gi.mnr.gov.cn/202205/t20220507_ 2735508.html。

表 3　2021 年风暴潮灾害过程及损失统计

单位：万元，人

灾害过程	发生时间	受灾地区	直接经济损失	死亡(含失踪)人口
2106“烟花”台风风暴潮	7 月 22~30 日	江苏、上海、浙江、福建	82363.06	0
2107“查帕卡”台风风暴潮	7 月 19~21 日	广东、广西	2739.22	0
2109“卢碧”台风风暴潮	8 月 3~7 日	福建	3233.00	0
2114“灿都”台风风暴潮	9 月 12~14 日	上海、浙江	26274.00	0
2117“狮子山”台风风暴潮	10 月 8~10 日	广西	2635.70	0
2118“圆规”台风风暴潮	10 月 11~14 日	福建、广东、广西、海南	13597.68	1
“210712”温带风暴潮	7 月 12~14 日	河北	148.00	0
“210920”温带风暴潮	9 月 19~21 日	辽宁、河北、山东	97606.56	1
“211107”温带风暴潮	11 月 6~8 日	山东	18141.00	0

资料来源：《2021 中国海洋灾害公报》，自然资源部网站，2022 年 4 月 8 日，http：//gi.mnr.gov.cn/202205/t20220507_ 2735508.html。

海洋灾害具有种类多、分布范围广、频率高、破坏性大的特点，一旦发生，会对人民生命健康和财产安全造成巨大损失。我国政府高度重视海洋防灾减灾工作。2021 年 1 月 12 日，浙江省出台《浙江省海洋灾害应急指挥部工作规则》，对统一指挥、全面协调应对海洋灾害做出了明确的规则要求。2021 年 7 月 30 日，淮南市自然资源和规划局采取“四举措”迎战台风“烟花”，“四举措”分别是全面开展巡查检查、有序组织转移避险、及时做好预警预报、强化值班值守制度。“四举措”的实施有利于防灾减灾工作的顺利进行，能够最大限度地保护人民生命财产安全。① 浙江省于 2021 年 10 月 18 日发布《关于加强风暴潮灾害重点防御区管理的指导意见》，② 这是自 2012 年国家《海洋观测预报管理条例》发布以来全国首份省级层面明确

① 《淮南市局“四举措”坚决打好防汛防台风硬仗》，自然资源部网站，2021 年 7 月 30 日，http：//www.mnr.gov.cn/dt/dfdt/202107/t20210730_ 2674141.html。

② 《浙江省自然资源厅关于加强风暴潮灾害重点防御区管理的指导意见》，浙江省水利厅网站，2021 年 10 月 18 日，http：//slt.zj.gov.cn/art/2021/10/18/art_ 1229536719_ 59023973.html。

划定风暴潮灾害重点防御区并加强管理的指导意见。风暴潮灾害重点防御区的划定，有利于地区防灾减灾工作的协调统一开展，能够减轻风暴潮的影响，保障人民生命财产安全。2021 年 12 月 2 日，2021 年汛期海洋灾害预警报总结交流会在线上召开，[①] 其对海洋灾害预警应急工作的总结为今后的海洋防灾减灾工作奠定了基础，提供了工作上的参考，有利于今后更好地完成海洋灾害预警工作，提高防灾减灾服务能力。2021 年 12 月 29 日，自然资源部办公厅印发《全国海洋生态预警监测总体方案（2021—2025 年）》，明确了“十四五”时期全国统一推进的海洋生态预警监测工作的七项主要任务，强调将在总体要求一致的前提下，因地制宜地建立生态评价指标体系，为海洋灾害的预防和发生提供完善的监测和预警机制。

二　发展特色

（一）国际合作与全球治理日益深化

在庆祝中国共产党成立 100 周年大会上，习近平总书记指出，“必须不断推动构建人类命运共同体”[②]；2019 年，习近平总书记也曾提出海洋命运共同体的重要理念，认为“我们人类居住的这个蓝色星球，不是被海洋分割成了各个孤岛，而是被海洋连结成了命运共同体，各国人民安危与共”[③]。因此，在海洋公益服务方面，各国只有通力合作、互联互通，相互吸取发展的经验与教训，才能推动海洋公益服务整体进步。2021 年 10 月 26 日，以“加快海洋科技创新，构建海洋命运共同体”为主题的 2021 世界海洋科技

① 《海洋灾害预警报筑牢汛期安全屏障》，自然资源部网站，2021 年 12 月 15 日，http://www.mnr.gov.cn/dt/hy/202112/t20211215_2714040.html。

② 《共同构建海洋命运共同体》，自然资源部网站，2022 年 7 月 22 日，https://www.mnr.gov.cn/dt/pl/202207/t20220722_2742631.html。

③ 《保护人类蓝色家园　共建海洋命运共同体》，光明网，2021 年 6 月 8 日，https://m.gmw.cn/baijia/2021-06/08/1302345974.html。

大会在青岛开幕。①

近年来，中国一如既往地参与海洋公益服务国际合作，积极履行大国国际义务，为推动国际海洋公益服务的进步做出了重要贡献。2021 年 1 月 19~22 日，“全球海洋观测伙伴关系（POGO）”第 21 次年会在青岛召开，旨在促进全球海洋科学研究，推动全球综合性海洋观测系统的构建。2021 年 9 月 8~10 日，2021 东亚海洋合作平台青岛论坛 · 东亚海洋博览会在青岛举行，带来了关于海洋环保及海洋大数据平台等领域的新成果，整合了全球的海洋人才、资源，促进了国际海洋科技交流，推动了国际海洋公益服务发展，为构建海洋命运共同体贡献了重要力量。三亚于 2021 年 11 月 3 日举办了 2021 年“海洋合作与治理论坛”，为全球海洋治理提供了“海南经验”。“海洋超级年——2021 全球关于海洋健康的进展”圆桌会议作为 2021 厦门国际海洋周系列活动之一在线上举办，与会成员在国际合作深化的背景下对海洋可持续发展进行商议。同为 2021 厦门国际海洋周系列活动之一的“2021 中国海洋经济（国际）论坛——海洋经济高质量发展与现代海洋产业体系构建”在集美大学召开。② 一系列关于海洋发展的国际论坛和会议的召开，有利于建立一个关注全球海洋公益服务、探讨海洋治理、推动国际海洋公益服务合作的信息交流共享平台，有利于进一步加强各方在海上救援、海洋观测调查与预报、海洋防灾减灾等方面的合作与交流，实现全球海洋公益服务治理与合作的公平合理。

（二）地方性海洋公益服务水平不断提高

《中华人民共和国国民经济和社会发展第十四个五年规划和 2035 年远景目标纲要》提出，“十四五”时期是我国全面建成小康社会、实现第一个百年奋斗目标之后，乘势而上开启全面建设社会主义现代化国家新征程、向第

① 《2021 世界海洋科技大会在青开幕》，青岛市人民政府网站，2021 年 10 月 27 日，http：//www. qingdao. gov. cn/ywdt/zwyw/202110/t20211027_ 3669296. shtml。

② 《2021 中国海洋经济（国际）论坛在我校召开》，集美大学财经学院网站，2021 年 11 月 21 日，https：//cjc. jmu. edu. cn/info/1058/8423. htm。

二个百年奋斗目标进军的第一个五年，[①] 党的十九大提出“坚持陆海统筹，加快建设海洋强国”。在“十四五”规划和中央的统一领导下，沿海各省份都根据自身状况，编制了各自的海洋经济发展“十四五”规划，指导本省海洋经济发展，同时使具有本省特色的海洋公益服务得到发展。

广东省的海洋公益服务以海洋生态环境保护及海洋防灾减灾为重点。2021 年 12 月 14 日，广东省人民政府印发《广东省海洋经济发展“十四五”规划》，指出广东的海洋综合管理先行区建设取得突破。[②]《广东省沿海经济带综合发展规划（2017—2030 年）》和《广东省加强滨海湿地保护严格管控围填海实施方案》的出台完善了海岸带和海域海岛管理体系，推动了海洋生态文明建设。2021 年，广东完成全省自然灾害风险调查工作，全面掌握自然灾害风险隐患，提升了全省抵御自然灾害的综合防范能力。“十三五”时期以来，广东省的海洋观测能力不断提升，但海洋观测体制机制尚不完善，观测能力也无法满足需要。“十四五”时期，广东省将基本建立陆海空结合的业务化海洋立体观测网，省内沿海城市也将逐步构建海洋灾害观测体系，与惠州大亚湾国家海洋减灾综合示范区等初步构成海洋防灾减灾预警体系，满足海洋预警、防灾减灾、海洋生态保护等需求，为沿海经济带发展、生态文明建设、海洋强国建设提供强有力的支撑和保障。海南省于 2021 年 8 月 6 日颁布《海南省风暴潮、海浪和海啸灾害应急预案》[③]，旨在促进海洋灾害预警预报工作发展，提高海南省应对和预防海洋灾害的能力，最大限度地减少海洋灾害带来的损失。浙江省重点构建海洋防灾减灾“两网一区”管理新格局，即海洋立体观测网、预警预报网和重点防御区，以

---

① 《（两会受权发布）“十四五”规划和 2035 远景目标的发展环境、指导方针和主要目标》，新华网，2021 年 3 月 5 日，http：//www.xinhuanet.com/politics/2021lh/2021-03/05/c_1127172897.htm？baike。

② 《广东省人民政府办公厅关于印发广东省海洋经济发展“十四五”规划的通知》，广东省人民政府网站，2021 年 12 月 14 日，http：//www.gd.gov.cn/zwgk/wjk/qbwj/yfb/content/post_3718595.html。

③ 《海南省风暴潮、海浪和海啸灾害应急预案》，海南省海洋监测预报中心网站，2021 年 8 月 6 日，http：//www.hnocean.cn/#/detail/100000000012525。

达到“迭代两网，完善一区”的目的。

在作为海洋观测调查主要内容之一的海洋科考方面，南极和南海的科考事业不断发展。从 1985 年我国建立的首个南极科考站长城站，到正在建设的第 5 个南极科考站罗斯海新站，我国极地科考能力不断提高。罗斯海新站是研究气候变化对南极生态系统影响的理想场所，增强了我国对极地的综合监测能力，为“雪龙探极”重大工程提供了重要支撑。三亚港南山港区坚持“科考为主、货运优先”，基于独特的地理位置，面向南海深海海域打造深海科考基地，建设面向国际的公共科考码头，为南海深海科考提供了重要保障。中国气象局、南方海洋科学与工程广东省实验室（珠海）、中山大学等于 2021 年 6 月 9 日联合开展南海夏季风综合科考试验，[①] 此次试验加强了我国对南海夏季风复杂性的认识，有利于提高南海夏季风预报的准确性，对我国海洋防灾减灾有重要意义。

（三）海洋环境公益诉讼制度逐步完善

近年来，随着我国海洋开发利用活动愈加频繁，海洋污染事件及破坏海洋生态的行为时有发生，对近岸局部海域的生态环境造成破坏，损害了整个社会的公共利益。2012 年，我国初步建立环境公益诉讼制度，随着社会各界海权意识的增强，关于海洋生态环境污染的公益诉讼数量不断增加。然而该项制度却有着“设计粗疏以及关联政策、立法回应不足，对条款规定的理论解释困惑和制度适用障碍，导致提起海洋环境公益诉讼的主体类型受限、海洋环境公益诉讼程序衔接不畅、海洋环境监管部门‘两种角色’配合不当”[②] 的问题，导致公益诉讼制度在海洋生态环境保护领域的作用受到抑制。为了解决这些问题，我国正在逐步完善海洋环境公益诉讼制度。

---

① 《南海夏季风综合科考试验开启中国气象局、南方海洋科学与工程广东省实验室（珠海）、中山大学等联合开展》，中国气象局网站，2021 年 6 月 9 日，http：//www. cma. gov. cn/2011xwzx/2011xqxxw/2011xqxyw/202106/t20210609_ 578355. html。

② 解永照、余晓龙：《海洋环境公益诉讼的制度定位及体系完善》，《中国人口 · 资源与环境》2022 年第 1 期。

2021 年全国两会上，全国人大代表、自然资源部中国地质调查局青岛海地所副总工程师印萍提出《关于进一步明确海洋生态环境保护领域民事公益诉讼案件起诉主体的建议》，认为应当进一步明确民事公益诉讼案件起诉主体，即破坏海洋生态、资源和保护区的民事公益诉讼案件的第一顺位起诉主体为海洋环境监督管理部门，当海洋环境监督管理部门未提出诉讼时，检察机关可以向海事法院提起诉讼。实践中，检察机关提起的海洋生态环境保护领域民事公益诉讼案件得到法院生效和裁判支持的情况也不少见，进一步明确起诉主体有助于海洋生态环境保护领域民事公益诉讼制度充分发挥效能。

广州市南沙区人民检察院立足海洋特色与自贸区制度优势，建立“一站式取证、一揽子评估、一体化运行、一键式修复”海洋公益诉讼检察新模式，有助于提升公益诉讼取证质效，增强公益诉讼保护实效，有效解决海洋生态损害评估鉴定周期长、费用高的问题。[①] 2021 年 12 月 14 日，南沙区人民检察院发布《公益诉讼白皮书（2020—2021）》，对本地公益诉讼检察工作做了总结，为公益诉讼案件的审理提供了有效经验。另外，南沙区人民检察院为解决多种民生问题，开展了“公益诉讼守护美好生活”专项监督活动。对于跨区的海洋生态环境保护领域民事公益诉讼案件，广东自贸区前海、南沙、横琴三片区检察机关加强协作，建立联合调查取证机制，引入公益诉讼观察员制度，推动成立海洋生态环境保护公益诉讼共同体，实现各方的资质互认。[②]

浙江舟山于 2017~2021 年立案办理的各类海洋环境公益诉讼案件达 130 件，其中环境资源保护领域案件达 115 件，占 88.5%，其中一件更是获评最

① 《南沙自贸区检察院打造海洋公益诉讼检察新模式助力湾区绿色发展》，腾讯网，2021 年 4 月 6 日，https://new.qq.com/omn/20210406/20210406A0C88000.html。

② 《广东自贸区前海、南沙、横琴三片区检察机关会签工作意见　加强海洋生态环境保护》，阳光检务网，2021 年 11 月 16 日，https://www.gd.jcy.gov.cn/jcyw/gyssjc/gzdt1/202111/t20211116_3426428.shtml。

高检“守护海洋”公益诉讼、生物多样性保护经典案例，[①] 在维护海洋安全、保护海洋环境、推进海洋法治方面做出了重要贡献。浙江省首个全市一体化多层级海洋公益诉讼创新实践基地于2021年10月18日在舟山建成并启用。同时，在舟山市人民检察院“守护海洋”总框架下，舟山市4个县区的检察机关分别创建了“海岸带公益保护”“海洋资源和海岛文物保护”“油气品海上环境及安全保护”“渔牧旅游生态保护”特色公益诉讼品牌，[②] 对海洋生态保护、海上安全、防灾减灾等方面开展专项监督，在案件审理、制度建设等方面提供了有效经验。

2021年4月25日，第四届数字中国建设峰会发布了福建检察涉海洋公益诉讼协调指挥中心大数据平台，该平台由“跨区协作、辅助办案、综合研判、调查指挥、统计分析”五个功能模块组成，以大数据、人工智能、云计算等手段推动公益诉讼信息化、智能化，以解决公益诉讼检察工作线索发现难、分析研判难、办案参考辅助难等难题。近年来，福建平潭开展了“海洋生态品牌年”系列活动，倾力打造“惩治犯罪+综合治理+公益联动+智库协作+生态修复”“五位一体”海洋生态检察特色品牌，[③] 为福建省内沿海各地检察机关提供了海洋生态公益诉讼“平潭样本”。

以海洋为特色的青岛近年来立足海洋生态保护和海洋经济可持续发展，积极推动海洋环境公益诉讼制度建设。2021年6月6日，青岛市海洋发展局与青岛市人民检察院举行公益诉讼协作配合意见签署仪式，标志着海洋生态环境与资源保护领域公益诉讼进入深度合作的新阶段，为加强行政执法和检察监督、充分发挥二者协作联动作用提供合力。仪式上，张薇副检察长对

① 《迎两会丨海洋检察 回眸五年——市检察院召开海洋检察工作新闻发布会》，“舟山检察”微信公众号，2022年4月11日，https：//mp. weixin. qq. com/s/zLTa-bFcqLeBzzKQ_ uNOQw。

② 《浙江舟山：海洋公益诉讼创新实践基地启用》，自然资源部网站，2021年10月29日，http：//www. mnr. gov. cn/dt/hy/202110/t20211029_ 2700334. html。

③ 《平潭检察院：倾力打造海洋生态公益诉讼“平潭样本”》，澎湃网，2021年4月16日，https：//www. thepaper. cn/newsDetail_ forward_ 12246060。

完善协作机制提出独特的三点建议：优势互补、加强交流、完善机制。[①]2021 年 7 月 13 日，连云港市灌南县人民检察院成立青岛海洋所海洋公益诉讼专家实践基地，[②] 旨在积极推动海洋公益诉讼技术合作平台建设，推进生态文明建设，为其他人民检察院提供海洋公益诉讼案件专业支撑。

三　相关建议

（一）培养高素质人才

近年来，在海洋强国战略背景下，我国对海洋公益服务的需求不断增长，但海洋公益服务高素质人才相对紧缺，需要加强培养。目前，我国海洋高校为培养专业性人才打造了良好的海洋教育环境。但是，高素质人才紧缺仍然是发展海洋公益服务的阻碍之一。所以，教育部要更积极地投入专业的师资力量，鼓励各个高校开设相关专业，为培养相关高素质人才奠定良好的基础。同时，个人、社会组织、政府应充分利用自身优势，积极投身海洋公益服务。例如，针对海域人才培养的蓝色先锋公益项目，由桃花源、银泰等基金会发起，目标是在 10 年内培养 100 名海洋公益人才，孵化 20 个海洋公益机构。蓝色先锋公益项目在 2018 年得到了普遍认可，持续开展了海洋公益人才培养项目。还有上海仁渡海洋公益发展中心主导的以促进海洋环保公益行业机构数量和质量提升为目标的浪花计划，此计划的关注点是海洋环保公益行业的创业者，旨在为他们提供更专业的支持，促进海洋环保公益行业健康、可持续发展。同时，各个高校要为我国海洋公益服务长期输送高质量人才，提升我国海洋公益服务的能力和水平。

① 《青岛市人民检察院与市海洋发展局签署海洋生态环境和资源保护领域公益诉讼工作协作意见》，青岛市人民检察院网站，2021 年 6 月 21 日，http：//www. qdjcy. gov. cn/html/news/20210621/1/2365. html。

② 《青岛海洋所海洋公益诉讼专家实践基地挂牌成立》，中国地质调查局网站，2021 年 7 月 22 日，http：//www. qimg. cgs. gov. cn/hzjl/202107/t20210722_ 676787. html。

（二）提升海洋公益服务的现代化水平

社会现代化水平和科学技术水平的不断提高，为海洋公益服务提供了信息化、现代化的支撑。应通过科学技术等手段，充分发挥海洋公益服务的优势，确保海洋公益服务的高质量发展。同时，应利用互联网平台和大数据，全面整合海洋公益服务资源，使海洋公益服务更加方便、简洁、高效。现如今，我国已经成立了中国海洋发展基金会。中国海洋发展基金会是经国务院批准于 2015 年 11 月成立的全国性公募基金会，自然资源部为其主管单位。该基金会以习近平新时代中国特色社会主义思想为指导，坚持自然资源统一的理念，动员社会力量认识海洋、经略海洋，全面推进海洋强国建设，资助和开展海洋知识普及和宣传教育活动，并且接受政府委托或者授权开展与自然资源相关的各类资助活动。在浙江省发展改革委召开的《浙江省海洋经济发展“十四五”规划》新闻通气会上，省发改委副主任表示：首先要科学布局海洋防灾减灾空间，谋划建设新一批海洋灾害避灾点，科学规划避灾路线；其次要加强海洋防灾减灾能力建设，重点构建海洋防灾减灾“两网一区”管理新格局；最后要推进海洋防灾减灾的整体智治，谋划建设一个省级海洋灾害数据中心、一个海洋灾害整体智治数字化应用场景、一个省级海洋防灾减灾综合业务平台，促进海洋防灾减灾向数字化、智能化、精准化转变，并且要以现代化的科学技术手段为支撑，不断提升海洋公益服务的水平和效果，从而使海洋公益服务在社会中更好地发展。

（三）加大海洋公益服务的宣传力度

2016 年是我国海洋公益服务的高度发展时期，在这一年，我国海洋观测调查、海洋标准化、海洋信息化、海洋预报和海洋防灾减灾等工作都取得了不错的成绩。2020 年，我国海洋公益服务在疫情的冲击下化压力为动力，在基础设施建设和信息共享两个方面取得了较大进展；同时，我国提出要充分利用各类资源，结合高科技手段，实现科普推广两手抓的目的。

近年来，我国海洋政策随着国内外形势和环境变化也在不断变化，海洋资源保护得到重视。目前，海洋公益服务宣传活动逐渐增多，无论是在线上还是线下，都有各种各样的宣传活动，如“海洋日”、“防灾减灾日”、各种海洋公益服务知识科普活动等。学生是海洋公益服务的重点宣传群体，我国通过编写教材、开设相关课程、组织夏令营等活动来开展宣传工作，如东营市海洋预报减灾中心与科达小学联合组织开展“海洋文化进校园”活动，积极推动海洋科普教育。另外，我国通过线下宣传、线上直播等形式向社会各界普及、传播海洋防灾减灾知识，增强人们的防灾避难意识和能力。在各大高校举办讲座、展览和比赛也是目前常见的宣传手段，如 2021 年于山东大学博物馆举办的“美丽海洋公益行动——守护 WE 蓝”主题活动等。但常见的海洋公益服务宣传活动通常都是短期、运动式的，并不能够实现常态化。因此，要加大宣传力度，拓宽宣传途径，扩大宣传范围，创新宣传方式，促使公众主动了解海洋公益服务，以最大限度地发挥宣传效果。

（四）进一步加强海洋公益服务国际合作

2019 年，习近平主席提出海洋命运共同体理念。[①] 作为海洋公益服务的根基，海洋命运共同体理念重视保护海洋生态环境，注重海上对话与合作，认为各国应携手合作，共同应对各种海上威胁，有利于促进海洋公益服务的发展，帮助各国共同应对海洋危机。而推动海洋命运共同体的构建，必须着力于以下四个方面的建设：知识体系、制度体系、公共产品提供系统以及国际上志同道合的队伍。[②] 这四方面都强调了国际合作，因此需要依据海洋命运共同体理念建立全球海洋治理论坛，促进中国学者与各国学者互通有无，共享海洋智慧，积累海洋知识，为全球海洋治理做出贡献。另外，联合国作

① 《保护人类蓝色家园　共建海洋命运共同体》，光明网，2021 年 6 月 8 日，https：//m. gmw. cn/baijia/2021-06/08/1302345974. html。

② 《建设海洋命运共同体：知识、制度和行动》，中国海洋发展研究中心网站，2020 年 11 月 4 日，http：//aoc. ouc. edu. cn/2020/1104/c9824a 305584/pagem. htm。

为最具影响力和权威的国际组织，在海洋治理领域发挥着不可代替的作用，中国可以利用联合国安全理事会常任理事国的身份，根据海洋命运共同体理念，在联合国的框架下针对海洋治理、防灾减灾等领域提出议题，促进国际海洋公益服务持续健康发展。

B.9

2021年中国海洋非物质文化遗产发展报告*

徐霄健　王爱雪　刘泽静**

摘　要： 2021年是“十四五”规划的开局之年，在疫情防控、信息化、全球化和海洋命运共同体理念的背景下，我国“海洋非遗”在实际工作开展中进行了一些新的探索和实践，并在保护与发展目标、保护与传承主体和保护与发展形式方面有了新的变化。在具体发展过程中，“海洋非遗”保护与发展制度的建设实现了新跨越，“海洋非遗”的理论研究与实践工作跨界联动成效显著，“海洋非遗”与经济社会形成了融合发展的新趋势，“海洋非遗”的数字化发展成为一种新动力，“海洋非遗”发展的最终目的强调“还遗于民”。但是，“海洋非遗”也在发展的过程中遇到了一些新的问题和挑战。总结2021年我国“海洋非遗”的保护与发展情况，可以发现2021年我国“海洋非遗”工作的开展依旧在一定程度上受到了疫情的影响，也正是基于此，很多“海洋非遗”活动的举办受阻。为了克服“海洋非遗”发展中遇到的网络传播与展演形式单一、同美好生活观的结合程度不高、创造性转化与创新性发展能力有待提高等问题，各“海洋非遗”发展主体不断探索新发展模式，初步构建了一套“共有、共建、

* 本报告为徐霄健主持的2020年度山东省“传统文化与经济社会发展”专项课题“传统海洋文化资源实现价值整合与产业化创新的‘山东样板’研究”（项目编号：ZC202011005）的阶段性研究成果；本报告中“海洋非物质文化遗产”简称“海洋非遗”。

** 徐霄健，硕士，曲阜师范大学马克思主义学院讲师，研究方向为海洋社会学；王爱雪，硕士，日照职业技术学院讲师，研究方向为中共党史；刘泽静，曲阜师范大学2017级本科生，研究方向为思想政治教育。

共享”的“海洋非遗”发展机制，总结了新发展阶段我国“海洋非遗”在理论研究与实践工作跨界联动、与经济社会融合发展、数字化发展以及“还遗于民”等方面的一些先进发展思路和经验。

关键词： “海洋非遗” 涉海文化 文化强国

2021 年，受新冠疫情的持续影响，依托“海洋非遗”项目所举办的涉海文化活动依然未能全面恢复，我国“海洋非遗”的发展依旧面临一定的挑战。依托近年来高速发展的数字信息产业的技术优势，“海洋非遗”发展的信息化特征正成为最鲜明的趋势，在这种趋势下，“海洋非遗”逐渐朝数字化的方向发展。另外，“海洋非遗”的发展目标逐渐与当前我国社会主义现代化国家发展的战略导向要求相适应，在实践过程中初步形成了与当前我国社会经济发展实际相适应的“海洋非遗”发展模式、发展思路和发展机制。2021 年，我国“海洋非遗”在产业化、市场化和商品化方面实现了较好的发展，但在实现大众化和数字化发展方面还存在很多问题，如发展缓慢、发展规模小、发展动力不足以及发展成果难以与广大人民共享。2021 年，我国的海洋发展战略为“海洋非遗”的发展指明了新方向。本报告对 2021 年我国国家级和部分省级重点“海洋非遗”的保护与发展工作进行了系统的梳理和总结，从发展概况、发展成就、发展不足和发展对策四个方面进行研究，以全面客观地呈现 2021 年我国“海洋非遗”发展的基本情况、规律和工作动态，为指导和促进我国“海洋非遗”的发展提供理论依据和参考。

一 2021年中国“海洋非遗”发展概览

2021 年，在疫情防控背景下，我国“海洋非遗”的保护与发展工作取得了新的成效和突破，但也遇到了一些新的问题和挑战。总结 2021 年我国

"海洋非遗"保护与发展的总体状况，主要表现为三个方面的明显变化，即"海洋非遗"保护与发展目标的转变、"海洋非遗"保护与传承主体的增多、"海洋非遗"保护与发展形式的多样。

（一）"海洋非遗"的保护与发展目标在发生转变

现如今，我国社会的主要矛盾已经转化为人民日益增长的美好生活需要和不平衡不充分的发展之间的矛盾。从"物质文化需要"到"美好生活需要"的深刻变化，反映了我国社会的进步和新发展阶段提出的新要求。人民的美好生活需要日益增长，提出了更高层次的要求。就文化方面而言，人民群众需要更丰富的精神文化生活，"海洋非遗"作为文化的一部分，也肩负着满足人们精神文化需要的使命。对此，很多沿海地区的地方政府正面临如何将"海洋非遗"的发展定位与人民群众的精神文化需要有效结合起来的问题。总结2021年我国"海洋非遗"保护与发展目标的转变，主要表现为两个方面。第一，"海洋非遗"的发展重视满足人民群众的精神文化需要，从原先政府主导的保护与发展逻辑转变为现在"政府引导+基层群众参与治理"的保护与发展逻辑，这一转变体现了群众力量在推动"海洋非遗"保护与发展中所起到的重要作用，是基层逻辑在推动"海洋非遗"保护与发展方面的体现。例如，2021年9月16日，象山石浦渔港举行了开船仪式，承载了象山人民对渔民平安归港、一帆风顺的祝愿和祈盼，也凝结了守望于家乡的父老乡亲的赤诚之心。[①] 因此，"海洋非遗"尤其是海洋民俗类非遗的保护与发展更多地遵循由民间自主发起、自主参与的自下而上的逻辑和思路。第二，"海洋非遗"的保护与发展为推动沿海地区经济社会的发展注入了精神动力。"海洋非遗"保护与发展的目标定位由服务文化转向了服务经济社会发展，逐渐形成了促进社会协调发展的新动力，在推动经济社会发展中的作用越来越突出。例如，2021年中国海洋文化节开幕词中提到"赶海的号子多么嘹亮，

---

① 《2021年象山开渔节开船仪式时间+地点一览》，本地宝网，2021年9月15日，http://nb.bendibao.com/news/2021915/65156.shtm。

敢叫海岛变新颜”的时代精神，以及渔歌摇橹的精神文化。另外，在2021年5月4日妈祖诞辰1061周年之际，南沙天后宫举办了第十三届南沙妈祖文化旅游节，此次活动的主题是“弘扬霍英东先生开发南沙精神，打造粤港澳大湾区妈祖文化交流中心”。[①] 该活动包括夜游天后宫庙会、海祭大典、妈祖颂、妈祖巡游、妈祖文化论坛等8项内容。不难看出，“海洋非遗”在推动沿海地区经济社会发展的过程中可以创造多方面的精神文化价值，从而实现通过海洋文化精神内涵和传统海洋文化内容传播来促进社会进步和人类全面发展的目的。

（二）“海洋非遗”的保护与传承主体在不断增多

最近几年，“海洋非遗”的保护与传承主体逐渐增多，这不仅表现为参与人数的增多，还表现为很多阶层的社会群体参与其中。“海洋非遗”保护与传承主体的增多，反映了公众对“海洋非遗”的认知和认同在逐渐增强，人们保护与传承“海洋非遗”的自觉性和积极性在不断提高。现如今，“海洋非遗”保护与传承主体的行动自觉，更多地体现在对“海洋非遗”的延续性保护和代际传承上，很多“海洋非遗”开始有了新的传承人。2021年8月19日，在临高县调楼镇武莲渔港，渔家哩哩美的艺术团团长方萍在海边教多名孩子唱国家级非物质文化遗产“哩哩美”渔歌。不久后，孩子们将唱着“哩哩美”渔歌参加海南少儿民歌大赛。方萍表示，希望能让临高渔歌文化拥有更多展示的舞台，让临高渔歌“哩哩美”被世代传唱。[②] 这一传承方式不仅让新生代群体借助“海洋非遗”创造了自我发展和成长成才的机会，也让“海洋非遗”在新生代群体身上得到延续和传承。“海洋非遗”的保护与传承主体还包括一些社会力量，体现为社会力量的参与度在

① 《2021广州南沙妈祖文化旅游节》，本地宝网，2021年4月19日，http://gz.bendibao.com/tour/202146/ly291531.shtml。

② 《临高渔歌文化“播种人”盼人人会唱“哩哩美”》，快资讯网，2021年11月9日，https://www.360kuai.com/pc/968b9088b1121178c?cota=3&kuai_so=1&sign=360_57c3bbd1&refer_scene=so_1。

不断提高。“2021·妈祖诞”系列活动于2021年5月2日上午在中华妈祖文化交流协会总部懿明楼前广场举行，此次活动由中华妈祖文化交流协会主办，参与主体包括中华妈祖莆仙十音八乐团、中华妈祖礼仪队、莆田市广场舞协会、中华妈祖书画院、群众艺术馆、中华妈祖义诊队等。[①] 2021年5月4日，第十六届南京妈祖庙会暨妈祖诞辰1061周年春祭大典在南京天妃宫隆重举行，此次活动由南京鼓楼文旅集团主办，参与单位有南京妈祖文化交流协会、南京市闽侨投资促进会等，参与主体涉及台湾同胞和福建各商会代表。可以看出，“海洋非遗”的发展离不开人的参与，随着参与“海洋非遗”活动的主体不断增多，社会力量逐渐形成，“海洋非遗”的保护与传承不再是政府相关部门或相关组织的专属任务，而是社会大众“共有、共建、共享”的发展逻辑的实践。

（三）“海洋非遗”的保护与发展形式越来越多样

“海洋非遗”作为一种文化资源，其作品的创作形式随着时代的发展和人民群众精神文化需要的增长而呈现多样化的特征。近几年来，很多沿海地区都在积极探索当地“海洋非遗”保护与发展的新形式。2021年，烟台市文化和旅游局推出了“八仙”文化创意金点子征集活动，其中提到了8种推动“八仙”文化发展的创意创新形式，包括“八仙”文化推广语、“八仙”文化创意营销活动、“八仙”文化动漫作品、“八仙”文化视觉传达设计、“八仙”文化文艺作品、“八仙”文化短视频、“八仙”文化创意美食、“八仙”文化文创设计创意。[②] 此次活动重在以“八仙”文化为素材，将“八仙”文化与当地的风土人情、海洋特色、城市资源相结合，形成有创意和适应网络传播的文化发展形式。由此可见，通过精致的构思、巧妙的设

① 《“2021·妈祖诞”系列活动将于5月2日举行　东南网全程直播》，东南网，2021年4月29日，http：//pt. fjsen. com/xw/2021-04/29/content_ 30715820. htm。

② 《海南游客：去过蓬莱三次，建议挖掘八仙传说更走心一些》，快资讯网，2021年7月31日，https：//www. 360kuai. com/pc/90b676bdbc45adf70？cota = 3&kuai_ so = 1&tj_ url = so_ vip&sign = 360_ 57c3bbd1&refer_ scene = so_ 1。

计，可以实现文化与文创载体的深度融合，使“海洋非遗”更具创造性和传播力。除了“海洋非遗”文化作品创作，“海洋非遗”还被一些教师融入了课堂教育教学过程，进一步丰富了“海洋非遗”保护与发展的新形式。2021年，接山乡幼儿园教师颜秀云充分运用了“八仙”文化进行课堂教学。此外，2021年4月18日，“好客山东·乡村好时节（谷雨）”2021荣成乡村文化旅游季暨渔民节开幕式在荣成市宁津街道东楮岛村举行。[①] 荣成市充分借助当地乡村文化旅游季吸纳游客的优势，将当地的“海洋非遗”与红色文化、踏青赏花、海上旅游、乡村旅游等具有地域特色的活动结合在一起，为当地居民和游客带来了一场文化盛宴。此次活动可以说是生活化场景中的“海洋课堂”，人们可以借此机会去学习“海洋非遗”、了解“海洋非遗”，进而传承“海洋非遗”。另外，“海洋非遗”逐渐成为诸多沿海城市发展的“助推剂”。日照市最近几年借助当地“渔民节”积极引客，以促进“滨海游”的发展。2021年，日照市还举办了山海天渔民节，该活动以实景演艺形式展示当地渔民的传统习俗，在“海洋非遗”的带动下，“渔家盛事”轮番上演。得益于“海洋非遗”融入海滨旅游这一创新发展形式，渔家文化得以展现，当地风情得以体现，“海洋非遗”发展的新成效得以实现。

二　2021年中国“海洋非遗”的发展成就与特点

“海洋非遗”具有一定的时空场所和特定人群话语限制，从而成为一种人、时空、文化交织叠加的海洋复合遗产。随着全球化进程的加快，再加上新形势下我国海洋文化发展的新要求，近几年“海洋非遗”的发展有了新的突破，并取得了较好的发展成效。一方面，“海洋非遗”能够不断迎合人民群众对美好生活的需要；另一方面，“海洋非遗”能够助力海洋生态保护和海洋社会发展。

---

① 《“好客山东乡村好时节（谷雨）”2021荣成乡村文化旅游季暨渔民节启动》，海报新闻网，2021年4月18日，https：//w. dzwww. com/p/8365274. html。

（一）“海洋非遗”保护与发展制度的新跨越与新挑战并存

就“海洋非遗”保护与发展制度的建设而言，制度的顶层设计是“海洋非遗”发展的保障与支撑，包括相关政策和法律条例等内容。制度的调整完善、政策的灵活补充不仅在很大程度上为“海洋非遗”的发展提供了兜底保障，而且在很大程度上帮助“海洋非遗”克服了疫情防控期间的各种困难。“海洋非遗”保护与发展制度的顶层设计是由政府与民间组织共同参与的，呈现制度、政策与节令活动互相配合的特点，其目标是共同致力于“海洋非遗”的保护与发展。“海洋非遗”在保护与发展过程中所遵循的法律、条例和原则仍与广泛意义上的非遗所共享，目前我国还没有针对“海洋非遗”建立一套相对独立的制度体系与管理机制，因此“海洋非遗”在制度层面上存在与其他类别的非遗统一管理的问题，这在一定程度上使“海洋非遗”的地域性和海洋性难以在保护与发展的过程中发挥独特的优势和价值。但最近几年，一些沿海地区的政府和民间组织在具体的保护与发展政策的设计上开始体现更多的灵活性和自主性，“一城一策”“因城施策”的发展趋势越来越明显。近年来，在上级有关部门和当地政府的大力支持下，惠东渔歌的保护、传承和发展呈现良好势头，2021 年 8 月 30 日，惠东县“惠东渔歌”入选 2021~2023 年度“广东省民间文化艺术之乡”名单，[①] 这为惠东渔歌的传播和发展提供了新的机遇。

2021 年是《中华人民共和国非物质文化遗产法》颁布实施十周年。《“十四五”非物质文化遗产保护规划》提出，到 2025 年，非遗代表性项目得到有效保护，工作制度科学规范、运行有效，工作体系更加完善，保护传承体系更加健全，创造创新活力进一步激发，人民群众对非遗的认同感、参

① 《惠东县“惠东渔歌”入选 2021~2023 年度“广东省民间文化艺术之乡”名单》，惠州市惠东县文化广电旅游体育局网站，2021 年 8 月 30 日，http：//www. huidong. gov. cn/hzhdwgltj/gkmlpt/content/4/4381/post_ 4381267. html#2971http：//www. huidong. gov. cn/hzhdwgltj/gkmlpt/content/4/4381/post_ 4381267. html#2971。

与感、获得感明显提高，非遗服务当代、造福人民的作用进一步发挥。[①]《“十四五”非物质文化遗产保护规划》是我国首次以“两办”名义印发的关于加强非遗保护工作的政策性、纲领性文件，充分体现了党中央对非遗的高度重视，预示着我国非遗保护进入新阶段。这同样对保护好、传承好、利用好“海洋非遗”，以及延续海洋历史文脉、坚定海洋文化自信、推动海洋文明交流互鉴、建设海洋强国具有重要的现实意义。针对《“十四五”非物质文化遗产保护规划》提出的新要求和新目标，一些非遗保护机构和相关部门、非遗代表性传承人、非遗保护工作者在党委和政府的统一领导下，切实开展了对“海洋非遗”的整体性和系统性保护，积极推动了“海洋非遗”保护与发展工作的进一步落实，并实现了新的跨越式发展。

按照国家文化部规划建立的“国家+省+市+县”四级保护体系，各地方和各有关部门贯彻“保护为主、抢救第一、合理利用、传承发展”的工作方针，各省份也都建立了自己的非遗保护名录。2021 年 6 月 10 日，国务院公布了第五批国家级非物质文化遗产代表性项目名录共 185 项和扩展项目名录共 140 项,[②] 这其中涉及“海洋非遗”的项目有 5 项（见表 1）。

表 1　第五批国家级“海洋非遗”项目

序号	类别	项目编号	项目名称	申报地区
1251	传统音乐	Ⅱ-157	渔歌(嵊泗渔歌)	浙江省舟山市嵊泗县
1389	传统音乐	Ⅱ-175	疍歌	海南省三亚市
1485	传统美术	Ⅶ-137	贝雕(北海贝雕)	广西壮族自治区北海市
1544	民俗	X-170	祭祀兄弟公出海仪式	海南省琼海市
484	民俗	X-36	妈祖祭典(香港天后诞)	香港特别行政区

资料来源：第五批国家级非物质文化遗产代表性项目名录。

① 《文化和旅游部关于印发〈“十四五”非物质文化遗产保护规划〉的通知》，中国政府网，2021 年 5 月 25 日，http://www.gov.cn/zhengce/zhengceku/2021-06/09/content_5616511.htm。

② 《国务院关于公布第五批国家级非物质文化遗产代表性项目名录的通知》，中国政府网，2021 年 5 月 24 日，http://www.gov.cn/zhengce/content/2021-06/10/content_5616457.htm。

"海洋非遗"项目的增加，可以更好地扩充海洋文化发展的内容，拓展海洋文化发展的领域。这对进一步推动国家级"海洋非遗"代表性项目名录体系建设、加强"海洋非遗"系统性保护、推动"海洋非遗"整体性保护都具有重要的意义。

"海洋非遗"的工作管理和部署有了新的突破和发展。2021 年，威海市文化和旅游局以《威海市非物质文化遗产保护办法》的实施为抓手，着力提升"海洋非遗"保护水平，规范了"海洋非遗"的保护工作。为打造海洋文化特色景区，大连市长海县在推动非遗传承和促进海岛特色文化发展工作会议上决定多措并举，深度挖掘特色海洋文化资源，重点创新对"海洋非遗"的利用；此外，为了促进"海洋非遗"的规范化管理，长海县成立了非遗工作专家委员会，规范执行《长海县非物质文化遗产保护专项资金管理暂行办法》，确保非遗各项工作能够有效开展。基于此，"长海号子"非遗传承基地的引领作用和"长海号子"的创新发展形式有了政策上的保障。总的来讲，在制度、政策的不断明确和规范下，"海洋非遗"的文化特质开始逐步被大众认知，但部分地区的一些政策过于商业化和市场化，相关的"海洋非遗"活动过于突出物化展示或娱乐性体验，缺少对文化精神的宣扬和文化内涵的深入诠释。并且，在政策和制度的保护下，"海洋非遗"被封闭在固定的场馆中展示，难以走出场馆、走进大众的视野，导致一些具有发展潜质的"海洋非遗"的发展动力不足，尤其是一些技艺类和文学类"海洋非遗"的发展成果明显不多。

（二）"海洋非遗"的理论研究与实践工作跨界联动有了新突破

人们对美好生活的追求离不开精神文化层面的"共同富裕"，当前海洋文化产业不均衡不充分的发展局面亟待被打破。目前，我国"海洋非遗"的保护与发展工作总体处于起步阶段，"海洋非遗"的理论性创新和发展成果的应用仍需要被强化和重视。但也要看到，2021 年，"海洋非遗"与沿海地区的经济、政治、文化和环境治理协同发展方面的理论成果相对丰富，部分"海洋非遗"的发展路径、发展内容和发展形式得以更新，相关发展经验也得以总结和运用，并实现了再实践和不断创新的过程。2021 年，我国“海洋非遗”的理论研究与实践工作跨界联动的新突破主要体现为海洋文化、“海洋非遗”相关学术交流会上产生了一些总结性、前瞻性和引领性的新理念和新观点，尤其是体现在理论与实践相结合的理念创新层面上。“海洋非遗”理论成果创新的背后体现的是因海而生、依海而兴、与海共生的人文思想和人海和谐理念，宣扬的是促进海洋文化繁荣兴盛、为海洋强国建设提供精神文化支持的价值理念。纵观我国“海洋非遗”发展的历史，“海洋非遗”保护与发展工作的持续推进离不开理论研究成果的支撑。2021 年 12 月 11 日，全国非物质文化遗产名词审定委员会成立大会暨第一次工作会议在线上召开。① 此次会议不仅是对我国非遗专业术语的一次重塑和发展，更是对非遗领域学术和话语体系的一次补充和完善，这其中也包括了“海洋非遗”领域的相关内容，为新时代背景下我国“海洋非遗”的理论研究与实践工作指明了方向，同时为我国“海洋非遗”的学科建设与发展奠定了基础。另外，从“海洋非遗”的理论创新与实践创新相结合的方面来看，很多科研成果注重从产业化的角度探讨“海洋非遗”的未来发展方向，研究“海洋非遗”在推动社会进步和丰富人民精神生活方面的作用，并在一些政策和工作方案中体现和运用。但是，目前“海洋非遗”的理论研究涉及面虽广，其成果多数是泛泛而谈，研究深度不足，可操作性不强，影响力小，而且目前的学术成果多半侧重于对“海洋非遗”内涵的阐释和类别的划分，缺少创新性和应用性强的新成果。

（三）“海洋非遗”与经济社会形成了融合发展的新趋势

与以往工作不同，2021 年“海洋非遗”保护与发展工作的成效不仅体现在文化领域的进步中，也体现在“海洋非遗”推动经济社会发展的作用

① 《全国非物质文化遗产名词审定委员会成立》，“潇湘晨报”百家号，2021 年 12 月 14 日，https：//baijiahao. baidu. com/s？ id = 1719122805575700181&wfr = spider&for = pc。

上。2021 年，“泉州：宋元中国的世界海洋商贸中心”成立，[①] 这是国家文物局、福建省及泉州市深入贯彻落实习近平总书记关于文物工作一系列重要论述和重要指示精神的体现，也是全力推进“海洋非遗”历史考古研究和“海洋非遗”保护与发展工作的又一重要收获，系统地反映了特定历史时期独特而杰出的港口城市空间结构，涵盖了社会结构、行政制度、交通运输、生产和商贸等诸多重要历史文化内容，成为泉州以“海洋非遗”发展为契机带动当地海上交通、海上旅游、海洋治理和海洋贸易等多领域发展的重要引擎和动力。这是“海洋非遗”与经济社会融合发展的新探索，为各地将“海洋非遗”保护与发展工作嵌入地方经济社会统筹发展规划提供了新的经验和示范。

（四）“海洋非遗”的数字化发展成为一种新动力

“海洋非遗”的数字化发展成为一种新动力。随着数字产业发展不断加快，以“海洋非遗”为载体的网络直播活动越来越多，其播放量和关注度也在攀升。2021 年 12 月 18 日，广州市举办了 2021 年度非遗品牌大会。大会以“非遗品牌力”为主题，围绕岭南文化基因，探索非遗数字经济发展的新潜力，为当地“海洋非遗”的数字化发展注入了新活力。大会发布的《2021 巨量引擎岭南篇非遗数据报告》总结了数字化驱动下非遗展示与传播的新趋势。[②] 大会借助网络直播的形式，将非遗所承载的文化符号和内容呈现给大众，并成为公众透过屏幕了解“海洋非遗”的一次重要契机。数字化为广州“海洋非遗”文化的传播提供了更有效的途径和更广阔的空间，基于此，一些非遗创作者也尝试通过网络直播将“海洋非遗”与消费主体连接在一起，大大提升了“海洋非遗”的传承活力。此外，大会举办了

① 《权威快报丨泉州申遗成功!》，新华网，2021 年 7 月 25 日，https：//baijiahao. baidu. com/s？id = 1706249899751446307&wfr = spider&for = pc。

② 《人文湾区　跨界创新——2021 第四届非遗品牌大会（广州）举办》，“中国发展网”百家号，2021 年 12 月 20 日，https：//baijiahao. baidu. com/s？id = 1719655290491285753&wfr = spider&for = pc。

“非遗时尚品牌秀”，通过线上展示的形式将非遗代表性项目与精美的制作工艺、曲艺说唱、时尚服饰、舞台艺术等元素相结合，为“海洋非遗”增添了发展的新活力，也充分凸显了“海洋非遗”跨界融合发展的潜力。一些沿海城市的政府逐渐意识到数字经济对“海洋非遗”发展的重要性。但与此同时，数字经济与“海洋非遗”实现深度融合仍面临一些难题，如人才、技术、产品、资金等各方面的支持和投入问题。在2021年6月12日“文化和自然遗产日”前后，浙江省各地以线上线下相结合的方式，开展了近300项非遗保护宣传展示活动，这其中就有宁波“阿拉非遗汇”暨海峡两岸民间艺术交流活动，充分展示了澥浦船鼓等特色“海洋非遗”。[①] 不难发现，最近几年“海洋非遗”的数字化发展逐渐成为一种新动力和新趋势。

（五）“海洋非遗”发展的最终目的强调“还遗于民”

“海洋非遗”不是脱离海洋社会群体的社会生活而存在的，而是依托人本身而存在的，它以声音、活动和技艺等为呈现形式，需要身口相传来延续，需要展演活化来凸显价值。因此，人的传承就显得尤为重要。让“海洋非遗”不仅能“活”着，还要“活”起来、“活”在人民群众中间，体现出人民主体性，这是最近几年我国“海洋非遗”发展的一个新定位，这样的定位明确了我国“海洋非遗”发展的目的和依靠的力量。以前，我国的“海洋非遗”保护与发展工作是由政府主导的，而作为“海洋非遗”发展和享受主体的人民群众比较被动，缺少关注和参与。随着新时代人们对“海洋非遗”的新需求不断增长，2021年，很多地方的“海洋非遗”活动本着“还遗于民”的目的，开始了新的探索，力争让人民大众成为发展、保护和享受“海洋非遗”的主体，鼓励一些企业、非政府机构、民间社团等分担“海洋非遗”保护与发展的工作和任务，参与“海洋非遗”保护与

① 《在这个“遗产日”，浙江省各地共同开展非遗宣传展示活动》，中国非物质文化遗产网，2021年6月18日，https：//www. ihchina. cn/news_ detail/23206. html。

发展工作的各个环节，初步构建了一套“共有、共建、共享”的发展机制。例如，2021 年 6 月 12 日，舟山市相关部门借助我国第 5 个“文化和自然遗产日”，进一步增强了人民群众对“海洋非遗”的保护意识，推动了“海洋非遗”文化的传承和弘扬。舟山市各级文广旅体部门围绕 2021 年“文化和自然遗产日”主题——“人民的非遗·人民共享”和“文物映耀百年征程”，积极组织开展了一系列宣传、展示和体验“海洋非遗”的相关活动，展示了舟山锣鼓、嵊泗渔歌等极具海岛地域特色的“海洋非遗”[①]。“海洋非遗”发展的最终目的强调“还遗于民”，体现了新时代、新发展阶段对我国海洋文化发展的内在要求，也体现了人民主体性在推动“海洋非遗”保护与发展中的作用，这样不仅可以使“海洋非遗”在公众面前有更多展示的机会，以便进一步得到大众的认可和肯定，而且能够使“海洋非遗”保护与发展的成效被大众所检验、共享。

三　2021年中国“海洋非遗”发展中存在的问题与不足

总结 2021 年中国“海洋非遗”发展中存在的问题与不足，主要表现为三个方面，即“海洋非遗”的网络传播与展演形式比较单一、“海洋非遗”与美好生活观的结合程度不高、“海洋非遗”的创造性转化与创新性发展能力有待提高。首先，“海洋非遗”的网络传播与展演形式主要受信息技术、人才储备、资金支持、创意形式、组织管理 5 个因素的制约；其次，“海洋非遗”与美好生活观的结合程度之所以有待提升，是因为“海洋非遗”的文化价值没有很好地与时代价值、精神特质和市场价值相结合；最后，“海洋非遗”创造性转化与创新性发展能力不高，主要受创新型青年人才短缺、大众普及程度不高、新媒体技术应用程度低 3 个因素的制约。

---

① 《舟山市举办 2021 年“文化和自然遗产日”主题系列宣传展示活动》，舟山市文化和广电旅游体育局网站，2021 年 6 月 15 日，https：//baijiahao. baidu. com/s？ id=1702626434674000970。

（一）“海洋非遗”的网络传播与展演形式比较单一

在疫情防控时期，一些线下文化活动被取消，或是转为线上开展。“海洋非遗”作为一种以线下活动为亮点的文化资源，其线下活动举办受阻无疑增添了不少问题和困扰，因此丰富线上网络传播与展演形式显得尤为必要。

目前，制约“海洋非遗”网络传播与展演形式发展的因素主要涉及信息技术、人才储备、资金支持、创意形式、组织管理方面。在信息技术方面，“海洋非遗”相关部门在新媒体技术应用方面的工作经验比较欠缺，所以“海洋非遗”在网络传播与展演形式方面缺少成功实践。在人才储备方面，就目前而言，研究“海洋非遗”的学者和专家不多，且相关学科发展的速度比较慢，缺少与“海洋非遗”领域有联系的相关专业。因此，很多从事“海洋非遗”保护与发展工作的人员不是专业出身，缺少开展“海洋非遗”保护与发展工作的专业技术和能力，在实际工作中也缺少实践经验以及解决相关问题的能力。另外，由于人员编制和机构设置的限制，“海洋非遗”的基层工作难以实现专业性的人才保护和培养，现有人才大多存在临时抽调、专业水平不一、流失现象突出等问题，这也导致了一些“海洋非遗”政策落实乏力，更谈不上可持续发展和高效实施。在资金支持方面，一些地区的政府对“海洋非遗”的重视程度不够，导致其对“海洋非遗”的财政支持和拨款力度比较小，再加上“海洋非遗”长期以来缺乏“活态”，导致可产生的经济效益比较低，使其很难实现融资。所以，资金支持不足也是“海洋非遗”发展迈不开步子、缺乏创造性转化与创新性发展能力的一个重要原因。在创意形式方面，“海洋非遗”作为文化的一部分，创意形式不足也是制约其当前和未来发展的一大障碍。总结近几年“海洋非遗”在创意形式方面的不足，主要体现为两个方面：第一，“海洋非遗”自身的包容度比较低，很多“海洋非遗”的发展定位仅集中在自己所属的地域范围和社会文化领域，很难实现与其他文化的衔接和交融，因此“海洋非遗”实现创新发展的机会较少；第二，“海洋非遗”带来的经济效益不高，人们对其的关注度比较低，导致其创意设计不足，相关创意产品和衍生产品不多。在组织管理方面，很多负责管理“海洋非遗”的机构体系不健全，办事效率不高，一些政府部门倾向于将多数非遗业务放到群众文化馆工作中，由群众文化馆包揽各项事务，通常是“一个机构，两块牌子”，缺乏专门负责管理“海洋非遗”的机构，容易造成上下联动、组织管理、权责分配等方面的问题。

（二）“海洋非遗”与美好生活观的结合程度不高

美好生活观的内涵涵盖了实现“中国梦”、满足人民多层次需要和化解社会主要矛盾等内容。“海洋非遗”作为一种文化资源，长期以来没有很好地发挥自身对实现“中国梦”、满足人民多层次需要和化解社会主要矛盾的作用和价值，究其原因，是“海洋非遗”与美好生活观的结合程度不高，主要原因有三个方面：第一，“海洋非遗”的文化内涵没有被很好地进行时代阐释，“海洋非遗”的文化价值与时代价值没有实现较好地融合与衔接，这导致了很多“海洋非遗”发展停滞，并且滞后于社会发展对它的要求，甚至是失去了传承和实现长期发展的保障；第二，“海洋非遗”的文化元素和文化符号没有被市场化，“海洋非遗”的文化价值没有被市场利用起来，导致“海洋非遗”带来的经济效益不高；第三，“海洋非遗”的精神特质没有被很好地发掘和重塑，“海洋非遗”的文化价值与精神价值没有实现很好的匹配，导致“海洋非遗”为经济社会发展注入的精神支撑和智力支持不足。

（三）“海洋非遗”创造性转化与创新性发展能力有待提高

最近几年，“海洋非遗”创造性转化与创新性发展的形式和产品虽然增多了，但其创造性转化与创新性发展能力还明显不足。这种不足主要体现在三个方面。第一，创新型青年人才短缺。目前，从事“海洋非遗”传承与保护的主体多半是老年群体，很多老年人对互联网的了解远不如年轻人，因此他们对“海洋非遗”网络创意创新设计等方面的探索不够深，甚至存在空白。所以，“海洋非遗”难以通过网络化手段提升其创造性转化与创新性发展能力。第二，大众普及程度不高。很多地方的“海洋非遗”在发展过程中主要关注直接利益群体的需求，缺少对间接利益群体或无关利益群体的关照，因此“海洋非遗”的大众普及程度明显不高，“海洋非遗”文化鲜为人知的现象在一些地方比较常见。“海洋非遗”大众普及程度不高，导致其在发展过程中缺乏人力支持与投入，进而体现在“海洋非遗”创造性转化与创新性发展能力方面的明显不足。第三，新媒体技术应用程度低。可以说，新媒体技术应用程度低一直是困扰“海洋非遗”发展的主要因素。长期以来，很多“海洋非遗”活动的主办方或相关负责部门把人力、物力、财力过多地投入线下工作，缺少对线上新媒体技术应用能力的培育，导致新媒体技术在“海洋非遗”发展过程中的应用程度比较低。

四　中国“海洋非遗”发展的趋势与建议

“海洋非遗”源自大海、因海而生，“海洋非遗”是全民族的财富，其传承、保护和发展需要依靠人民的力量，应构建一套“共有、共建、共享”的“海洋非遗”发展机制。为了实现“共有、共建、共享”的目的，需要着力增强“海洋非遗”发展的人民主体意识和社会力量，制定“海洋非遗”不断协调和可持续发展的策略，多路径拓宽“海洋非遗”的展示面，从而解决“海洋非遗”在我国现代化发展过程中遇到的一系列问题。

（一）增强“海洋非遗”发展的人民主体意识和社会力量

“海洋非遗”的传承主体、保护主体、受益主体是人民群众，人民群众是“海洋非遗”发展最重要的依靠力量。由于历史和现实条件的限制，我国“海洋非遗”的发展一开始主要是由政府主导的，在短时间内，这种政府主导的模式起到了“集中力量办大事”的作用。在政府的推动下，一方面，“海洋非遗”文化得以迅速普及，一批“海洋非遗”传承人得到认可，一批“海洋非遗”项目得以保护和留存；另一方面，传承人在发展“海洋非遗”的过程中略显被动，主观能动性相对不足，行动上倾向于“等、靠、要”，这也导致了“海洋非遗”的发展主体很难在“海洋非遗”文化价值的基础上进一步发掘和塑造其时代价值、精神特质和市场价值。这就需要政府转变角色、转换思维，发动、培育多元的“海洋非遗”发展主体；“海洋非遗”也要从政府包办式发展走向以市场化、大众化和时代化为导向的发展之路。同时，政府应充分调动社会力量，推动“海洋非遗”走进大众视野，在大众中间开展“海洋非遗”教育，鼓励基层社区和群众将“海洋非遗”发展纳入乡村振兴发展战略。另外，政府要积极推进“海洋非遗”与当地的传统文化、民族文化、区域文化、红色文化相结合，充分运用新媒体技术打造文化精品，扩大“海洋非遗”在社会中的影响力。此外，政府要提升“海洋非遗”发展成果享受方面的人民主体性，要“还遗于民”。可以通过非遗进社区、非遗进校园等途径让社区居民和学生能够近距离感受“海洋非遗”的魅力，让“海洋非遗”在社区和校园中扎根、发芽和成长。

在增强“海洋非遗”发展的人民主体意识和社会力量方面，需要积极发挥学校和行业协会的作用。比如，政府要鼓励、支持学校组织教师参与“海洋非遗”大众科普教育活动，鼓励学校开设“海洋非遗”方面的课程，建设一批“海洋非遗”传承教育实践基地。另外，政府要支持行业协会在“海洋非遗”的传承、保护和发展等方面的工作，充分调动市场和民间力量来促进“海洋非遗”的发展，并加大对行业协会发展“海洋非遗”的政策扶持力度，在税收、培训和活动的举办等具体方面给予政策支持。此外，学校和行业协会要帮助政府积极探索适合当地“海洋非遗”健康、可持续发展的建设机制。

（二）制定“海洋非遗”不断协调和可持续发展的策略

针对当前“海洋非遗”领域不平衡不充分发展的矛盾所导致的“海洋非遗”的网络传播与展演形式比较单一、“海洋非遗”与美好生活观的结合程度不高、“海洋非遗”创造性转化与创新性发展能力有待提高等现实问题，需要积极探索制定“海洋非遗”不断协调和可持续发展的策略。在协调层面，可借助课堂教学、家庭教育、社区巡演、公益活动等形式，积极发挥“海洋非遗”在教育、娱乐和社会服务等方面的作用，这样做不仅可以营造全社会热爱“海洋非遗”、保护“海洋非遗”的氛围，还可以有效调动年轻人对“海洋非遗”的兴趣，以解决“海洋非遗”创造性转化与创新性发展中青年人才参与度低、能力不足的问题。在“海洋非遗”不断协调发展的过程中，既要发动民间力量，又要兼顾且注重“海洋非遗”在不同领域、不同群体、不同环节和不同地方文化中的利益关系和实际需要的差异，做到整体提升与协调发展。在可持续发展方面，目前“海洋非遗”的传承与发展依然面临从业年轻人偏少、从业兴趣较低的难题。“海洋非遗”代表性传承人队伍老龄化的形势不乐观。因此，亟须建立一套适合“海洋非遗”不断协调和可持续发展的机制和策略。这就需要定位长远、着眼未来，既要注重“海洋非遗“生产性和生活性的价值体现，又要回归文化发展的目的，通过品牌塑造、制度维护等方式促进“海洋非遗”不断协调和可持续发展。

（三）多路径拓宽“海洋非遗”的展示面

“海洋非遗”的保护与发展主体可借助“海洋非遗”资源的特色，讲好非遗故事，打造一批具有本土文化魅力和趣味性的现代“海洋非遗”文化精品活动。另外，要充分挖掘以涉海文物、涉海遗址和涉海古建筑等为代表的“海洋非遗”的历史文化内涵，在推动“海洋非遗”创新发展的过程中，要以当地生活习俗、节日庆典为载体，以展现时代精神风貌和传统文化教育价值为重点，开发一批有现代竞争力和吸引力的特色“海洋非遗”资源。此外，还要不断加强对“海洋非遗”文化新产品与新服务的开发，积极培育一批具有知识产权和市场竞争力的“海洋非遗”文化创意产品和文化旅游项目。在拓宽“海洋非遗”的展示面方面，要充分把握“海洋非遗”的历史发展脉络与社会民俗脉络的关系，将“海洋非遗”的保护与发展纳入由当地制度、社群、文化因素所构成的多元社会系统，使“海洋非遗”文化空间得以拓展。在具体实践过程中，可适当增加“海洋非遗”趣味性活动，可将“海洋非遗”的相关文化元素融入美食、美景、展演、比赛等生活化的场景。需要注意的是，在提升“海洋非遗”的趣味性方面，要正确认识和处理好“海洋非遗”保护与发展的持续性、协同性和创新性之间的关系。

在多路径拓宽“海洋非遗”的展示面方面，还需要具备国际视野和世界眼光，制定符合我国“海洋非遗”发展规律的新规划和新战略，以更好地服务于国际文化交流与合作。基于海洋命运共同体理念对我国海洋文化发展提出的新要求，未来我国“海洋非遗”的保护与发展须置于“全人类共同遗产”的框架内，因此要妥善解决好“海洋非遗”保护与发展中的国际问题和国际争议。目前，全球层面的“海洋非遗”保护与评价制度体系尚未建立，我国可以积极在该领域争取主动权，设计一套符合各国利益且科学、可操作性强的世界性“海洋非遗”保护与评价制度体系，从而在国际层面进一步构建拓宽我国“海洋非遗”展示面的未来发展机制，使我国“海洋非遗”真正走出国门、走向世界，服务于人类文明的交流和发展。

五　结语

总结2021年我国“海洋非遗”整体发展的状况可以发现，我国“海洋非遗”保护与发展目标、保护与传承主体和保护与发展形式相较于以往都有了一些新变化和新调整。近几年我国“海洋非遗”工作取得的发展成效和新进展，不仅体现了坚持和发展中国特色社会主义先进文化的内在要求，而且体现了我国文化强国建设的现实需要。“海洋非遗”是中华文化的重要组成部分，总结最近几年我国“海洋非遗”的发展特点和规律不难发现，我国“海洋非遗”在发展过程中更强调立足现实需要，其发展目标着眼长远，发展思路也不断与时俱进。另外，持续推进我国“海洋非遗”的保护与发展工作，既是新时代我国海洋文明发展的客观需要，也是不断满足人们美好生活需要的重要任务。因此，保护与发展好“海洋非遗”，需要我国不断在“海洋非遗”领域增强文化认同感和文化自信，不断创新“海洋非遗”发展理念，不断探索并构建新发展模式，不断保护好、传承好、利用好这些宝贵财富，不断发挥“海洋非遗”在联系海内外华人、沟通世界各地文化方面的桥梁和精神纽带作用。

B.10
2021年中国海洋生态文明示范区建设发展报告*

张 一　白 敏**

摘　要： 海洋生态文明示范区是海洋生态文明建设的重要载体。2021年是"十四五"规划的开局之年，海洋生态文明示范区建设迎来了新的机遇与挑战。本报告以实践案例为线索，从海洋经济发展、海洋资源利用、海洋生态保护、海洋文化宣传、海洋管理保障等5个方面总结2021年中国海洋生态文明示范区建设的总体概况。总体而言，2021年中国海洋生态文明示范区建设稳中有进，陆海统筹能力明显增强，海洋产业发展走向高端化，海洋生态修复成效初步显现，海洋公共服务水平持续提升，海洋综合治理能力稳步增强。但在建设过程中，也存在海洋生态经济转型升级难度较大、近岸海域陆源污染形势严峻、海洋资源环境承载能力监测不足、海洋自然灾害多发易发、缺乏对示范区的动态考核评价等问题。未来，中国海洋生态文明示范区建设需要做到：优化海洋产业布局，推进产业转型升级；加大生态监管力度，推动海洋环境治理；加强资源预警监测，探索建立科学机制；提高防灾减灾能力，完善应急管理制度；创新动态管理机制，始终保持示范区先进性，在更高层次上实现人类社会与海洋社会的和谐发展。

* 本报告为2020年国家社会科学青年基金项目"国家海洋督察制度的运行机制及其优化研究"（项目编号：20CSH078）的阶段性研究成果。

** 张一，社会学博士，中国海洋大学国际事务与公共管理学院副教授、硕士研究生导师，研究方向为海洋社会学、社会治理；白敏，中国海洋大学国际事务与公共管理学院硕士研究生，研究方向为公共政策。

关键词： 海洋生态文明　陆海统筹　人海和谐　环境保护

一　问题提出

党的十八大站在历史和全局的战略高度，将生态文明建设纳入“五位一体”总体布局中，把可持续发展提升到绿色发展高度，以实现人与自然的和谐统一。随着经济全球化的深入推进，我国对海洋资源的需求日益增长，但海洋生态环境不断恶化、空间资源约束趋紧、海域海岛开发粗放低效等问题尚未得到根本解决。2012 年，原国家海洋局[①]印发《海洋生态文明示范区建设管理暂行办法》《海洋生态文明示范区建设指标体系（试行）》等政策文件，各沿海地方政府以此为契机，积极申报国家级海洋生态文明建设示范区。截至 2016 年，我国共有山东省青岛市、烟台市、威海市、日照市、长岛县（现为“长岛海洋生态文明综合试验区”），浙江省象山县、玉环县（2017 年设立县级玉环市）、洞头县（2015 年撤县设区，现为洞头区）、嵊泗县，福建省厦门市、晋江市、东山县，广东省惠州市、深圳市大鹏新区、珠海横琴新区、南澳县、徐闻县，辽宁省盘锦市、大连市旅顺口区，江苏省南通市、东台市，广西壮族自治区北海市，海南省三亚市、三沙市 24 个国家级海洋生态文明建设示范区。[②] 与陆地生态文明相对应，海洋生态文明是人类社会在保护海洋生态系统、遵循自然客观规律的基础之上，以实现人类社会与海洋之间良性互动与和谐发展为目标的一种社会文明形态。[③]

① 2018 年国务院机构改革后，不再保留国家海洋局，在整合现有部门的基础上，重新组建自然资源部。因大多现有涉海类政策都是由机构改革前的国家海洋局制定的，因此在本报告中统称为“原国家海洋局”。

② 《国家海洋局关于批准广东省珠海横琴新区等 12 个市、县（区）为首批国家级海洋生态文明建设示范区的通知》，自然资源部网站，2013 年 10 月 25 日，http：//gc. mnr. gov. cn/201807/t20180710_ 2079963. html；《国家海洋局关于确定广东省深圳市大鹏新区等 12 个市（区）、县为国家级海洋生态文明建设示范区的函》，《国家海洋局公报》2016 年第 1 期。

③ 马彩华、赵志远、游奎：《略论海洋生态文明建设与公众参与》，《中国软科学》2010 年第 1 期，第 172~177 页。

作为生态文明建设的重要载体，海洋生态文明示范区旨在引导沿海地方政府在绿色发展理念的指导下，正确处理海洋生态环境保护与经济发展之间的关系，在实践中发挥创新、引领和示范作用。在国家政策支持和资金投入下，各沿海地方政府持续推动海洋生态文明示范区改革实践，将可供借鉴的做法推广到其他沿海地区，为全国海洋生态文明建设提供参考。

2021 年是“十四五”规划的开局之年，各海洋生态文明示范区在保持方针、政策不变的前提下，围绕海洋经济发展、海洋生态环境保护等实践活动产生了诸多新动向，也迎来了新的机遇和挑战。本报告以部分示范区案例为线索，考察 2021 年国家海洋生态文明示范区建设的总体概况，总结 2021 年海洋生态文明示范区的建设特点，并反思建设过程中存在的问题，提出相关对策建议，以推动海洋生态文明示范区的进一步发展。

二　2021年海洋生态文明示范区建设总体概况

2021 年是巩固污染防治攻坚战成果、深入实施海洋生态文明建设的关键之年。以此为契机，许多海洋生态文明示范区出台了“十四五”时期的生态环境保护规划，为未来 5 年的建设提供了发展方向。本部分主要从海洋经济发展、海洋资源利用、海洋生态保护、海洋文化宣传、海洋管理保障等 5 个方面出发，基于部分海洋生态文明示范区在建设过程中的实践经验，总结 2021 年海洋生态文明示范区建设的总体概况。

（一）以海洋经济发展支撑海洋生态文明示范区建设

作为海洋大国，中国一直致力于挖掘海洋的经济潜力，将“蓝色增长”作为海洋经济的发展引擎，推动实现“蓝色治理”。自然资源部发布的《2021 年中国海洋经济统计公报》显示，2021 年全国海洋生产总值超 9 万亿元，比 2020 年增长 8.3%，占沿海地区生产总值的 15%。[①] 在疫情防控背

① 《2021 年中国海洋经济统计公报》，自然资源部网站，2022 年 4 月 6 日，http://gi.mnr.gov.cn/202204/t20220406_2732610.html。

景下，我国主要海洋产业有序恢复，充分释放了海洋经济发展潜力，显示出强大的韧性。从国际贸易来看，随着我国对海洋对外贸易的日益重视，2021年海运进出口总额同比增长22.4%，其中船舶出口总额达247.1亿美元，同比增长13.7%；沿海港口外贸货物吞吐量超过40亿吨，同比增长4.6%。[①] 从产业分类来看，海洋第一、第二、第三产业增加值分别为4562亿元、30188亿元、55635亿元，分别占全国海洋生产总值的5.0%、33.4%和61.6%。[②] 海洋油气业增长稳中有进，海洋电力业和海洋生物医药业发展持续向好，海上风电累计装机容量居全球首位。[③] 滨海旅游业作为海洋经济的重要产业之一，仍然占有较高比重，是沿海地区海洋经济发展的重要组成部分。从区域结构上看，北部、东部、南部海洋经济圈海洋生产总值分别为25867亿元、29000亿元、35518亿元，分别占全国海洋生产总值的28.6%、32.1%、39.3%，南部海洋经济圈以独特的区位优势和发展条件继续保持领先地位。从各省份海洋经济发展情况来看，山东省和广东省发展势头较好、综合实力较强，福建省在海水养殖方面走在全国前列，而江苏省海洋船舶业的发展则较为领先。

江苏省南通市作为第二批国家级海洋生态文明建设示范区之一，近年来着力创建国家经济创新示范城市。2021年，南通市海洋生产总值超过2400亿元，占全省生产总值的25%，实现海洋经济规模总量稳步增长、新兴产业持续发展。[④] 在此基础上，南通市依托港口建设推动江海联动发展，全面开启“千万标箱、东方大港”建设新征程，着力建设万亿元级绿色高端临港产业基地，推动建成现代化湾区。在做好生态“留白”的基础上，南通

① 《2021年中国海洋经济统计公报》，自然资源部网站，2022年4月6日，http://gi.mnr.gov.cn/202204/t20220406_2732610.html。

② 《2021年中国海洋经济统计公报》，自然资源部网站，2022年4月6日，http://gi.mnr.gov.cn/202204/t20220406_2732610.html。

③ 《2021年中国海洋经济统计公报》，自然资源部网站，2022年4月6日，http://gi.mnr.gov.cn/202204/t20220406_2732610.html。

④ 《南通：海洋经济与生态保护同频共振》，新华网，2022年6月8日，http://www.js.xinhuanet.com/2022-06/08/c_1128722188.htm。

市还充分利用海洋资源，大力发展海洋产业。南通市在海门港新区建设了总投资10亿元的通光高端海洋装备能源系统项目，该项目将引进世界先进的全自动生产流水线，建成后可年产660公里高中压海底光电缆，为我国海上风电等产业走向“深蓝”提供支撑。2021年山东省青岛市海洋生产总值超4600亿元，海洋经济总量居全国沿海同类城市第1位，同比增长17.1%，占全省生产总值的比重达30%以上。[①] 福建省厦门市是全国首批14个海洋经济发展示范区之一，2021年厦门海洋生产总值达1645亿元。[②] 以厦门港为例，2021年厦门港港口集装箱吞吐量超过1200万标箱，海洋生产总值占比接近全市经济总量的23.4%。[③] 此外，厦门市针对海洋生物医药研发、海洋高端装备制造等新兴产业，加快产业转型的步伐，将高崎打造为全国性高端水产品交易中心，通过建设海洋高新产业园区，吸引一批海洋企业总部落户，为海洋质量发展注入新的动力。

（二）以海洋资源利用助力海洋生态文明示范区建设

“推动绿色发展，促进人与自然和谐共生”是“十四五”时期的重点任务。得益于良好的地理区位优势，我国海洋资源非常丰富，可开发利用潜力大，前景十分广阔。海洋资源是社会经济可持续发展的重要支撑，保护和利用海洋资源、全面提高海洋资源利用效率是发展海洋经济、推动绿色发展和建设海洋生态文明的内在要求。2021年，我国海洋资源稳定供给能力显现，集中表现在以下几点。第一，海水淡化能力逐步提高。山东省、浙江省、天津市、河北省等多个沿海省份推动海水淡化工程建设，为丰富我国淡水资源进行了积极的尝试。在国家层面，国家发改委与自然资源部联合印发的《海水淡化利用发展行动计划（2021—2025年）》明确指出，要提升沿海

---

① 《山东青岛2021年海洋生产总值4684.84亿元》，人民网，2022年4月14日，http：//vip.people.com.cn/albumsDetail?aid=1539320&pid=11004190。

② 《厦门：向海而兴，“蓝色动能”澎湃》，人民网，2022年4月28日，http：//hyj.xm.gov.cn/ztzl/hyjj/202204/t20220428_2658499.html。

③ 《厦门港集装箱吞吐量首破1200万标箱》，福建省交通运输厅网站，2022年1月11日，http：//jtyst.fujian.gov.cn/zwgk/jtyw/mtsy/202201/t20220113_5814900.htm。

地区海水淡化供水保障水平，扩大工业园区海水淡化利用规模，并着力拓展淡化利用技术应用领域，力争到2025年，全国海水淡化总规模达到290万吨/日以上，新增海水淡化规模达到125万吨/日以上，其中沿海城市新增105万吨/日以上，海岛地区新增20万吨/日以上。[①] 第二，海洋能源供给总量不断增加。海洋油气产量同比分别增长6.2%、6.9%，其中海洋原油增量占全国原油增量的3/4，深水油田群流花16-2、“深海一号”超深水大气田先后投产，增强了海洋油气的持续性供给能力。[②] 第三，海洋清洁能源供给总量稳步提升，全国海上风电新增并网容量超1600万千瓦，同比增长4.5倍，累计容量排全球首位。[③] 第四，深远海养殖深入推进。亚洲最大的深海智能网箱“经海001号”顺利下水并提网收鱼，全潜式深海养殖装备箱“深蓝1号”首次实现三文鱼规模化收鱼。[④]

海洋资源利用能力集中体现在海域空间资源利用、海域生物资源利用和用海秩序维护三个方面。北海市是广西壮族自治区首个国家级海洋生态文明建设示范区，近年来不断推动海洋渔业发展，提升海洋资源利用效率。2021年，北海市水产品产量超122万吨，同比增长7.22%。[⑤] 此外，得益于渔业资源的丰富，北海市政府不断推动深水养殖业的发展，目前已建成深水网箱556个，金鲳鱼年产量预计达3万吨，产值约9亿元，在带动沿海渔民促产增收方面成果突出；北海市2个国家级海洋牧场均已开工建设，电建渔港、北海内港获批为国家级海洋捕捞渔获物定点上岸渔港。山东省青岛市为加快建设全球海洋中心城市，出台了《青岛市海岸带及海域空间专项规划（2021—

① 《海水淡化利用发展行动计划（2021—2025年）》，国家发展和改革委员会网站，2021年5月31日，https：//www.ndrc.gov.cn/fzggw/jgsj/hzs/sjdt/202105/t20210531_1282326.html?code=&state=123。

② 《2021年中国海洋经济统计公报》，自然资源部网站，2022年4月6日，http：//gi.mnr.gov.cn/202204/t20220406_2732610.html。

③ 《2021年中国海洋经济统计公报》，自然资源部网站，2022年4月6日，http：//gi.mnr.gov.cn/202204/t20220406_2732610.html。

④ 《保障“蓝色粮仓”，海洋牧场作用大》，光明网，2022年6月7日，https：//m.gmw.cn/baijia/2022-06/07/35792497.html。

⑤ 《北海市海洋局2021年度绩效工作展示》，北海市人民政府网站，2021年11月29日，http：//xxgk.beihai.gov.cn/bhshyj/qtzyxxgk_87931/jxzszl_88897/202111/t20211129_2679716.html。

2035年）》，立足自然资源禀赋，科学划定海洋“两空间内部一红线”，从顶层设计上优化海岸带资源节约集约利用、生态环保修复和产业布局。浙江省象山县作为全国首个探索实施海域立体分层确权的地区，累计重组发展空间超过278公顷，带动当地收入超2亿元，在提升海域空间资源开发的集约化程度上做出了许多积极的尝试：其一，编制全国首个海域立体分层确权宗海界址图，优化管理服务，明确各海域的分层确权部分；其二，发展光伏产业，并依托沿海地区“养殖用海—光伏发电”模式，使当地年均增收1130万元；其三，根据多样化的用海需求，细分海域使用权，优化抵押、入股、租赁等流程，打造养殖用海“三权分置”发展模式，共计出让浅海滩涂养殖用海面积约15216.22公顷，成效突出。[①] 浙江省象山县对海域立体分层确权的尝试取得了突出成效，为全国海洋生态文明示范区建设和发展树立了崭新的标杆。

（三）以海洋生态保护奠基海洋生态文明示范区建设

海洋生态保护是海洋生态文明建设的起点。生态环境部发布的《2021年中国海洋生态环境状况公报》显示，2021年我国海洋生态环境状况稳中有进，海水水质整体持续改善，主要用海区域环境质量总体良好，海洋生态文明建设成效突出。然而，近岸局部海域生态环境质量还有待改善，特别是河流入海口的环境状况。在水质监测上，一类水质海域面积占管辖海域面积的97.7%，同比上升0.9个百分点；近岸海域优良（一类、二类）水质面积比例为81.3%，同比上升3.9个百分点；夏季呈富营养化状态的海域面积达30170平方千米，同比减少15160平方千米，海水水质整体持续向好。[②] 一方面，直排海污染源存在超标排放现象，458个日排污水量大于或等于100吨的直排海污染源的污水排放总量约为727788万吨，个别点位总磷、

① 《好样的！象山连续三年获评全省改革优秀县!》，象山县人民政府网站，2022年3月10日，http：//www.xiangshan.gov.cn/art/2022/3/10/art_1229608423_58973586.html。

② 《2021年中国海洋生态环境状况公报》，生态环境部网站，2022年5月27日，https：//www.mee.gov.cn/hjzl/sthjzk/jagb/202205/P020220527579939593049.pdf。

氨氮、悬浮物、化学需氧量、五日生化需氧量等超标；另一方面，河口海湾水质有待进一步改善，2021 年，劣四类水质海域面积超过 2000 平方千米，主要超标指标为无机氮和活性磷酸盐。① 在海区建设上，自然资源部北海局发布的《2021 年北海区海洋生态保护修复通报》显示，海洋生物群落多样性指数与往年相比基本保持稳定，但浒苔绿潮面积连年增长；在管辖海域内共发现赤潮 58 次，累计面积达 23277 平方千米。2021 年，我国 7 个沿海省份发布了本省“十四五”生态环境保护专项规划，从顶层设计上为下一阶段的生态文明建设指明了方向（见表 1）。在海洋生态保护修复上，2021 年，北海区累计修复滨海湿地超 390 万公顷，修复 28 公里海岸线和 6 个海岛，并鼓励社会资本积极参与海洋生态保护修复工作，② 通过多种方式综合整治，使海洋生态系统质量和稳定性得到有效提升。

表 1　2021 年我国 7 个沿海省份“十四五”生态环境保护专项规划

省份	规划名称	文件编号	发布机构	发布时间
上海市	《上海市生态保护“十四五”规划》	沪府发〔2021〕19 号	上海市人民政府	2021 年 8 月 6 日
江苏省	《江苏省“十四五”生态环境保护规划》	苏政办发〔2021〕84 号	江苏省政府办公厅	2021 年 9 月 28 日
浙江省	《浙江省生态环境保护“十四五”规划》	浙发改规划〔2021〕204 号	浙江省发改委 浙江省生态环境厅	2021 年 5 月 31 日
福建省	《福建省“十四五”生态环境保护专项规划》	闽政办〔2021〕59 号	福建省人民政府办公厅	2021 年 10 月 21 日
广东省	《广东省生态环境保护“十四五”规划》	粤环〔2021〕10 号	广东省生态环境厅	2021 年 11 月 9 日

① 《2021 年中国海洋生态环境状况公报》，生态环境部网站，2022 年 5 月 27 日，https：//www. mee. gov. cn/hjzl/sthjzk/jagb/202205/P020220527579939593049. pdf。

② 《2021 年北海区海洋生态状况、生态修复通报发布》，网易网，2022 年 6 月 8 日，https：//www. 163. com/dy/article/H9CG0GE90530WJTO. html。

续表

省份	规划名称	文件编号	发布机构	发布时间
山东省	《山东省"十四五"生态环境保护规划》	鲁政发〔2021〕12 号	山东省人民政府办公厅	2021 年 8 月 23 日
海南省	《海南省"十四五"生态环境保护规划》	琼府办〔2021〕36 号	海南省人民政府办公厅	2021 年 7 月 22 日

资料来源：根据各沿海省份官方网站所公布的文件整理而成。

为深入推进海洋生态文明建设，各海洋生态文明示范区将海洋生态保护作为2021 年海洋治理工作的重点。山东省青岛市在发展海洋经济的同时，出台了《青岛市“十四五”海洋生态环境保护规划》。2021 年，青岛市近岸海域优良水质面积比例达到 99%；在海湾建设上，青岛灵山湾获评全国美丽海湾优秀案例。值得一提的是，青岛市政府探索建立健全市、县区、镇街三级百名湾长组织体系，累计巡湾近 1600 次，加强了海湾管理制度体系建设。与此同时，青岛市在生态保护中充分发挥社会公众的力量，聘请 67 名民间湾长、志愿湾长、社会监督员，强化公众监督的力量。对于陆源污染问题，青岛市取缔不合法、不合规的污染排放企业，规范企业排污管理，组织开展入海排污口整治工作。① 为深入打好污染防治攻坚战，福建省晋江市加大财政投入力度，以进一步推动水生态保护修复工作。晋江市财政局累计投入 1. 17 亿元用于晋江、洛阳江水资源保护，以提升城市水土保持能力；投入 6507 万元支持城市和乡村公园等造林绿化项目建设，并着力加强流域内水环境治理；投入6. 96 亿元推动河长制工作的进一步落实，完成治水项目 114 个，整治入河排污口 126 个；投入 760. 5 万元用于开展海域环境整治项目和海域垃圾治理工作，持续推进海洋环境质量的改善。②

① 《49 个海湾分六大湾区，青岛梯次推进“美丽海湾”建设》，中国山东网，2022 年 2 月 16 日，http：//qingdao. sdchina. com/show/4682932. html。

② 《福建晋江投入 16. 55 亿元支持水生态保护修复工作》，中国新闻网，2021 年 12 月 17 日，https：//baijiahao. baidu. com/s？ id = 1719385268315728033&wfr = spider&for = pc。

（四）以海洋文化宣传推动海洋生态文明示范区建设

中国是人类海洋文化的主要缔造者之一，海洋文化的本质是人类与海洋的互动关系及其产物。海洋文化实力主要体现在海洋宣传与教育、海洋科技、海洋文化传承与保护三个方面。我国政府创造性地提出“21 世纪海上丝绸之路”等重大战略举措，显示出强大的文化自觉与文化自信。2021 年，我国出版了首本关于海洋文化的蓝皮书——《中国海洋文化发展报告（2021）》，该报告从海洋意识教育、海洋文化产业、海洋文化研究等多个领域进行了详细的分析，并专门记录了海洋文化领域的大事件——“送王船”中马联合申遗成功和“长江”舰复造，对当代中国海洋文化研究进行了全方位的梳理。

海洋文化宣传主要依托海洋节庆、海洋论坛和一些大型比赛项目。2021 年，国际海洋周在厦门开幕，该活动以“人海和谐携手共筑蓝色发展新十年”为主题，紧扣海洋经济高质量发展、碳达峰、海洋生物多样性保护等热点议题，向公众展现了厦门市推动海洋生态文明建设的丰富经验，获得了社会的广泛关注。此外，作为全国重要的海洋城市，厦门市还举办了“闽南文化论坛”，与会学者围绕“城市与海洋”这一主题，从历史发展、海洋精神、当代研究等不同角度，共同探索海洋文化视角下的城市新发展理念。2021 年，山东省威海市通过举办全国大中学生第十届海洋文化创意设计大赛，进一步加大了海洋文化的宣传力度。此届大赛以“经略海洋”为主题，共有 1167 所大中学校参赛，覆盖全国所有省份。颁奖典礼上还开展了独具特色的海洋创意主题服装秀、国际（威海）海洋文创艺术博览会暨历届大赛优秀作品展、“设计遇见海洋”论坛等活动。[①] 其中，国际（威海）海洋文创艺术博览会暨历届大赛优秀作品展是一大亮点，分为大中学生海洋文创设计大赛作品展区、文创艺术衍生品展区、海洋类非遗展区、海洋元素艺术品展区、海洋产品包装设计展区 5 个

---

① 《创意蓝色梦想！全国大中学生第十届海洋文化创意设计大赛颁奖典礼即将在威海开幕》，网易网，2021 年 10 月 14 日，https：//www.163.com/dy/article/GM9649E905506JGF.html。

展区，还有海元素油画作品展示、行为艺术展示、广场艺术装置展示等，近千件海洋元素艺术作品亮相，为广大市民和热爱海洋的人士带来了一场海洋艺术文化的饕餮盛宴，有利于进一步宣传海洋文化，推动社会各界进一步增强保护海洋的意识，共同践行海洋命运共同体理念。在海洋科研方面，青岛市是中国北部海洋经济圈的“领头羊”。截至 2021 年底，全国 30%的涉海院士、40%的涉海高端研发平台以及 50%的海洋领域国际领跑技术均集聚青岛。2021 年 9 月，青岛举办了中国海洋生态经济发展·青岛论坛，与会学者基于中国国情，为促进海洋经济高质量发展提出了建设性的意见。此外，浙江省象山县印发了《国家级海洋渔文化（象山）生态保护区建设方案（2021—2025）》，提出整体保护象山县内的各类文化遗产，努力将海洋渔文化（象山）生态保护区建设成“遗产丰富、氛围浓厚、特色鲜明、民众受益”的全国海洋渔文化生态保护示范区，稳步开展各项工作，处理好保护、创新、融合的关系，进一步宣传海洋文化。

（五）以海洋管理保障护航海洋生态文明示范区建设

2021 年，国务院批复同意印发《“十四五”海洋经济发展规划》，明确走依海富国、以海强国、人海和谐、合作共赢的发展道路，推进海洋经济高质量发展，建设中国特色海洋强国。在制度建设上，我国修订了《中华人民共和国海上交通安全法》，将船员权益保障写入法律，并新增海事劳工证书许可、船员境外突发事件预警和应急处置制度；修订了《中华人民共和国海关法》，顺应经济社会的快速发展趋势，为符合“放管服”改革推出了许多新制度和新措施；出台了《中华人民共和国海警法》，以规范和保障海警机构履行职责，维护国家主权、安全和海洋权益，保护公民、法人和其他组织的合法权益。在地方层面，沿海省份和部分沿海城市先后印发了促进海洋经济发展的相关规划，如《海南省海洋经济发展“十四五”规划》《江苏省“十四五”海洋经济发展规划》等。

2021 年，深圳市大鹏新区出台了《大鹏新区海陆统筹生态环境综合治理权责清单》，强调对陆域海水养殖环境违法案件进行查处，并严厉打击各类海上违法违规行为，充分构建陆海统筹联合执法机制，为海洋社会营造安全、洁净的环境。在监管层面，大鹏新区率先将企业环保主任技能考核纳入执法大练兵，并着手绘制环境风险地图，完善“一清单+一本账+一套表+一张图”污染源监管模式，推动形成“生态环境+公安+法院+检察院”多部门联动的生态环境资源保护执法新格局，对69家医疗废物废水监管单位进行监管检查，在疫情防控时期共安全处置医疗废物1363.54吨，转移处置情况平稳有序，海上执法能力得到进一步提升，推动形成了良好的海洋管理模式，并取得了突出成果。广西壮族自治区北海市在海洋管理保障方面也有突出成效。一是加强海域使用管理，严格用海审批，贯彻落实围填海管控制度，充分利用国家和自治区各项有利政策，主动服务市重点项目建设和养殖用海，高效完成国家自然资源督察海洋专项督察迎检工作，移交清单材料820项。二是强化海洋执法管控，扎实开展“碧海2021”“亮剑2021”“百日行动”等专项执法行动，严格查处各类违法用海行为，全力打击各类非法捕捞行为，立案调查渔业违法违规案件125宗，移交公安机关刑事调查14宗；查处、没收违规渔船209艘，没收、销毁地笼等非法渔具1000多套，清理取缔涉渔“三无”渔船、渔排328艘；没收国家重点保护野生动物制品唐冠螺187个、砗磲6个；清理蚝架（棚）1645组、蚝排1424组、渔箔333所、围网68.4千米；清理占海面积约28370亩。① 三是严格落实伏季休渔制度，强化统筹部署，建立24小时值班制度，组织24小时巡逻，落实“六个严禁”管控火源，保障北海市4695艘应休渔船圆满休渔。四是积极开展水上安全隐患“大排查、大检查、大整治”专项行动，全市检查渔船、排筏8935艘，排查隐患628处，并责令立即整改。在多种政策措施的管控下，海洋生态资源可持续发展不断推进。

三　2021年海洋生态文明示范区建设特点

当前，生态文明建设是“五位一体”总体布局的重要一环，海洋生态

① 《北海市海洋局举行北海市2021年海洋渔业执法工作新闻发布会》，北海市人民政府网站，2022年1月7日，http：//xxgk.beihai.gov.cn/bhshyj/gzdt_87837/202201/t20220107_2748211.html。

文明示范区建设是绿色发展理念在海洋事业中的具体实践。可以看出，2021年，综合管理在海洋治理各领域全面推进，在上年的基础上稳中有进，进一步呈现规划先行、制度化、综合化的特点，政府也日益重视海洋治理。整体而言，2021年中国海洋生态文明示范区建设呈现以下特点。

（一）陆海统筹能力明显增强

“陆海统筹”是2021年中国海洋生态文明示范区建设的核心议题，围绕这一核心议题，许多海洋生态文明示范区出台了相应的政策文件，以合理制定陆海规划。党的十九大报告指出，要坚持陆海统筹，加快建设海洋强国，这为海洋生态文明示范区建设指明了方向。陆海统筹是海洋污染防治的主要抓手，是实现国家治理体系和治理能力现代化的重要途径。从陆海资源的互补性、陆海生态的互通性和陆海产业的互动性出发，海洋生态文明示范区建设将陆海两栖的互动发展作为新兴增长点，最大限度地超越陆海地理空间的限制。从地理区位上看，陆地与海洋本来就是一体的，各个海洋生态文明示范区地跨海陆，必须进行统筹规划与发展；从资源利用上看，海洋资源丰富，有效的海洋资源开发与利用可以为海洋生态文明建设提供新的经济增长点；从生态保护上看，许多海洋生态问题表现在海洋上，但是根源却在陆地海岸。因此，陆海统筹是推进海洋生态文明建设的必由之路。①

作为海洋大省，山东省拥有威海市、日照市、长岛海洋生态文明综合试验区、青岛市、烟台市5个国家级海洋生态文明建设示范区，约占全国海岸线的16%，坐拥近16万平方公里的海域面积。2022年山东省政府工作报告强调“陆海资源可以统筹开发”，山东省政府日益重视海洋生态文明建设，通过不断强化陆海污染联防联治机制，对陆源污染进行治理堵截，不断加大海岸带修复力度，筑牢生态屏障。浙江省陆海统筹的重点是守住底线，统筹陆海保护，加强用途管制，强化陆海设施，盘活存量围填海。2021年4月初，宁波国际商业航天发射中心项目落户象山，总投资200亿元，该发射中

---

① 王刚：《中国海洋治理体系建设的发展历程与内在逻辑》，《人民论坛·学术前沿》2022年第17期，第42~50页。

心成为国内第5个商业航天发射场。从《浙江国土空间总体规化（2021—2035年）》中可以发现，在浙江省布局的“二带四片”陆海空间格局中，“二带”分别为沿岸带和近海带，“四片”分别为杭州湾南岸陆海一体化区、甬台象山港—三门湾陆海一体化区、台州湾陆海一体化区和温州瓯江口陆海一体化区。[①] 2021年，浙江省将玉环市列为海岛统筹发展试验区，并编制了《浙江玉环海岛统筹发展试验区规划》，通过对玉环市进行系统的产业布局与发展，发挥海岛资源优势。洞头区印发了《洞头区加快海洋经济发展建设海洋强区五年行动方案（2021—2025年）》，明确了“十四五”时期洞头海洋强区建设工作的总体要求、重点任务和保障措施，提出建设大小门临港石化产业区（新材料产业园）、温州港核心港区、海洋经济产业园、海洋食品产业园和国家渔港经济区5个特色平台的发展任务，构建内联外畅、陆海统筹的海洋经济发展新格局。

（二）海洋产业发展走向高端化

打造现代海洋产业体系，着力推动产业结构优化，是加快建设海洋强国的重要举措。海洋产业的发展状况是评判海洋生态文明示范区建设的重要指标，也是促进地方政府经济社会发展的重要动力，海洋经济正成为中国经济发展新的增长极，“蓝色经济”前景广阔。近年来，科学技术的不断发展为海洋产业的发展提供了新动能，海洋要素实现高端化生产，产业链实现高端化延伸，为海洋经济注入了强大的动力。2021年，海洋经济绿色化、高端化转型发展加速。海洋船舶工业全年实现增加值1264亿元，比上年增长7.7%。[②] 绿色动力船舶订单占全年新接订单的比重达到24.4%，潮流能、波浪能等海洋能开发利用技术持续推进。当前，海洋产业不断走向高端化，各沿海地方政府通过延长产业链、增加产品附加值等多种方式促

① 《象山在“陆海统筹”中脱颖而出》，搜狐网，2021年4月30日，https://www.sohu.com/a/463944018_330740。

② 《2021年中国海洋经济统计公报》，自然资源部网站，2022年4月6日，http://gi.mnr.gov.cn/202204/t20220406_2732610.html。

进海洋产业的进一步发展，提高海洋技术应用与市场需求的匹配度，产业要素高端化与产业链高端化齐头并进，支撑海洋经济高质量发展的新动能正在加速形成。

2021 年，中国海洋新兴产业指数为 146.3，同比增长 12.7%。[①] 从主要沿海省份海洋新兴产业指数对总指数的贡献度看，山东、江苏、广东三省总贡献度达到 42.0%，三省对总指数的贡献度均保持在 10%以上，是海洋新兴产业指数的主要贡献力量。[②] 以山东省为例，全省拥有 5 个国家级海洋生态文明建设示范区，并建成 59 个国家级海洋牧场示范区，占全国总数的 39.3%。[③] 我国自主研发的全球首座十万吨级深水半潜式生产储油平台“深海 1 号”在青岛建造、在烟台总装交付，青岛、烟台、威海 3 个海洋经济创新发展示范城市全面完成示范任务，获批国家深远海绿色养殖试验区，建成海水淡化工程 41 个，产能达 45.1 万吨/日，位居全国第一。[④] 在制度建设上，出台《山东省“十四五”海洋经济发展规划》，着力发展高端海工装备制造、海洋生物医药、海水淡化与综合利用等新兴产业，加快构建现代海洋产业体系。此外，广东省政府办公厅印发的《广东省海洋经济发展“十四五”规划》提出，将建成海洋高端产业集聚、海洋科技创新引领、粤港澳大湾区海洋经济合作和海洋生态文明建设四类共 10 个海洋经济高质量发展示范区，并打造 5 个千亿元级以上的海洋产业集群。江苏省坚持系统思维，促进海洋产业向新兴领域迈进、特色产业向价值链高端攀升，引领沿海地区高质量发展迈上新台阶。海洋科技赋能动力强劲，涌现出许多创新成果，全省海洋科研教育管理服务业增加值近 1800 亿元，为有效服务海洋经济高质

---

① 《中国海洋新兴产业指数报告 2021》，自然资源部网站，2022 年 6 月 7 日，https：//www. mnr. gov. cn/dt/hy/202206/t20220607_ 2738579. html。

② 《中国海洋新兴产业指数报告 2021》，自然资源部网站，2022 年 6 月 7 日，https：//www. mnr. gov. cn/dt/hy/202206/t20220607_ 2738579. html。

③ 马杰、王中建：《扬帆奋楫　勇立潮头》，《中国自然资源报》2022 年 4 月 21 日。

④ 《山东“ESG 报告”｜海上光伏发电项目，一年减碳百万吨！新旧动能转换，山东掘金海洋特色新兴产业》，网易网，2022 年 9 月 12 日，https：//3g. 163. com/dy/article/HH3987E80552R654. html。

量发展做出了突出贡献。其他海洋生态文明示范区也在积极促进海洋产业的转型发展，不断提升经济发展的质量和效益。

（三）海洋生态修复成效初步显现

维护海洋生态系统、提高生态修复能力是海洋生态文明示范区建设的重点任务。党的十八大以来，生态文明理念深入人心，中央环保督察、国家海洋督察相继开展，生态文明建设目标评价和生态环境损害责任追究机制进一步完善，生态文明相关指标体系被纳入地方政府考核。针对多年来经济发展中累积的生态环境问题，各地坚持“生态优先、绿色发展”理念，加大对生态系统的保护力度。在 2018 年的机构改革中，我国将污染防治和生态保护职责重新整合到生态环境部，自然资源部统管国家所有的自然资源，这一改革贯通了污染防治和生态保护工作。海洋生态修复是在利用海洋生态系统自我修复能力的基础上，进行适当的人工干预，使受损的海洋生态系统恢复到与原来接近的结构和功能状态。“十三五”期间，全国共整治修复海岸线 1200 公里、滨海湿地 34.5 万亩，主要实施了“蓝色海湾”整治、海岸带保护修复、红树林保护修复等专项行动。在遵循自然修复规律的基础上，我国探索实施生态修复市场化投入机制，通过赋予一定期限的自然资源产权等政策，鼓励社会资本参与生态修复，进一步构建多元投入机制。2021 年，全国申请中央财政支持的海洋生态修复项目达 34 个，已经启动实施了 15 个。此外，自然资源部印发了《海洋生态修复技术指南（试行）》，这是海洋生态修复的整体规范性文件，有助于不断提高生态修复工作的科学化与标准化水平。① 广西壮族自治区北海市通过建立国家湿地公园，对所辖区域内红树林进行管理，目前已形成红树林保护综合示范区。厦门下潭尾通过滩地改造、重建潮沟等方法，在完全破坏的海湾区域重建红树林生长所需的环境，通过多种红树林种植重建红树林生态系统，共建成红树林 85 万

① 《海洋生态修复技术指南（试行）》，广西壮族自治区海洋局网站，2021 年 9 月 7 日，http：//hyj.gxzf.gov.cn/gzdt/zhyw/t10034408.shtml。

平方米，修复区内鱼类、贝类和虾蟹类的物种数量提高了 2.4 倍，生物量提高了 3.6 倍，生态系统功能全面提升。晋江市依托“蓝色海湾”综合整治行动项目，申请并获得中央海洋生态保护修复资金 9660 万元，项目一期完成了 4836 亩互花米草整治、2912 亩红树林生态修复和 374 亩鸟类栖息地建造；项目二期以改造 2 座鸟类观测站和维护海岸生态为主。① 同时，晋江市启动了海岸修复规划编制工作，从岸滩修复与人居环境改善、海洋生态环境修复、海洋生态环境监测能力建设等方面规划海岸带生态整治修复保护内容。

（四）海洋公共服务水平持续提升

海洋公共服务是以实现人海和谐为基本理念和价值，为沿海居民所共同享用，为保障海洋经济发展和公众海洋权利所提供的有形产品或无形服务。在实现海洋治理体系和治理能力现代化的进程中，海洋公共服务水平是检验海洋事业发展成效的关键指标之一，关系着公众的幸福感、获得感与满足感。海洋公共服务体系建设包括海洋产业公共服务、海洋教育公共服务、海洋秩序维护、海洋管理保障等诸多方面，便民、利民是海洋公共服务体系建设的出发点和落脚点。

在海洋产业公共服务方面，以山东省青岛市、福建省厦门市为代表的国家级海洋生态文明建设示范区已在全国率先建成综合性的海洋产业公共服务平台，港口、船运等传统专业性公共服务平台也保持了较快的发展速度。近年来，国家海洋科学数据共享服务平台、国家海洋综合试验场、天津海水淡化与综合利用示范基地、海洋生物产业中试公共服务平台、江苏海洋装备公共服务平台、烟台海洋产权交易服务平台等一批新兴专业性平台迅速崛起，在整合要素资源、协调技术创新、促进成果转化、提供政策咨询、发挥产业

① 《晋江市自然资源局：持续推进海洋生态修复　打造晋江美丽蓝湾》，网易网，2021 年 11 月 11 日，https：//www.163.com/dy/article/GOHPRHKO0514R9L4.html。

优势等方面发挥了重要作用。[①] 在山东省烟台市，长岛海洋生态文明综合试验区以国家基本公共服务标准化综合试点为抓手，通过完善基本公共服务标准体系，制定出台基本公共服务事项清单和相关工作标准，实现了整体规划、系统推进。

在海洋教育公共服务方面，浙江省宁波市投资近 1800 亿元打造了海洋教育公共服务平台，该平台是集咨询、研发、产业化、公共服务于一体的综合性海洋研究平台，依托宁波海洋研究院实践创新基地开展教育活动，通过研学实践、公益科普项目等活动，帮助青少年全面提升海洋素养。

在海洋秩序维护方面，疫情防控期间，在广东省南澳县，面对 200 多艘渔排、400 多艘渔船、12 万名人员进出带来的防控压力，县政府创新推出“海洋疫情防范服务平台”，通过进码头、上渔排（船）、出码头三个关键点的扫码登记，实现人员全流程闭环监管，以强化对进出码头人员的动态管理。此外，为防控境外疫情带来的风险，南澳办事处通过构建联防联控机制、对码头进行分级分类管理、打击非法入境、指定渔民上岸码头等方式，形成了海上疫情防控的“月亮湾”模式，并在全省推广。

在海洋管理保障方面，在地方财政部门的支持下，许多海洋生态文明示范区在远海作业渔船上安装了北斗渔船监控终端，为渔船提供一定区域内的精细化预报服务，提高了渔船的风险规避能力。此外，在伏季休渔期间，该监控终端可以对渔船进行监督，实现海洋工作的数字化管理。

（五）海洋综合治理能力稳步增强

2018 年，以推进党和国家机构职能优化协同高效为着力点，国务院进行了新一轮的机构改革，不再保留国家海洋局，而将其管理职能归口到相关

① 《完善海洋产业公共服务平台推动海洋经济高质量发展》，中国海洋发展研究中心网站，2021 年 3 月 11 日，http：//aoc. ouc. edu. cn/2021/0311/c9824a314836/pagem. htm。

行业管理部门，如将海洋环境保护职责整合到生态环境部，将海洋经济规划、海岛开发利用等职责整合到自然资源部。新成立的自然资源部和生态环境部承担一定的综合管理任务，海洋环境管理领域的联合执法有助于应对权威体制与有效治理之间的悖论。[①] 机构改革先行，体现出海洋综合治理的进一步加强。[②] 而在地方政府层面，在 2021 年海洋生态文明示范区建设过程中，以福建省、山东省、广东省为代表的沿海省份通过多种方式进一步强化了海洋综合治理能力。

福建省是海洋大省，拥有厦门市、晋江市、东山县 3 个国家级海洋生态文明建设示范区。2021 年，为构建高效协同、精准管理、保障有力、快速响应的海洋资源管理新模式，厦门海洋环境监测中心站与晋江市共建晋江市海洋综合管理示范区，旨在构建防灾减灾体系、强化空间规划管控、建立海域监管系统和海域执法平台、加强海洋生态修复、推动海洋经济高质量发展和海洋科技文化建设。[③] 海洋综合管理示范区的建立，有利于提升海洋资源管理水平与监管能力，促进海洋资源管理的科学化和规范化。山东省拥有青岛市、烟台市、威海市、日照市、长岛海洋生态文明综合试验区 5 个国家级海洋生态文明建设示范区。2021 年 9 月起，山东省公安厅、省农业农村厅、省工业和信息化厅等 10 个部门联合开展海洋涉渔综合治理专项行动，实行省、市、县、乡、村一体化运作方式，持续开展海上联合执法检查，以落实海洋伏季休渔制度，通过综合治理进一步维护海洋渔业发展环境。[④] 此外，海洋综合治理能力的增强也间接体现在“流域—海域”协同治理上。大鹏新区是深圳市唯一的国家级海洋生态文明建设示范区，深圳市已编制完

① 于洋：《联合执法：一种治理悖论的应对机制——以海洋环境保护联合执法为例》，《公共管理学报》2016 年第 2 期，第 49~62、155 页。

② 王刚、宋锴业：《海洋综合管理推进何以重塑？——基于海洋执法机构整合阻滞的组织学分析》，《中国行政管理》2021 年第 8 期，第 40~48 页。

③ 《厦门海洋环境监测中心站与晋江市共建晋江市海洋综合管理示范区》，搜狐网，2021 年 6 月 28 日，https：//www. sohu. com/a/474574468_ 726570。

④ 《山东省海洋涉渔综合治理专项行动誓师大会在威海荣成举行》，山东省人民政府网站，2021 年 10 月 22 日，http：//www. shandong. gov. cn/art/2021/10/22/art_ 100050_ 10296491. html。

成《深圳市“十四五”海洋生态环境保护暨珠江口海域综合治理攻坚战实施方案》，并积极探索建立“海域—流域—陆域”海洋环境保护体系，推动实现多元主体的责、权、利平衡。整体而言，海洋综合治理能力的提高主要体现在两方面：一是联合生态、执法、群团、街道、社区等多方力量，凝聚环境治理合力；二是强化协作，提升专业能力，通过与专业环保组织进行合作进一步促进外部参与。

四 2021年海洋生态文明示范区建设面临的挑战

自海洋生态文明示范区建设以来，在国家和各地方政府的大力推动下，海洋生态文明建设取得了一定的成效。近年来，与海洋生态和海洋资源相关的各项治理议题不断涌现，尽管自然资源部、生态环境部和各地方政府都在不断出台新的政策以进一步推动海洋治理，但在社会经济发展过程中，仍出现了诸多问题，给海洋生态文明示范区建设带来了新的挑战。

（一）海洋经济转型升级难度较大

总体而言，中国海洋经济获得了稳步发展，产业结构不断优化，但是海洋生态经济后发优势明显不足，产业结构布局有待进一步改善。海洋经济最初以传统渔业为主，属于附加值较低的第一产业。自改革开放后，随着科学技术的不断发展，海洋经济外延不断扩展，以海洋渔业、海上交通运输业、滨海旅游业为主要产业，并涵盖海洋油气业、化工业、生物医药、海水利用、船舶工业等多个行业，是一个庞大的产业体系。渔业作为传统第一产业，附加值低且受资源环境约束，发展潜力受限。其他产业虽在近几年取得了突出进步，但总体来说技术水平还相对较低，特别是海洋工程装备、海洋船舶设备研制等领域仍需要加快技术攻坚。从区域分布上看，深圳和上海以海上交通运输业为主要产业，天津市在海洋油气业上发展良好，青岛和烟台则在海洋装备和生物医药上特色鲜明，其余城市仍旧以传统渔业为主。与此同时，除了青岛、深圳、上海等较为发达的沿海城市外，其余海洋生态文明示范区的产业层次不高，内部产业结构不合理。过去几年，为实现地区生产总值增长，沿海地区以围填海、设立产业园区为条件，吸引企业和项目落地，产业同质化现象十分严重。同时，海洋新兴产业规模占主要海洋产业的比重不高，在关键核心技术领域，海洋产业投入较高，但收益却较低。在实践中，受产业发展路径等多方面条件的制约，知识链、技术链、产业链脱节现象较为普遍。另外，人才支撑力不足，产业技术瓶颈凸显。与其他国家相比，我国船舶制造、海洋物流等领域人才稍显不足，高层次人才稀缺，导致我国在涉海金融保险、海洋信息服务和海洋地质勘探等方面的发展较为滞后。

（二）近岸海域陆源污染形势严峻

随着工业化进程的加快，在海洋生态文明示范区内，近岸海域污染物超标现象仍然严重，海域自净能力提高的速度远远赶不上海水污染的速度。生态环境部发布的《2021 年中国生态环境状况公报》显示，近岸局部海域生态环境质量有待改善，特别是河口海湾水质有待进一步改善，2021 年劣四类水质海域面积为 21350 平方千米，主要超标指标为无机氮和活性磷酸盐。① 与此同时，生态环境部针对全国 51 个区域开展了海洋垃圾监测，且在近海 6 个代表性断面开展了海洋微塑料监测。结果显示，塑料垃圾是我国海洋垃圾的主要类型，海面漂浮垃圾、海滩垃圾和海底垃圾中，塑料垃圾分别占 92.9%、75.9%和 83.3%；渤海、黄海、东海、南海监测断面海洋微塑料平均密度分别为 0.74 个/米^3、0.54 个/米^3、0.22 个/米^3 和 0.29 个/米^3，平均为 0.45 个/米^3。② 海洋塑料垃圾及微塑料污染严重影响着海洋生态系统健康以及海洋经济的可持续发展，成为亟待解决的问题。③ 近岸海域污染物超标受到两方面影响：一是在临海经济社会的发展过程中，污染物的排放导致沿海

① 《2021 中国生态环境状况公报》，生态环境部网站，2022 年 6 月 8 日，https：//www.mee.gov.cn/hjzl/sthjzk/zghjzkgb/202205/P020220608338202870777.pdf。

② 《环境部：我国近岸海域海洋垃圾和微塑料平均密度处中低水平》，搜狐网，2022 年 5 月 26 日，https：//www.sohu.com/a/551377394_260616。

③ 杨越、陈玲、薛澜：《寻找全球问题的中国方案：海洋塑料垃圾及微塑料污染治理体系的问题与对策》，《中国人口·资源与环境》2020 年第 10 期，第 45~52 页。

陆源污染程度较重；二是海产养殖业自身的污染也会造成近岸海域污染。在全球气候变暖的大背景下，陆源污染现象尤为严重，特别是围填海活动进一步恶化了海洋生态环境，最为突出的是近岸滩涂湿地的丧失。以海南省为例，海南省拥有三沙市和三亚市两个国家级海洋生态文明建设示范区。2021年，海南省在南渡江、昌化江、万泉河入海口 3 个断面开展了海洋漂浮微塑料检测，发现微塑料形态均以纤维、碎片、颗粒、泡沫和薄膜为主。而监测数据显示，南渡江入海口表层海水中微塑料平均丰度为 0.42 个/米^3，检测到微塑料 9 种，主要成分为聚乙烯、聚丙烯和聚苯乙烯；昌化江入海口表层海水中微塑料平均丰度为 0.47 个/米^3，检测到微塑料 11 种，主要成分为聚丙烯、聚乙烯、聚酯和聚苯乙烯；万泉河入海口表层海水中微塑料平均丰度为 0.42 个/米^3，检测到微塑料 8 种，主要成分为聚丙烯、聚乙烯和聚酯。①海洋污染的表象在海洋，但根源却在陆地，深入分析入海污染类型，梳理重点攻坚海域，实施流域环境和近岸海域综合治理，仍是推动陆海统筹的关键任务。

（三）海洋资源环境承载能力监测不足

通常来讲，在一定时间和地域内，海洋资源结构要符合可持续发展需要，海洋生态环境还要具备维持稳态效应的能力，海洋资源环境承载能力是评估区域海洋资源环境系统所能承载的人类各种社会经济活动的能力，主要包括海域空间资源承载能力、海洋生态环境承载能力等要素。② 从海域空间资源承载能力来看，部分海洋生态文明示范区承载了较多的工业人口和基础设施，为发展海洋经济引入了许多大型企业和工业基地，导致对海域空间资源承载能力的重视不足，海洋环境污染和海洋生态退化等问题层出不穷。从海洋生态环境承载能力来看，目前我国对海洋环境的监测评价体系已经

① 《海南公布首次海洋微塑料和海洋垃圾监测情况　塑料类垃圾数量最多》，网易网，2022 年 6 月 1 日，https：//www.163.com/dy/article/H8Q98U4V0514R9KQ.html。

② 王晟：《基于科学管控的海洋资源环境承载能力评价方法优化研究》，《海洋环境科学》2018 年第 4 期，第 608~612 页。

相对完善，但针对海洋生态环境承载能力的实时动态跟踪不足，无法对其进行系统准确的评估，随着城镇化的深入发展，资源环境压力进一步加大。当前，各海洋生态文明示范区正在加紧制定和落实海洋主体功能区规划，在这一关键时期，进行先导性的海洋资源环境承载力评估工作，为可持续科学用海提供重要依据，是合理制定开发利用计划和科学决策的重要支撑。在海洋强国战略的支持下，要全面强化海洋生态安全格局，维护海洋生态系统健康，对海洋资源环境承载能力进行监测。

（四）海洋自然灾害多发易发

我国海岸线总长度为3.2万公里，其中大陆海岸线长1.8万公里。我国东临太平洋，是世界上遭受海洋灾害影响最严重的国家之一。近几年，我国主要遭受的海洋灾害有海浪、海冰、赤潮、海啸和风暴潮等。过去几十年，由于人类对海洋资源的过度开发，海洋生态灾害发生的频率不断增加，沿海地区海洋灾害风险直接导致了沿海地区防灾减灾形势严峻。① 自然资源部海洋预警监测司公布的《2021年中国海洋灾害公报》显示，2021年，中国海洋灾害以风暴潮、海浪和海冰为主，造成直接经济损失约30亿元，其中风暴潮发生了16次，9次造成灾害。② 受全球气候变暖影响，海水增温膨胀，陆地冰川与极地冰盖加快融化。此外，中国沿海地区处于上升速率较大的西太平洋海面，渤海、黄海、东海和南海海平面与常年相比分别高出118毫米、88毫米、80毫米和50毫米，总体呈波动上升趋势。受此影响，我国近海共发生有效波高4米以上的灾害性海浪过程35次，其中台风浪11次，冷空气浪和气旋浪24次。③ 2021年，我国管辖的海域内累计发生赤潮58次，污染区域达到23277

① 廖民生、刘洋：《新时代我国海洋观的演化——走向“海洋强国”和构建“海洋命运共同体”的路径探索》，《太平洋学报》2022年第10期，第91~102页。

② 《2021年中国海洋灾害公报》，自然资源部网站，2022年5月7日，http：//gi.mnr.gov.cn/202205/t20220507_ 2735508.html。

③ 《2021年中国海洋灾害公报》，自然资源部网站，2022年5月7日，http：//gi.mnr.gov.cn/202205/t20220507_ 2735508.html。

万平方千米，较上年大幅增加。[①] 其中，东海海域赤潮发生次数最多，达到26次，累计影响面积超7000平方千米。2021年4~8月，我国黄海海域发生大面积浒苔绿潮，其中最大覆盖面积约为1746平方千米，最大分布面积超6万平方千米，创历史新高。从区域分布来看，浙江省和辽宁省受灾最为严重，海洋灾害的多发易发给海洋生态文明示范区建设带来了巨大的挑战。

（五）缺乏对示范区的动态考核评价

2012年，原国家海洋局出台《关于开展“海洋生态文明示范区”建设工作的意见》，并于2013年和2015年相继确定了山东省威海市等24个国家级海洋生态文明建设示范区，大大增强了海洋生态文明建设的力量。多年来，各海洋生态文明示范区在中央和省级政府的领导下，坚持贯彻生态文明理念，取得了良好的成效，发挥了示范引领作用。各地也在海洋生态文明建设的过程中积极探索体制机制创新、管理和服务优化，形成了独具特色的模式，海洋生态文明示范区建设工作初见成效。2015年6月，原国家海洋局印发《国家海洋局海洋生态文明建设实施方案》（2015—2020年），提出“规划至2020年新增40个国家级海洋生态文明建设示范区”“每五年重新评估一次，对重新评估结果不能满足要求的示范区责令其限期整改”。然而，随着2018年机构改革，依托原国家海洋局开展的工作暂时中止。截至目前，国家层面尚未启动新一批国家级海洋生态文明建设示范区的评选和建设活动，也没有对前两批国家级海洋生态文明建设示范区的发展成效进行验收和评价，尚未出台相关的配套政策，动态管理不足。海洋生态文明示范区要想保持较大的示范作用，就必须保持充分的先进性，能够对全国的生态文明建设起到良好的示范和引领作用，通过验收并非意味着政策效果是长久存在的，在海洋生态文明示范区的管理上，除了要有依据标准的验收和认定，还要对其进行动态管理和考核。

---

① 《2021年中国海洋灾害公报》，自然资源部网站，2022年5月7日，http：//gi. mnr. gov. cn/202205/t20220507_ 2735508. html。

五　海洋生态文明示范区建设的未来指向

海洋生态文明示范区建设作为科学开发利用海洋的重要窗口，其特殊意义不言而喻。未来，海洋生态文明示范区建设应在习近平生态文明思想的指导下，致力于生态文明建设的系统性绿色变革，在探索自然生态保护治理的道路上，重构现代社会中人、社会、自然三者间的关系。无论是海洋环境的治理，还是海洋生态文明的建设，都必须在尊重海洋生态系统发展规律的基础上建立与生态学原则相适应的海洋社会治理体系。

（一）优化海洋产业布局，推进产业转型升级

推动海洋经济的发展，优化海洋产业布局，坚持走合作开放道路，应是中国海洋事业发展的重要抓手。海洋产业作为发展海洋经济的重要支撑，需要进一步调整结构，推进海洋生态文明示范区转型升级。第一，加快推动商品等要素和资源的流动，打造统一的要素和资源市场，建设全国统一的能源市场和生态环境市场，以节能减排、生态保护为刚性约束，倒逼产业的转型升级，坚决淘汰落后产能。对节能环保的新产业，政府可以在税收上实行优惠政策，实现产业的规模化发展。第二，加快引进相关项目和企业，带动产业的调整升级。在投资环境上，继续完善相关配套设施建设，提高行政效率，优化营商环境。通过产业招商、园区招商等多种方式，吸引实力雄厚的高端企业落户，鼓励海洋新兴产业的发展，形成新的产业集群。同时，加快促进多种产业组合，通过独资、合资等方式，提高海洋企业的核心竞争力。第三，加快核心技术攻关，努力打造产业的核心竞争力。各海洋生态文明示范区要积极利用中央和地方的引才政策，组建相关研发团队，着力破解海洋新能源建设、海洋船舶建造等难题，依托高校、研究院等平台，促进科研成果的积极转化，打造产业的核心竞争力。

（二）加大生态监管力度，推动海洋环境治理

海洋具有流动性、外部性和公共性特征。[①] 在陆海统筹的基础上，政府应加大生态监管力度，以破除治理的碎片化。[②] 对于近岸海域陆源污染问题，要完善陆地近岸海域空间联动管控机制，将河流、海洋、陆地视为一个整体，从陆源污染治理出发，严格控制河流和陆地排污，各地区河流治理部门与海洋污染治理部门应密切配合，做好“河长制”与“湾长制”的衔接，制定近岸海域全局性责任制度，开展联合治理，降低重点海域的排污量，改善近岸海域环境质量。在监管层面上，应适时开展新一轮国家自然资源督察海洋专项督察。原国家海洋局于 2017 年启动国家自然资源督察海洋专项督察，在监督地方政府保护海洋生态环境、禁止非法“围填海”行为等方面取得了突出成果，2020 年启动的国家自然资源督察海洋专项督察是对前期督察成果的巩固。从这个意义上说，有必要启动新一轮海洋专项督察，重点监督企业的排污行为，加大生态监管力度，从监管层面推动海洋生态文明建设。针对沿海省份的排污行为，应加大对污染物排放控制的监测与考核力度，重点排污单位应当安装污染物排放监控装置，并与环保部门联网，以便实时监控。此外，要加大对近岸海域生态环保的宣传力度。应针对沿海地区居民做好相关科普宣传工作，深入开展中小学海洋教育，通过形式多样的活动，使保护海洋理念深入人心，媒体要做好跟踪报道工作，及时向社会公布各地区的海水水质检测和入海口垃圾溯源调查情况，增强市民的海洋环境保护意识。

（三）加强资源预警监测，探索建立科学机制

海洋资源环境承载能力是衡量海洋社会发展的重要指标，通过该指标可

① 宁靓、史磊：《利益冲突下的海洋生态环境治理困境与行动逻辑——以黄海海域浒苔绿潮灾害治理为例》，《上海行政学院学报》2021 年第 6 期，第 27~37 页。

② 李雪威、李鹏羽：《欧盟参与全球海洋塑料垃圾治理的进展及对中国启示》，《太平洋学报》2022 年第 2 期，第 63~76 页；顾湘：《海洋环境污染治理府际协调研究：困境、逻辑、出路》，《上海行政学院学报》2014 年第 2 期，第 105~111 页。

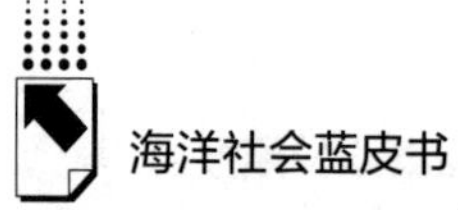

以进一步确定示范区人口、经济与社会发展速度，协调好社会经济活动与海洋资源环境保护之间的关系，以推动海洋经济的发展。在实践过程中，应进一步优化顶层设计，构建科学的指标体系，明确海洋资源环境承载能力测算办法，加强与各高校、研究院的深入合作，探索建立数字化监测预警机制，不断完善监测预警的科学管理和决策机制，建立良好的监测预警体系。沿海省份应进一步加强区域协调和合作，构建多部门协调联动与预警机制，加强跨流域生态环境监测预警。具体而言，可以通过智能监测，识别区域海洋资源环境承载能力，提出预警并进行智能诊断，对部分超载区域实行相应的限制性措施，将海洋资源环境承载能力纳入地方政府考核指标，以实现可持续发展，推动海洋生态文明建设。

（四）提高防灾减灾能力，完善应急管理制度

完善海洋环境立体化监测体系，实现监测数据共享，是加强灾害预警的前提和基础，也是海洋生态文明示范区建设的保障。我国海岸线曲折，通过进一步完善三维立体化监测、提高观测精度、扩展观测范围，可以为海洋生态文明示范区的灾害早期预警和防范提供重要参考。在应对气候变化带来的海洋灾害时，应加强政府间合作，推进海洋灾害风险管理和应急体系建设。具体而言，一是完善应急预案体系建设，推动应急响应和组织管理协同机制建设，充分考虑气候变化对海洋灾害的影响，做好评估和规划工作，着力推进跨部门合作，为应急管理制度提供组织保障；二是加强对沿海公众的宣传教育，各海洋生态文明示范区要积极通过应急演练、电视宣传、手机预警等方式，增强公众的海洋灾害风险意识，保障人民生命财产安全。

（五）创新动态管理机制，保持示范区先进性

海洋生态文明示范区不仅要在验收和认定上突出先进性，也要在体制机制建设上实行动态管理，严格遵循“有进有出”的原则，不断探索海洋生态文明建设的新机制与新模式，引领全国海洋生态文明建设。在

申报工作上，应适时在全国开展第三批国家级海洋生态文明建设示范区的评选和认定工作，根据近几年的建设情况，对已有的考核指标体系进行优化，鼓励沿海地方政府积极申报，对认定城市进行相关政策支持和资金补贴，进一步贯彻落实生态文明理念。在管理程序上，可借鉴国内相关旅游示范区的先进经验，每两年进行一次评估，按照“自查评估—复核评估—汇总上报”的程序进行。各海洋生态文明示范区先根据本地区的海洋生态文明建设情况，结合相关评价指标体系开展自评工作，撰写相关建设报告；再由自然资源部和生态环境部组织专家进行材料审核和现场检查工作，对海洋生态文明示范区工作的主要成效、突出问题进行审查，以确定工作是否达标；自然资源部和生态环境部对相关材料进行审议后，形成评估报告，对不达标的海洋生态文明示范区进行警告，下一年度再次进行评估，连续两年评估不达标将取消“海洋生态文明示范区”称号。

六 结语

持续推进海洋生态文明建设，是实现海洋社会可持续发展的重要支撑，也是迈向海洋强国的必由之路。2021 年，海洋生态文明建设进入攻坚期和窗口期，海洋生态文明示范区建设水平得到有效提升，海洋经济发展、海洋资源利用、海洋生态保护、海洋文化宣传、海洋管理保障五大方面整体推进，开发海洋、利用海洋、保护海洋、治理海洋四大能力全面提升，逐步形成“陆海统筹、产业发展、生态优先”的工作布局，为“十四五”时期海洋生态文明建设工作的开展提供了方向。但在发展过程中，也存在一些问题：海洋经济后发优势明显不足，产业结构布局有待进一步改善，近岸局部海域生态环境质量有待改善，海域自净能力提高速度远远赶不上海水污染的速度，海洋资源环境承载能力有待提升，海洋自然灾害多发易发，对海洋生态文明示范区的动态考核评价不足，尚未启动新一批国家级海洋生态文明建设示范区的评选和建设活动。因此，需要对产业结构进行调整，推进海洋生态文明示范区转型升级，加大监管力度，适时启动新一轮海洋专项督察，加强海洋资源环境承载能力监测，提高应对海洋灾害的能力，并对海洋生态文明示范区进行动态管理与考核，以推动海洋生态文明示范区的进一步发展。

进入发展新时期，海洋生态文明建设既要巩固污染防治攻坚战的成果，更要深入参与全球海洋治理进程，共建蓝色伙伴关系。[①] 海洋生态文明示范区作为中国海洋生态文明建设的重要窗口，更应该加强国际合作，通过完善顶层设计、健全相关责任体系、推进协同治理，推动构建海洋命运共同体。

① 王琪、崔野：《面向全球海洋治理的中国海洋管理：挑战与优化》，《中国行政管理》2020年第9期，第6~11页。

B.11

2021年中国远洋渔业发展报告

陈 晔　蔡元菁　曾遨宇*

摘　要： 2021年以来，中国采取各种有效措施完善制度政策、强化规范管理、加强国际合作、推进转型升级，远洋渔业发展取得了显著成效。远洋捕捞渔船渔具装备水平不断提升。在远洋渔船及船员管理方面，多项相关举措出台，主要涉及远洋渔船报废更新、海洋动物保护以及疫情防控等，为中国远洋渔业高质量发展打下了扎实基础。同时，中国在远洋渔业高质量发展、远洋渔业基地建设等诸多方面呈现亮点。本报告借助OECD数据库，对澳大利亚、奥地利等49个国家的海洋渔业管理情况进行聚类分析，发现中国与巴西、印度、马来西亚、印度尼西亚等国家的情况比较接近，而与美国、韩国等国家的差别较大。本报告建议在"十四五"时期加大对远洋渔业的资金投入力度，坚持"走出去"战略，维护远洋渔业资源可持续发展，坚持构建以国内大循环为主体、国内国际双循环相互促进的新发展格局。

关键词： 远洋渔业　远洋渔业基地　聚类分析　远洋渔业公海转载观察员

一　引言

2021年以来，中国采取各种有效措施完善制度政策、强化规范管理、

* 陈晔，博士，上海海洋大学经济管理学院、海洋文化研究中心副教授、硕士生导师，研究方向为海洋经济及文化；蔡元菁，上海海洋大学经济管理学院本科生，研究方向为国际贸易；曾遨宇，上海海洋大学经济管理学院本科生，研究方向为乡村振兴、绿色渔业发展。

加强国际合作、推进转型升级，远洋渔业发展取得了显著成效。中国南极磷虾捕捞效率在同类作业方式中处于国际领先水平，发明的高海况南极磷虾资源调查评估方法已经成为该资源的评估标准规范。①

2020 年，中国远洋渔业产量达 231.66 万吨，同比增长 6.75%，占水产品总量的 3.54%，其中运回国内 157.36 万吨，境外销售 74.30 万吨，远洋渔业总产值达到 239.2 亿元。② 远洋渔业已经成为推进农业“走出去”与“一带一路”倡议的重要组成部分，在保障国家食物安全、丰富国内市场供应、促进对外合作等诸多方面发挥了重要作用。

二　远洋渔船及船员管理

2021 年以来，中国针对远洋渔船及船员管理出台了多项相关举措，主要涉及远洋渔船报废更新、海洋动物保护以及疫情防控等，为中国远洋渔业高质量发展打下了扎实基础。

2021 年 2 月 1 日，农业农村部办公厅发布《关于进一步做好远洋渔船境外报废处置工作的通知》，该通知规定，企业可自主选择在境内或境外报废处置远洋渔船。如打算在境外报废处置，应在渔船拟报废之日前 7 个工作日内，向负责渔船报废地检验业务的中国船级社海外分社提出申请。已注销中国国籍的拟报废处置的远洋渔船应在境外报废处置。③

2021 年 7 月 28 日，农业农村部办公厅下发《关于加强海洋哺乳动物保护管理工作的通知》。该通知要求加强监督指导和培训，在保障人身安全的前提下，尽一切可能减少伤害海洋哺乳动物。如发生误捕，必须将误捕的海洋哺乳动物以恰当方式释放，并认真记录误捕及释放状况，不得在船上留

① 《“十三五”科技创新发挥引领作用　助力渔业绿色高质量发展》，农业农村部网站，2021 年 1 月 8 日，http：//www.yyj.moa.gov.cn/gzdt/202101/t20210108_6359682.htm。

② 《2021 中国渔业统计年鉴》，中国农业出版社，2021 年，第 46 页。

③ 《关于进一步做好远洋渔船境外报废处置工作的通知》，农业农村部网站，2021 年 2 月 2 日，http：//www.moa.gov.cn/govpublic/YYJ/202102/t20210203_6361092.htm。

存、转运及食用。①

2021年8月5日，农业农村部召开应对新冠疫情联防联控机制会议，要求加强远洋渔业输入性疫情防范，压实远洋渔业企业以及渔船船长的疫情防控责任，实行每日报告制度，落实远端检测措施，切实防范输入性疫情。②

2021年9月13日，农业农村部发布《远洋渔船标准化船型参数系列表（2021年版）》，于2021年10月1日起实施。该文件规定，原则上允许在旧船基础之上更新建造远洋渔船，但是只能上调一档，如上调超过一档的，可将两艘及以上合并更新建造为一艘，或报请农业农村部，农业农村部组织专家统一研究并进行论证后确定。③

2021年11月24日，农业农村部渔业渔政管理局下发《关于加强远洋渔业兼捕物种保护的通知》，要求所有远洋渔船应尽可能地避免或减少兼捕相关海洋生物物种，完善重要兼捕物种记录报告制度，强化兼捕物种保护监管与技术支撑，切实承担企业主体责任。对于瞒报、延报或故意误报兼捕情况的，根据情节轻重与影响大小，依规扣减远洋渔业履约评估得分，直至暂停或取消远洋渔业项目和企业资格。④

2021年12月29日，农业农村部办公厅下发《关于全面实施远洋渔业企业履约评估工作的通知》，决定自2022年起全面开展远洋渔业企业履约评估工作。履约评估内容包括基础评价、违法违规、创新提升等3项一级指标，细化为10项二级指标、60项三级指标，对远洋渔业企业履约情况进行

---

① 《农业农村部办公厅关于加强海洋哺乳动物保护管理工作的通知》，农业农村部网站，2021年8月3日，http：//www. yyj. moa. gov. cn/gzdt/202108/t20210803_ 6373420. htm。

② 《农业农村部联防联控机制会议强调迅速把思想行动统一到党中央国务院决策部署上来切实做好农业农村领域新冠肺炎疫情防控工作》，农业农村部网站，2021年8月5日，http：//www. moa. gov. cn/xw/zwdt/202108/t20210805_ 6373566. htm。

③ 《农业农村部办公厅关于发布〈远洋渔船标准化船型参数系列表（2021年版）〉的通知》，农业农村部网站，2021年9月23日，http：//www. moa. gov. cn/govpublic/YYJ/202109/t20210923_ 6377272. htm。

④ 《关于加强远洋渔业兼捕物种保护的通知》，农业农村部网站，2022年4月6日，http：//www. moa. gov. cn/govpublic/YYJ/202204/t20220406_ 6395583. htm。

年度评估打分。①

2022 年 3 月 18 日，农业农村部办公厅下发《关于印发远洋渔业“监管提升年”行动方案的通知》，该通知涉及公海渔船履约、过洋性渔船合规、远洋渔业企业规范经营、远洋渔业船员权益维护以及远洋渔业综合监管能力提升等行动。②

2022 年 3 月 20 日，农业农村部印发《关于做好当前农村地区新冠肺炎疫情防控工作的通知》，要求落实远洋渔业作业渔船和船员状况每日报告制度。③

2022 年 4 月 21 日，农业农村部、国家卫生健康委印发《统筹新冠肺炎疫情防控和春季农业生产工作导则》，要求严格落实远洋渔业疫情防控措施，对确需回国的远洋渔船实行提前申报制度。到港的远洋渔船实行定点停靠，按要求接受有关部门的港口检查以及检验检疫。同时，对于公海捕捞、直接运回国内的远洋渔业自捕水产品，可视情况采取抽样核酸检测方式，避免因为过度消杀而增加企业负担。④

三　远洋渔业发展亮点

2021 年以来，中国在远洋渔业高质量发展、远洋渔业基地建设、远洋鱿钓渔船总量控制管理、远洋渔业公海转载观察员派遣等诸多方面取得了丰厚成果。

1. 远洋渔业高质量发展

2022 年 2 月 14 日，农业农村部印发《关于促进“十四五”远洋渔业高

① 《远洋渔业农业农村部办公厅关于全面实施远洋渔业企业履约评估工作的通知》，农业农村部网站，2022 年 3 月 21 日，http：//www.moa.gov.cn/govpublic/YYJ/202203/t20220321_6393084.htm。

② 《农业农村部办公厅关于印发远洋渔业“监管提升年”行动方案的通知》，农业农村部网站，2022 年 3 月 28 日，http：//www.moa.gov.cn/govpublic/YYJ/202203/t20220328_6394417.htm。

③ 《农业农村部印发通知要求做好当前农村地区新冠肺炎疫情防控工作》，农业农村部网站，2022 年 3 月 21 日，http：//www.yyj.moa.gov.cn/gzdt/202203/t20220321_6393173.htm。

④ 《农业农村部　国家卫生健康委关于印发〈统筹新冠肺炎疫情防控和春季农业生产工作导则〉的通知》，农业农村部网站，2022 年 4 月 22 日，http：//www.moa.gov.cn/govpublic/NCJJTZ/202204/t20220422_6397387.htm。

质量发展的意见》①，主要包括以下四个方面：第一，坚持绿色发展，科学布局作业区域，合理调控船队规模，严厉打击 IUU（非法、不报告、不管制）渔船，持续强化规范管理，主动参与全球渔业治理，切实履行国际责任义务，树立负责任国家形象；第二，坚持合作共赢发展，深化远洋渔业对外交流，多形式、多渠道开展互利共赢合作，巩固多双边政府间渔业合作机制，提升"走出去"水平，带动合作国家和地区渔业发展；第三，坚持全产业链发展，以远洋渔业基地建设为核心，拓展水产品加工、储藏及渔船修造等领域，构建远洋渔业全产业链发展新格局；第四，坚持安全稳定发展，统筹发展和安全，压实企业和船员安全生产、风险保障和疫情防控主体责任，强化涉外安全事件的监测预警、应急处置和舆情应对，提升生产经营管理能力和安全保障水平。②

2. 远洋渔业基地建设

远洋渔业基地建设对中国远洋渔业未来长期发展有着非常重要的意义，多位全国人大代表曾就国家远洋渔业基地建设献言献策。③ 2021 年 7 月 12 日，农业农村部办公厅、财政部办公厅下发《关于做好 2021 年渔业发展补助政策实施工作的通知》，指出将重点支持经有关部门批准的远洋渔业基地，提高中国远洋渔船海外生产配套保障服务能力。④ 2021 年 11 月 12 日，国务院印发《"十四五"推进农业农村现代化规划》，其中提及优化近海绿色养殖布局，支持深远海养殖业发展，加快远洋渔业基地建设。⑤

---

① 《农业农村部关于促进"十四五"远洋渔业高质量发展的意见》，农业农村部网站，2022 年 2 月 15 日，http：//www. moa. gov. cn/govpublic/YYJ/202202/t20220215_ 6388748. htm。

② 《"十四五"远洋渔业发展蓝图绘就——农业农村部渔业渔政管理局局长刘新中就〈农业农村部关于促进"十四五"远洋渔业高质量发展的意见〉答记者问》，农业农村部网站，2022 年 3 月 2 日，http：//www. moa. gov. cn/ztzl/scwgh/jiedu/202203/t20220302_ 6390238. htm。

③ 《对十三届全国人大四次会议第 5290 号建议的答复摘要》，农业农村部网站，2021 年 11 月 16 日，http：//www. moa. gov. cn/govpublic/YYJ/202111/t20211116_ 6382293. htm。

④ 《农业农村部办公厅　财政部办公厅关于做好 2021 年渔业发展补助政策实施工作的通知》，农业农村部网站，2021 年 11 月 4 日，http：//www. moa. gov. cn/nybgb/2021/202108/202111/t20211104_ 6381398. htm。

⑤ 《国务院关于印发"十四五"推进农业农村现代化规划的通知》，农业农村部网站，2022 年 2 月 17 日，http：//www. moa. gov. cn/ztzl/scwgh/202202/t20220217_ 6388921. htm。

3. 远洋鱿钓渔船总量控制管理

2021 年 10 月 26 日，农业农村部办公厅印发《关于加强远洋鱿钓渔船作业管理的通知》，就进一步加强远洋鱿钓渔船管理、科学养护公海鱿鱼资源作出具体部署。同时，中国第一次开展远洋鱿钓渔船总量控制管理，从总量控制、规划渔场、限制船数、优化布局等方面进一步加强远洋鱿钓渔船管理，原则上不再扩大鱿钓渔船规模、不再新增公海作业鱿钓渔船。中国还在科学规划鱿钓渔场、指导平衡利用资源的基础上第一次试行船数限制管理，设置渔场年度累计作业船数上限，优化鱿钓作业渔船布局。① 这些举措将对全球渔业资源科学养护及可持续利用产生重要作用，能够进一步展现中国作为负责任远洋鱿钓渔业大国的姿态。②

4. 首次派遣远洋渔业公海转载观察员

为规范远洋渔业公海转载活动，中国自 2021 年 1 月 1 日起全面开展远洋渔业公海转载管理制度。2021 年 4 月 10 日，山东威海荣成石岛新港举行中国远洋渔业公海转载观察员派遣启动活动，5 位远洋船业公海转载观察员登临运输船只，代表中国政府执行公海转载监督任务。这是中国第一次派遣远洋渔业公海转载观察员，体现了中国严厉打击 IUU 捕捞活动的坚定决心、积极参与国际海洋治理的姿态以及大国担当。③

四　海洋渔业管理国际比较

世界各国（或地区）的情况不同，海洋渔业治理能力、方式与方法存在差异，较难找到适合进行国际比较的基础材料。经济合作与发展组织（Organization for Economic Co-operation and Development，OECD）成立于

① 《农业农村部首次实施远洋鱿钓渔船总量控制管理制度》，农业农村部网站，2021 年 11 月 5 日，http：//www.moa.gov.cn/xw/zwdt/202111/t20211105_6381538.htm。

② 《关于加强远洋鱿钓渔船作业管理的通知》，《中国水产》2021 年第 12 期。

③ 《我国首次派遣远洋渔业公海转载观察员》，中华人民共和国常驻联合国粮农机构代表处网站，2021 年 4 月 13 日，http：//www.cnafun.moa.gov.cn/kx/gn/202104/t20210413_6365806.html。

1961 年，总部设在法国巴黎，由 38 个市场经济国家组成，旨在共同应对全球化带来的经济、社会和政府治理等方面的挑战，把握全球化带来的机遇。OECD 数据库下有“渔业指标”（Fisheries and Aquaculture Indicators）这一大项，该项指标从不同角度对相关国家（或地区）的海洋渔业状况进行介绍。本部分基于 OECD 数据库，采用聚类分析的方法，对各国（或地区）海洋渔业管理情况进行分类比较。

1. 指标体系构建

海洋渔业管理指标体系包括海洋渔业捕捞情况、对 IUU 政策的响应程度、船队组成的影响、与船队规模有关的渔业服务的支出强度、个人和人力资源公司直接支持的强度、到岸价格的影响、占个人和公司直接支持的份额、占行业服务支持的份额、每个员工生产价值的影响、评估的鱼类种群数量的影响、TAC（限额捕捞）限制的影响等评价内容。每个评价内容又包含多项指标内容，例如，海洋渔业捕捞情况包含全球海洋捕捞渔业产量中该国（或地区）所占份额、全球水产养殖产量中该国（或地区）所占份额、海洋陆生鱼类占全国（或地区）鱼类产值的比例、水产养殖占全国（或地区）鱼类产值的比例、全球海鲜出口该国（或地区）所占份额、全球海鲜进口该国（或地区）所占份额等指标内容（见表 1）。

表 1　海洋渔业管理指标体系

评价内容	单位	指标内容
海洋渔业捕捞情况	%	全球海洋捕捞渔业产量中该国（或地区）所占份额、全球水产养殖产量中该国（或地区）所占份额、海洋陆生鱼类占全国（或地区）鱼类产值的比例、水产养殖占全国（或地区）鱼类产值的比例、全球海鲜出口该国（或地区）所占份额、全球海鲜进口该国（或地区）所占份额
对 IUU 政策的响应程度	个	船舶登记、在专属经济区内作业的授权、在专属经济区外作业的授权、港口国措施、市场措施、国际合作
	%	船舶登记、在专属经济区内作业的授权、在专属经济区外作业的授权、港口国措施、市场措施、国际合作
船队组成的影响	%	按个数计小型船舶占船舶总数、按总吨位计小型船舶占船舶总数

续表

<table>
<tr><th>评价内容</th><th>单位</th><th>指标内容</th></tr>
<tr><td>与船队规模有关的渔业服务的支出强度</td><td>美元/总吨</td><td>总支出、渔业社区、管理控制和监督、营销与推广、教育与培训、研究与开发、进入外国水域、基础设施、其他</td></tr>
<tr><td>个人和人力资源公司直接支持的强度</td><td>美元/渔民</td><td>总支持、保险、收入、能力下降、燃料、除燃料外的可变投入、固定投入、其他</td></tr>
<tr><td>到岸价格的影响</td><td>%</td><td>个人直接援助和公司海上到岸价值、支持海上到岸价值的部门服务、渔业部门就海上到岸价值支付的款项</td></tr>
<tr><td>占个人和公司直接支持的份额</td><td>%</td><td>部分脱钩支付、能力下降、降低投入成本的政策、对个人和公司的其他支持</td></tr>
<tr><td>占行业服务支持的份额</td><td>%</td><td>仅间接支持捕捞强度的服务、以渔民经营能力为目标的服务、直接影响生产能力的服务、对该部门服务的其他支持</td></tr>
<tr><td rowspan="2">每个员工生产价值的影响</td><td>美元/渔民</td><td>到岸鱼类平均价格</td></tr>
<tr><td>美元/养鱼户</td><td>鱼类产量平均价格</td></tr>
<tr><td>评估的鱼类种群数量的影响</td><td>种</td><td>总量、在生物状况未确定的情况下的种群数量、在生物状况有利的情况下的种群数量、在生物状况有利且有更高目标的情况下的种群数量、在生物状况不利的情况下的种群数量</td></tr>
<tr><td rowspan="4">TAC 限制的影响</td><td>种</td><td>完全在 TAC 限制下的物种数量、无 TAC 限制下的物种数量、部分在 TAC 限制下的物种数量</td></tr>
<tr><td>美元</td><td>完全在 TAC 限制下的到岸价格、无 TAC 限制下的到岸价格、部分在 TAC 限制下的到岸价格</td></tr>
<tr><td>活体吨位</td><td>完全在 TAC 限制下的捕获数量、无 TAC 限制下的捕获数量、部分在 TAC 限制下的捕获数量</td></tr>
<tr><td>种</td><td>其他库存管理工具下的物种数量</td></tr>
</table>

2. 数据说明

本报告所涉及的全部数据来源于 OECD 数据库，涉及澳大利亚、奥地利等 49 个国家的 65 项指标。2018 年是 OECD 数据库完整度最高的年份，因此选取该年数据。由于无法查询到大部分国家 2018 年“评估的鱼类种群数量的影响”评价内容下的 5 项指标，因此该项评价内容使用 2019 年的数据代替。

“海洋渔业捕捞情况”评价内容下的前 2 个指标内容分别代表全球海洋捕捞渔业产量中该国所占份额和全球水产养殖产量中该国所占份额，单位为%。后4个指标内容分别代表海洋陆生鱼类占全国鱼类产值的比例、水产养殖占全国鱼类产值的比例、全球海鲜出口该国所占份额、全球海鲜进口该国所占份额，单位为%。

“对IUU政策的响应程度”评价内容主要包括该国打击IUU捕捞活动的政策和措施。“船舶登记”为该国在收集和公布在其专属经济区（EEZ）内作业或悬挂其国旗的渔船和从事渔业相关活动的船舶信息；“在专属经济区内作业的授权”为该国在其专属经济区内监管渔业和渔业相关作业的情况；“在专属经济区外作业的授权”为该国对悬挂其国旗的船只在管辖范围以外区域和外国专属经济区作业时的监管情况；“港口国措施”为该国监测和控制港口进出和港口活动的记录信息；“市场措施”为该国在监管产品进入市场和通过供应链流动以及从经济上阻止IUU捕捞活动方面的情况；“国际合作”为该国在区域与全球信息共享以及联合打击IUU捕捞活动方面取得的进展情况。

“船队组成的影响”为有关船舶组成的信息，特别是小型船舶（即12米以下的船舶）在船舶总数和船舶总吨位中所占的份额。

“与船队规模有关的渔业服务的支出强度”包括总支出、渔业社区、管理控制和监督、营销与推广、教育与培训、研究与开发、进入外国水域、基础设施和其他信息，单位均为美元/总吨。

“个人和人力资源公司直接支持的强度”包括总支持、保险、收入、能力下降、燃料、除燃料外的可变投入、固定投入和其他支持，单位均为美元/渔民。

“到岸价格的影响”包括个人直接援助和公司海上到岸价值、支持海上到岸价值的部门服务、渔业部门就海上到岸价值支付的款项，单位均为%。

在“占个人和公司直接支持的份额”中，“部分脱钩支付”是指政府每年用于支付部分渔业活动脱钩款项（如收入支持和特殊保险制度）的直接支持；“能力下降”是指以降低捕捞能力的政策（即通过退役计划或提前退休付款）形式支付给个人和公司的直接支持；“降低投入成本的政策”是指以降低投入成本（燃料支持、其他可变投入支持和固定投入支持）的形式支付给个人和公司的直接支持；“对个人和公司的其他支持”是指除前面3种情况外的直接支持。结果均由统计份额计算得出，单位均为%。

在“占行业服务支持的份额”中，“仅间接支持捕捞强度的服务”是指仅间接支持捕捞强度的支持类型（管理、控制、监督以及对渔业社区的支持）提供的支持；“以渔民经营能力为目标的服务”是指针对渔民经营业务能力的支持类型（即教育和培训、营销推广以及研发方面投入）提供的支持；“直接影响生产能力的服务”是指直接影响生产能力的支持类型（即进入外国水域的付款和港口等基础设施的支出）提供的支持；“对该部门服务的其他支持”即除前面3种情况外的支持，结果均由统计份额计算得出，单位均为%。

“每个员工生产价值的影响”包括到岸鱼类平均价格（单位：美元/渔民）和鱼类产量平均价格（单位：美元/养鱼户）。

“评估的鱼类种群数量的影响”为评估的鱼类种群数量的信息，单位为种，包括总量、在生物状况未确定的情况下的种群数量、在生物状况有利的情况下的种群数量、在生物状况有利且有更高目标的情况下的种群数量、在生物状况不利的情况下的种群数量。

“TAC限制的影响”分为三种情况：通过TAC限制管理的所有鱼类种群的信息；未通过TAC限制管理的所有鱼类种群的信息；通过TAC限制管理的一个或多个鱼类种群（但不是所有鱼类种群）的信息。根据计量单位不同，进一步细分为9种情况，而不属于这9种情况的物种数量归入其他库存管理工具下的物种数量，单位为种。

3. 聚类分析实证结果

本报告采用IBM SPSS20.0对OECD数据库所包含的49个国家的海洋渔业治理监管数据进行聚类分析，将国家作为标注个案，将指标数据作为聚类变量，通过离差平方和Ward法分析，得到如下结果（见表2）。

表 2　各国海洋渔业治理监管数据聚类分析

阶段	群集组合		系数	首次出现阶群集		下一阶段
	群集 1	群集 2		群集 1	群集 2	
1	23	47	20.41	0	0	2
2	23	42	7234.49	1	0	11
3	14	39	730268.50	0	0	6
4	17	34	2817975.55	0	0	17
5	2	30	7399555.43	0	0	7
6	7	14	21926072.92	0	3	9
7	2	46	46439512.22	5	0	8
8	2	24	115209655.44	7	0	11
9	7	44	202337920.45	6	0	13
10	10	45	376385274.81	0	0	14
11	2	23	596339014.46	8	2	15
12	16	32	1171862816.58	0	0	16
13	7	29	2272902166.12	9	0	14
14	7	10	3724535461.22	13	10	15
15	2	7	8678568779.43	11	14	16
16	2	16	30492697407.28	15	12	19
17	17	36	67653251075.70	4	0	18
18	15	17	127364802905.76	0	17	19
19	2	15	311824986498.88	16	18	20
20	2	31	648631608892.97	19	0	21
21	2	43	4275538327145.37	20	0	22
22	2	50	11649980700280.40	21	0	23
23	2	6	32190866341200.50	22	0	24
24	2	40	57965561958364.40	23	0	28
25	8	26	86313443385425.00	0	0	34
26	22	28	124888143467965.00	0	0	27
27	21	22	181345466151130.00	0	26	29
28	2	41	286663387823289.00	24	0	32
29	9	21	503054090330395.00	0	27	30
30	3	9	935292702345164.00	0	29	31
31	3	33	3729614736824060.00	30	0	36

续表

阶段	群集组合		系数	首次出现阶群集		下一阶段
	群集 1	群集 2		群集 1	群集 2	
32	2	13	8653642843805550.00	28	0	37
33	18	35	14864480306945900.00	0	0	41
34	5	8	21172257510975100.00	0	25	39
35	11	25	31027189335436500.00	0	0	39
36	3	12	41569154012654700.00	31	0	37
37	2	3	60962832062740600.00	32	36	45
38	5	11	99377880890826800.00	34	35	41
39	20	37	151392962840479000.00	0	0	45
40	18	48	239510884983889000.00	33	0	43
41	1	5	369290085030898000.00	0	38	43
42	19	38	580315338375923000.00	0	0	47
43	1	18	879231944247920000.00	41	40	44
44	1	2	1463442867213340000.00	43	37	48
45	20	27	2093745029638270000.00	39	0	46
46	4	20	3556839562076540000.00	0	45	47
47	4	19	6857155198938800000.00	46	42	48
48	1	4	14845937259520400000.00	44	47	0

如表2所示，第1步表示第23个变量（卢森堡）和第47个变量（俄罗斯）之间的距离系数最小（20.41），首先归为一类，第2步将在这两个变量聚为一类的基础上进行；第2步表示，在余下的变量中，第23个变量（卢森堡）和第42个变量（印度）之间的距离系数最小（7234.49），第二次进行聚类，而该次聚类结果将在第11步中用到。以此类推，这49个变量经过48步聚类最终变成1个大类。

图1展示了各国海洋渔业治理监管情况，其结果与前面的分析一致。

如表3所示，聚类数为5时，挪威、加拿大分别为一类，日本和阿根廷被分为一类，韩国、美国被分为一类，中国和其他国家被分为一类；聚类数为4时，加拿大仍单独为一类，日本和阿根廷被分为一类，挪威并入美国那类，中国和其他国家被分为一类；聚类数为3时，加拿大、韩国、美国被分

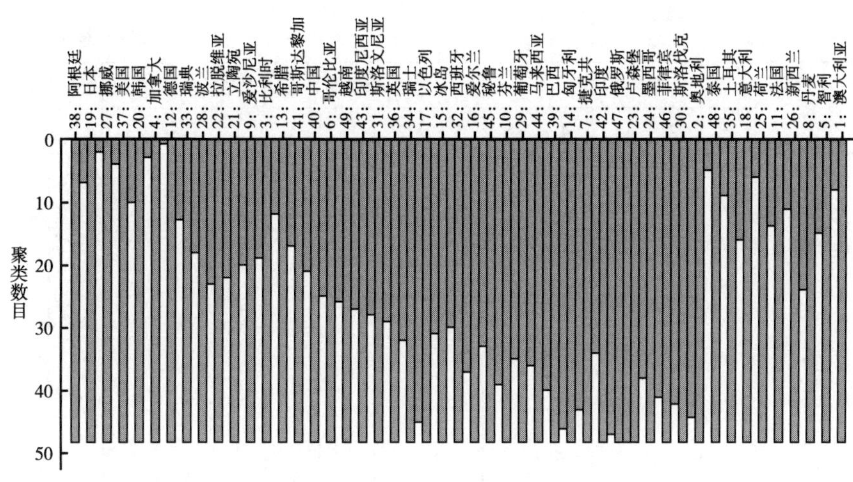

图 1　各国海洋渔业治理监管情况

为一类，日本和阿根廷被分为一类，中国和其他国家被分为一类；聚类数为 2 时，日本、阿根廷被归到美国一类，中国和其他国家被分为一类。该分类结果亦可以通过使用 Ward 连接的树状图直观展现（见图 2）。

表 3　各国海洋渔业治理监管情况分类结果

国家	按 5 个聚类					按 4 个聚类				按 3 个聚类			按 2 个聚类	
	1	2	3	4	5	1	2	3	4	1	2	3	1	2
澳大利亚	√					√				√			√	
奥地利	√					√				√			√	
比利时	√					√				√			√	
加拿大		√					√				√			√
智利	√					√				√			√	
哥伦比亚	√					√				√			√	
捷克	√					√				√			√	
丹麦	√					√				√			√	
爱沙尼亚	√					√				√			√	
芬兰	√					√				√			√	
法国	√					√				√			√	

续表

国家	按5个聚类					按4个聚类				按3个聚类			按2个聚类	
	1	2	3	4	5	1	2	3	4	1	2	3	1	2
德国	√					√				√			√	
希腊	√					√				√			√	
匈牙利	√					√				√			√	
冰岛	√					√				√			√	
爱尔兰	√					√				√			√	
以色列	√					√				√			√	
意大利	√					√				√			√	
日本			√					√				√		√
韩国				√					√		√			√
立陶宛	√					√				√			√	
拉脱维亚	√					√				√			√	
卢森堡	√					√				√			√	
墨西哥	√					√				√			√	
荷兰	√					√				√			√	
新西兰	√					√				√			√	
挪威					√				√		√			√
波兰	√					√				√			√	
葡萄牙	√					√				√			√	
斯洛伐克	√					√				√			√	
斯洛文尼亚	√					√				√			√	
西班牙	√					√				√			√	
瑞典	√					√				√			√	
瑞士	√					√				√			√	
土耳其	√					√				√			√	
英国	√					√				√			√	
美国				√					√		√			√
阿根廷			√					√				√		√
巴西	√					√				√			√	
中国	√					√				√			√	
哥斯达黎加	√					√				√			√	
印度	√					√				√			√	
印度尼西亚	√					√				√			√	

续表

国家	按5个聚类					按4个聚类				按3个聚类			按2个聚类	
	1	2	3	4	5	1	2	3	4	1	2	3	1	2
马来西亚	√					√				√			√	
秘鲁	√					√				√			√	
菲律宾	√					√				√			√	
俄罗斯	√					√				√			√	
泰国	√					√				√			√	
越南	√					√				√			√	

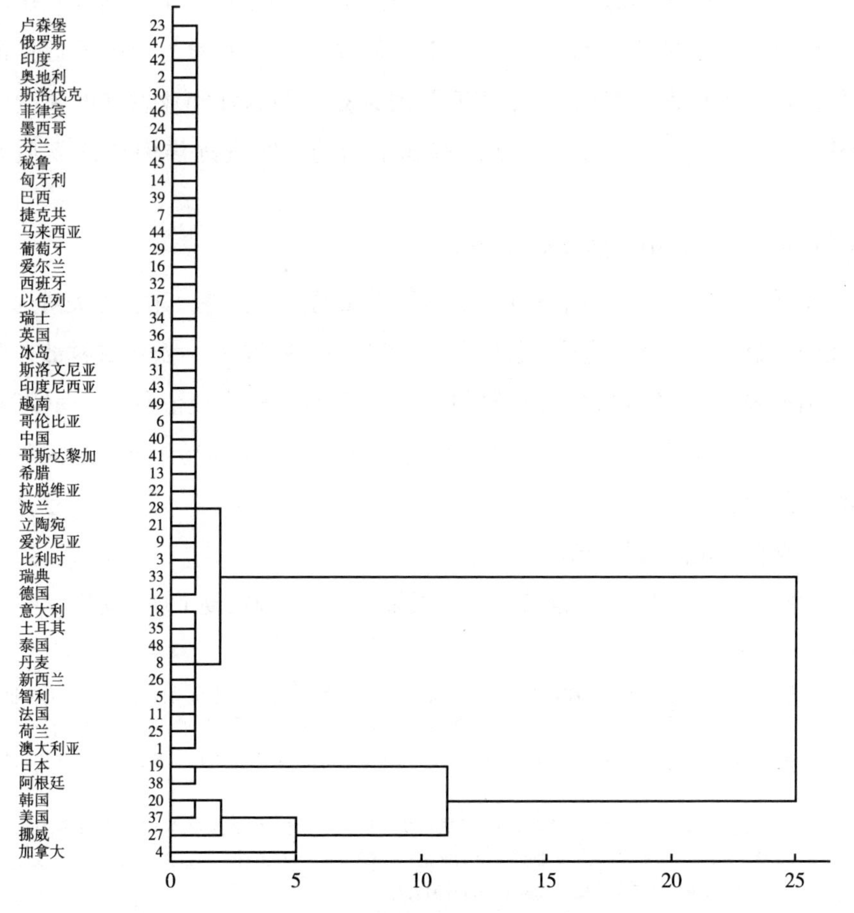

图2 各国海洋渔业治理监管情况

通过聚类分析可以看出，中国与巴西、印度、马来西亚、印度尼西亚等国家的情况比较接近，而与美国、韩国等国家的差别较大。

五　总结与展望

“十四五”时期，远洋渔业发展有挑战也有机遇。受新冠疫情、贸易保护主义和乌克兰危机影响，世界经济衰退，中国远洋渔业遭受巨大冲击，企业招工、渔船检验、人员轮岗等出现困难。与此同时，世界市场对优质水产品的需求不断增长，构建以国内大循环为主体、国内国际双循环相互促进的新发展格局与“一带一路”倡议等深入实施，为中国远洋渔业发展创造了机遇。因此，“十四五”时期是中国远洋渔业发展的关键转型期。[①] 建议在“十四五”时期采取如下措施，实现远洋渔业的高质量发展。

1. 加大对远洋渔业的资金投入力度

发展远洋渔业是一项系统工程，需要大量的资金支持，建议加大对远洋渔业的资金投入力度。值得关注的是，2021 年 4 月 22 日，农业农村部办公厅、国家乡村振兴局综合司印发的《社会资本投资农业农村指引（2021 年）》也提出推进海洋牧场和深远海大型智能化养殖渔场建设，加大对远洋渔业的投资力度。[②]

2. 坚持“走出去”战略

中国渔业“走出去”已经取得一些成果，远洋渔业得到了规范有序发展，[③]

---

① 《“十四五”远洋渔业发展蓝图绘就——农业农村部渔业渔政管理局局长刘新中就〈农业农村部关于促进“十四五”远洋渔业高质量发展的意见〉答记者问》，农业农村部网站，2022 年 3 月 2 日，http：//www. moa. gov. cn/ztzl/scwgh/jiedu/202203/t20220302_ 6390238. htm。

② 《农业农村部办公厅　国家乡村振兴局综合司关于印发〈社会资本投资农业农村指引（2021 年）〉的通知》，农业农村部网站，2021 年 5 月 8 日，http：//www. moa. gov. cn/govpublic/CWS/202105/t20210508_ 6367317. htm。

③ 《农业现代化辉煌五年系列宣传之四：渔业高质量发展取得实效》，农业农村部网站，2021 年 5 月 12 日，http：//www. ghs. moa. gov. cn/ghgl/202105/t20210512_ 6367567. htm。

双边渔业合作取得新进展，多边渔业合作迈出新步伐。[①] 建议在区域布局方面巩固发展大洋性渔业，细化金枪鱼、鱿鱼、中上层鱼类及极地渔业区域布局；规范和优化过洋性渔业，精细化管理东南亚和西非等传统合作区，积极开展与南太和东非等新兴地区的合作，稳步开展与拉美、南亚、西亚等潜力地区的合作。[②]

3. 维护远洋渔业资源可持续发展

中国应该积极成为维护远洋渔业资源可持续发展的中坚力量。2020 年，中国首次试行开展公海自主休渔。2021 年 6 月，农业农村部印发通知，部署实施 2022 年公海自主休渔措施。研究指出，休渔后，相关海域鱿鱼的生长发育情况明显改善，单船产量也有所提升，资源状况正在好转，休渔成效初步显现，已经取得良好的生态、经济及社会效益。[③]

4. 坚持构建以国内大循环为主体、国内国际双循环相互促进的新发展格局

受新冠疫情、贸易保护主义、乌克兰危机等多重影响，世界经济发展的不确定性增大，全球经济衰退，中国远洋渔业发展遭受挑战，部分企业经营遇到困难。中国是世界第二大经济体，远洋渔业企业不但要关注国外市场发展，同时应该重视国内市场发展，尤其是中部和西部新兴市场的发展，应坚持构建以国内大循环为主体、国内国际双循环相互促进的新发展格局，推动经济增长实现新突破。

---

① 《“十三五”渔业亮点连载丨我国渔业走出去成效显著》，农业农村部网站，2021 年 1 月 4 日，http：//www. yyj. moa. gov. cn/gzdt/202101/t20210104_ 6359370. htm。

② 《“十四五”远洋渔业发展蓝图绘就——农业农村部渔业渔政管理局局长刘新中就〈农业农村部关于促进“十四五”远洋渔业高质量发展的意见〉答记者问》，农业农村部网站，2022 年 3 月 2 日，http：//www. moa. gov. cn/ztzl/scwgh/jiedu/202203/t20220302_ 6390238. htm。

③ 《我国实施 2022 年公海自主休渔措施首次在印度洋北部公海海域试行自主休渔》，“中国远洋渔业协会”微信公众号，2022 年 5 月 26 日，https：//mp. weixin. qq. com/s？ _ _ biz = MzU4OTE3MjkxMQ = = &mid = 2247487169&idx = 1&sn = 281f39193a71ed3d2199655df88de149&chksm = fdd0d701caa75e17c5e5f4c5056a050d9027041770a84c1749339f43ead0cc2140a1e0575748& mpshare = 1&scene = 1&srcid = 05262mIO7FVB72OJlEz1ZqKo&sharer _ sharetime = 1653530965335&sharer _ shareid = 5cafe12acf4e4711787ed4c689804220#rd。

B.12

2021年中国海洋灾害社会应对发展报告*

罗余方　袁　湘**

摘　要：　我国是一个陆海兼具的国家，也是世界上遭受海洋灾害影响最严重的国家之一。随着海洋经济的快速发展、海洋开发热潮的推进，沿海地区海洋灾害风险日益突出，海洋污染等造成的人为海洋灾害也在增加，国家蒙受了巨大的经济损失，亟须开展海洋防灾减灾工作。本报告以时间为轴线，简要概述了2020~2021年的海洋灾害及其社会应对基本情况，从不同应灾主体出发阐述了海洋灾害的社会应对机制，并以此为基础对目前海洋灾害的应对措施与方案提出了相应的建议。

关键词：　海洋灾害　社会应对　应急机制

在世界范围内，中国是遭受海洋灾害影响最严重的国家之一。海洋灾害所造成的影响也变得愈加明显，不仅影响着国人的生命安全，也影响着我国海洋经济的发展，海洋防灾减灾形势严峻。2021年，自然资源部切实承担海洋防灾减灾工作职责，积极开展海洋观测、预警预报和风险防范

---

* 本报告系教育部人文社科基金青年项目“东南沿海地区自然灾害及其应对经验的人类学研究”（项目编号：22YJC850006）、广东省哲学社会科学“十三五”规划2020年度粤东西北专项基金项目“灾害人类学视角下基层社区台风应对的社会韧性机制研究”（项目编号：GD20YDXZSH25）的阶段性成果。

** 罗余方，广东沿海经济带发展研究院海洋文化与社会治理研究所研究员，广东海洋大学法政学院讲师，研究方向为灾害人类学、环境人类学；袁湘，广东海洋大学法政学院社会学专业2021级本科生，研究方向为海洋社会学。

等工作。沿海城市各级党委、政府积极发挥抗灾救灾主体作用，提早部署、科学应对，争取最大限度地减轻海洋灾害造成的人员伤亡和财产损失。

一　2021年我国海洋灾害的基本情况

2021 年，我国海洋灾害以风暴潮、海浪和海冰灾害为主，共造成直接经济损失 307087.38 万元，死亡失踪 28 人。其中，风暴潮灾害造成直接经济损失 246738.22 万元，死亡失踪 2 人；海浪灾害造成直接经济损失 10537.50 万元，死亡失踪 26 人；海冰灾害造成直接经济损失 49811.66 万元。赤潮发生 58 次，累计面积达 23277 平方千米，较上年明显扩大；绿潮最大分布面积达 61898 平方千米，最大覆盖面积达 1746 平方千米，均为历史最高值。与近 10 年（2012~2021 年，下同）相比，2021 年海洋灾害直接经济损失和死亡失踪人数均低于平均值，分别为平均值的 36%和 62%（见图 1）。与 2020 年相比，2021 年海洋灾害直接经济损失和死亡失踪人数均有所增加，分别为 2020 年的 3.88 倍和 4.67 倍。2021 年，风暴潮灾害是各类海洋灾害中造成直接经济损失最严重的灾害，80%的直接经济损失皆由其造成；海浪灾害导致了大部分的人员死亡失踪事故，占总数的 93%。单次海洋灾害过程中，造成直接经济损失最严重的是“210920”温带风暴潮灾害，造成直接经济损失 97606.56 万元，为近 10 年造成直接经济损失最严重的温带风暴潮灾害过程。①

2021 年，浙江省是风暴潮灾害造成直接经济损失最严重的省份，直接经济损失达 94609.70 万元，占 2021 年风暴潮灾害总直接经济损失的 38%，与近 10 年浙江省风暴潮灾害直接经济损失相比，2021 年其风暴潮灾害直接经济损失为平均值（195518.28 万元）的 48%。受温带风暴潮灾害影响最严

① 《2021 年中国海洋灾害公报》，中国海洋信息网，2022 年 4 月，http：//www.nmdis.org.cn/hygb/zghyzhgb/2021nzghyzhgb/。

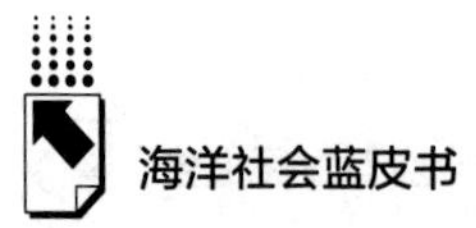

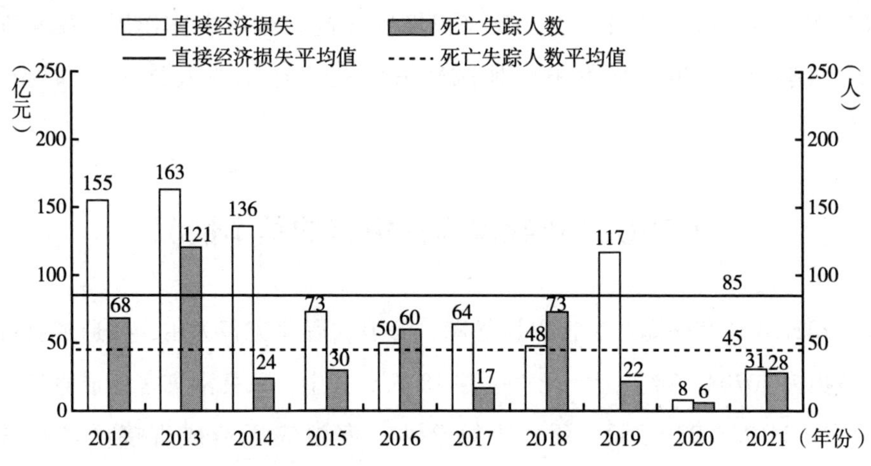

图1　2012~2021年海洋灾害直接经济损失和死亡失踪人数统计

资料来源：2012~2021年《中国海洋灾害公报》。

重的省份是辽宁省，直接经济损失达87509.11万元，占温带风暴潮灾害总直接经济损失的76%。与近10年相比，2021年风暴潮过程发生次数与平均值（16.0次）持平，台风风暴潮过程发生次数、温带风暴潮过程发生次数以及风暴潮致灾次数均与平均值（10.2次、5.8次和8.9次）持平。1次风暴潮过程达到红色预警级别，为2106“烟花”台风风暴潮。2021年风暴潮灾害直接经济损失为近10年第二低值，为平均值（784069.32万元）的31%。①

2021年，海浪灾害导致直接经济损失最大的省份是山东省，直接经济损失达7815.50万元，占海浪灾害总直接经济损失的74%；与近10年山东省海浪灾害直接经济损失相比，2021年山东省海浪灾害直接经济损失为平均值（2334.26万元）的3.35倍。2021年，海浪灾害死亡失踪人数最多的省份是江苏省，死亡失踪15人，占海浪灾害总死亡失踪人数的58%。②

2021年，我国近海共发生有效波高4.0米及以上的灾害性海浪过程35

① 《2021年中国海洋灾害公报》，中国海洋信息网，2022年4月，http://www.nmdis.org.cn/hygb/zghyzhgb/2021nzghyzhgb/。

② 《2021年中国海洋灾害公报》，中国海洋信息网，2022年4月，http://www.nmdis.org.cn/hygb/zghyzhgb/2021nzghyzhgb/。

次，其中有 11 次是台风浪，24 次是冷空气浪和气旋浪。发生海浪灾害过程 9 次，直接经济损失 10537.50 万元，死亡失踪 26 人。[①]

二　政府的灾害应对相关法律法规的完善

2021 年，我国的应急管理体系和能力建设在 2020 年的基础上继续完善，以习近平新时代中国特色社会主义思想和习近平生态文明思想为指引，准确把握新时期自然资源管理需求，构建中央和地方分工协作、高效运行的海洋生态预警监测业务体系，预警生态问题与潜在风险，提出保护措施与建议，完善法律法规体系。

（一）海洋灾害应急预案的完善

2019 年，自然资源部办公厅以 2005 年颁布的《风暴潮、海啸、海冰灾害应急预案》和《赤潮灾害应急预案》为基础修订印发了《海洋灾害应急预案》。[②] 2022 年 8 月 30 日，为进一步提高海洋灾害应对工作的科学性和可操作性，自然资源部办公厅对《海洋灾害应急预案》进行了修订。该预案包括总则、组织机构及职责、应急响应启动标准、响应程序、保障措施、应急预案管理和附件七部分内容，这七部分内容可以有效地适用于我国自然资源部开展的相关防灾减灾工作。该预案明确，组织协调海洋灾害观测、预警、调查评估和值班信息及约稿编制报送等工作由自然资源部海洋预警监测司负责，高效落实传达相关信息和督促的工作由自然资源部办公厅负责，自然资源部办公厅同样需要落实党中央、国务院领导同志有关指示批示，协助海洋预警监测司按程序上报值班信息等工作。该预案将自然资源部各海区局等部属单位的职责阐述得十分详细。

① 《2021 年中国海洋灾害公报》，中国海洋信息网，2022 年 4 月，http：//www.nmdis.org.cn/hygb/zghyzhgb/2021nzghyzhgb/。

② 《自然资源部办公厅关于印发海洋灾害应急预案的通知》，自然资源部网站，2022 年 9 月 2 日，http：//gi.mnr.gov.cn/202209/t20220902_ 2758270.html。

该预案提出，按照影响严重程度、影响范围和影响时长，将海洋灾害应急响应划分为不同的等级，分别对应最高至最低响应级别，响应级别可根据灾害实时状况适当调整。应急响应程序被明确为海洋灾害预判预警、应急响应、应急响应终止、信息公开、工作总结与评估。同时，该预案提出了明确要求，强调自然资源部各海区局以及相关单位应强化对海洋观测预报仪器设备和数据传输系统运行状况的监测，确保海洋的观测数据可以安全传输共享，且各单位应当在海洋观测预报仪器设备或数据传输系统出现错误运行时逐级报告并设法修复。沿海各省份自然资源（海洋）主管部门要参照该预案，结合当地需求和实际，组织制定本省份的海洋灾害应急预案，并向自然资源部和本省份应急管理部门备案。

海洋灾害监测预警业务运行体系由自然资源部统一领导，自然资源部负责发布应急响应命令，密切关注相关动态，协调指挥应急工作，如遇到重大灾情还会派出灾害应急工作组提供相关支持。

（二）海洋灾害相关应对方案的推行

关于防灾减灾，应急管理部国家减灾中心在 2022 年 5 月 13 日发布了《构建科学先进的气候系统预测手段支撑防灾减灾》。该文件提到了我国在气候预测方面的三个研究成果。一是在气候预测方面实现了 ENSO 和 SST 预测准确度的明显提高；二是形成了有效的东亚延伸期预报方法；三是东亚主要区域“季节—年际”预测水平有了质的提升，在创建若干有效的年代际气候预测模型等季风气候预测方面实现了重要突破。① 气候预测是防灾减灾的关键，气候预测水平的提高不仅为防灾减灾工作提供了更多准备时间，并且可以最大限度地减小海洋灾害造成的损失。

2022 年以来，应急管理部国家减灾中心深入贯彻落实应急管理工作部署，大力加强卫星能力建设，扎实推进业务需求对接、机制建设、专业力量

---

① 《构建科学先进的气候系统预测手段支撑防灾减灾》，国家减灾网，2022 年 5 月 13 日，http：//www. ndrcc. org. cn/fzjzlt2022zte/26300. jhtml。

融合等工作，着力做强卫星减灾应用中心，切实提升卫星遥感对核心业务的技术支撑能力。做好中心内部力量融合，围绕打造“两中心一库”目标，做好卫星遥感与灾害综合风险监测预警等中心专业技术力量的融合，积极参加灾情调度会，密切关注各类自然灾害的发生、发展，强化卫星遥感对灾害风险监测预警的支撑力度。①

2022 年 8 月 24 日，“智能海啸信息处理系统”成功通过了专家评审，这款由国家海洋环境预报中心（自然资源部海啸预警中心）自主研发的系统将成为新一代智能化海啸预警决策系统。该系统的设计与功能体系能够充分帮助我国海域范围内的各级组织更加高效地完成工作，海啸预警时效性和准确性达到国内和国际海啸预警业务运行指标。与会专家一致同意“智能海啸信息处理系统”通过评审，建议进一步加强系统的优化和完善，并积极开展面向共建“一带一路”国家和地区的应用推广。②

三　社会组织的海洋灾害应对措施

在海洋灾害应对与治理的过程中，政府扮演着主导性角色，当重大灾害发生之后，政府会启动应急预案并调动各方面资源进行应灾救援。如上文所述，近年来我国政府在海洋灾害方面构建的应急管理机制越来越完善，但在具体的地方实践中仍然暴露了很多的问题，亟待研究和反思。大量的经验总结表明，政府的应急救援行动存在很大的局限性，无论是应急救灾的时效性，还是信息传递的速度，都说明了单纯靠政府的力量无法达到应急救灾的最大效果。而社会组织的力量能否积极参与、有效配合，直接关系到应急管理的效率乃至成败。因此，想要从根本上弥补政府单方面主导的救灾模式所存在的不足之处，需要广泛接纳来自社会各层的救灾力量，鼓励全社会力量

① 《国家减灾中心（卫星减灾应用中心）大力加强卫星能力建设》，国家减灾网，2022 年 5 月 7 日，http：//www. ndrcc. org. cn/jzzxyw/26378. jhtml。

② 《我国自主研发的“智能海啸信息处理系统”顺利通过专家评审，助力海洋科技实现高水平自立自强》，澎湃网，2022 年 8 月 26 日，https：//m. thepaper. cn/baijiahao_ 19628522。

积极参与防灾救灾。

社会组织在2020~2021年的海洋灾害救灾过程中起到了非常重要的作用，无论是物资援助、医疗救护，还是灾后重建，社会组织均有抢眼的表现，引起了社会各界的关注和认可。与政府相比，社会组织在应急救灾中具有较强的灵活性、专业性、公益性、针对性、适应性，能够解决政府减灾救灾所面临的财力不足的问题，对重塑政府与社会之间的关系、提升灾害应对救助效率和成功率以及培育社会公益理念具有重要的价值。①

在我国的海上搜救行动中，社会力量也扮演着非常重要的角色。2011~2020年，中国海上搜救中心组织搜救行动19914次，累计救助超过15万人，挽回财产损失超过730亿元。这其中，社会力量参与海上险情救助的船舶占搜救船舶总数的67.2%。② 社会力量是我国海上救助力量的重要补充，为维护海上交通安全、保障人民的生命财产安全做出了重要的贡献，保障了我国从事渔业工作的百姓的生命安全，真正做到了为人民服务。

2020年8月4日，第4号台风“黑格比”在浙江省乐清市沿海登陆，登陆时最大风力达13级。在台风来临之前，浙江省民政厅下发了《关于引导动员社会组织积极参与台风“黑格比”防台救灾工作的紧急通知》，引导动员社会组织积极参与防灾救灾工作。据不完全统计，截至2020年8月4日，浙江省各级共有应急救援类，公益慈善类以及社区、社工、志愿类等七大类1878个社会组织16290人参与防灾救灾工作，投入直升机1架、防汛救援车317辆、冲锋舟180艘、划艇及摩托艇101艘、抽水泵109台、救生衣1691件、发电机44台。温州市共有106家社会组织协助当地党委、政府积极参与抗灾工作，共派出队员3500余人，出动应急车辆140余辆、冲锋舟20余艘。台州市动员242家社会组织，出动890人，发挥自身专业优势，

① 刘海英：《大扶贫：公益组织的实践与建议》，社会科学文献出版社，2011，第27页。

② 《海上搜救行动中社会力量有何作用？交通运输部答南都》，搜狐网，2021年5月27日，https：//www.sohu.com/a/468866696_161795。

积极参与抗灾工作。①

社会组织在灾前深入社区，积极参与防灾抗灾宣传，转移疏散群众，对码头船只进行排查，确保渔船安全避险；在灾害来临之时参与救援灾民，及时清除路面障碍，维护修复道路交通设施。社会组织形成了防灾抗灾的社会力量，大大提升了沿海地区防灾抗灾的能力，降低了海洋灾害带来的损失。

四　社区的防灾减灾举措

近年来，在我国经济较为发达的沿海地区，海洋灾害风险日益突出，海洋防灾减灾形势严峻。② 强化社区居民的防范意识，在面对海洋灾害发生时能够最大限度地降低经济损失、减轻伤亡，同时能够发挥百姓面对灾害的主动性，积极配合政府的救灾工作，达到更好的救灾效果。

2021 年，我国部分地区开展了社区防灾减灾及应急宣传教育，以增强群众的防灾减灾意识。以浙江省舟山市为例，由于海洋环境复杂多变，舟山市是我国受海洋灾害影响最严重的城市之一，舟山市的社会经济发展和居民生命财产安全被海洋灾害严重地威胁着。近年来，舟山市不断推进海洋防灾减灾建设，加快建设海洋综合减灾县和减灾社区。截至 2020 年，舟山市已完成 40 个海洋风险隐患区核定、5 个 1 级隐患区整治，建成了 2 个海洋综合减灾县和 10 个海洋综合减灾社区。③

在社区内，政府积极推动不同组织进行海洋灾害知识普及，加强社区居民对海洋灾害的重视，通过公益活动使社区居民切实体会海洋灾害应对过程，为应对海洋灾害做好准备。党的十八大以来，习近平总书记始终高

① 《我省积极引导社会组织参与台风“黑格比”防台救灾工作》，浙江省人民政府网站，2020 年 8 月 5 日，https：//www. zj. gov. cn/art/2020/8/5/art_ 1229413434_ 59036380. html。

② 《防灾减灾宣传周丨了解身边海洋灾害，关注海洋灾害预警》，网易网，2022 年 5 月 12 日，https：//www. 163. com/dy/article/H76HS5TT051492EO. html。

③ 郭媛媛、邬海翔：《“织”就防灾网　打造平安海——舟山市多措并举构建海洋预报减灾体系综述》，《浙江国土资源》2019 年第 10 期，第 2 页。

度重视防灾减灾救灾工作，强调要健全风险防范化解机制，坚持从源头上防范化解重大安全风险，真正把问题解决在萌芽之时、成灾之前。[①] 防灾减灾救灾事关人民生命财产安全，事关社会和谐稳定。社会公众应了解防灾减灾知识，共同提升防灾减灾意识和应急避险能力，筑牢社会安全防线。[②]

五　总结与反思

（一）总结

本报告以时间为轴线，简单梳理了 2021～2022 年海洋灾害所造成的影响和社会应对措施，从中可以发现，我国对海洋灾害的解决思维渐渐从“救灾”转变为“防灾”，开始注重海洋灾害发生前的防灾减灾建设工作，“未雨绸缪”的思维体现在了防灾减灾方案举措中。为此，我国在海岸带保护修复、海洋灾害风险普查、预警中心建立和应急预案完善等多个方面贯彻防灾减灾思想。对于海洋灾害应对的规划，中央政府选择将防灾减灾救灾的主体范围逐步扩大，改变由政府主导的局面，实施科学化管理。中央政府负责统管全局，将救灾任务落实到各个部门，再由各个部门针对具体情况来计划救灾的实施。并且，我国开始重视沿海社区居民的重要性，充分利用沿海社区居民依据以往抗灾经验所总结的经验。这种形式的转变能够有效地减少海洋灾害发生过程中的损失，更好地应对海洋灾害过程中的突发状况。同时，各地社会组织的发展逐渐完善，使社会的应灾工作更加科学化、规范化、合理化。

① 《坚持把防范化解国家安全风险摆在突出位置》，中国军网，2022 年 7 月 13 日，http：//www. 81. cn/jfjbmap/content/2022-07/13/content_ 319692. htm。

② 《防灾减灾宣传周丨了解身边海洋灾害，关注海洋灾害预警》，网易网，2022 年 5 月 12 日，https：//www. 163. com/dy/article/H76HS5TT051492EO. html。

（二）反思和建议

1.在政府管理层面，进一步完善防灾减灾法律体系

近几年，我国逐渐重视防灾减灾，在防灾减灾方面出台了许多政策，但我国防灾减灾方面的法律制度仍旧不完善，需要通过立法等方式逐步完善防灾减灾法律体系。法律体系不健全，将会影响防灾减灾和灾害救助等工作，不利于提高灾区开展救援的效率。灾区接受的捐款如何监管、如何使用，何人有权使用，这些问题都需要一个明确的答案，以保障灾民的基本权利。未来，我国在进行海洋灾害应对体制机制改革过程中，应该同步推进健全法律法规的工作，确保改革的顺利进行，以规范我国应对海洋灾害的方式，提高我国的海洋灾害应对能力，减小海洋灾害所带来的损失。同时，随着我国开始重视社会组织在防灾救灾中的作用，需要为社会组织构建一个开放且有保障的法律法规体系，提升社会组织在防灾救灾工作中的积极性。更加需要明确政府与社会组织在灾害治理中的关系，政府应激励和引导社会组织加强对海洋灾害的应对，充分发挥社会组织在防灾救灾中的作用。

2.在社会组织层面，发挥各类社会组织参与救灾的积极作用

全国各地的社会组织一直致力于培养民众的防灾意识和自救能力，以达到全民抗灾的效果。同时，社会组织在物资援助、医疗救护和灾后重建等方面也表现出了自身的优势。我国政府逐渐重视社会组织的作用，出台了相关政策对社会组织进行引导，促使其积极发挥自身特长。尽管我国完善了法律法规方面的工作，但在实际运行方面，社会组织很难与政府进行有效的沟通，而有信息壁垒的低效率沟通方式和无法统一的物资分配方式是影响救灾效率的最关键问题。因此，需要在社会组织之间建立救灾联合机制，以政府为主导，在各个社会组织之间建立有效的信息沟通网络，发挥每个社会组织的能动性，以加强各项资源的有效统计、整合及分析，并按照灾区所需物资进行合理分配。在防灾方面，政府需要起到领导作用，积极与相关社会组织配合并指导不同类型的社会组织发挥有效作用，同时适度地提供相应的资源，来帮助社会组织充分发挥作用，构建社会组织在当地的文化标志。除此之外，社会组织也需要完善内部监管机制，确保救灾工作的顺利进行。从防灾救灾实际需求出发，我国要完善防灾减灾体系建设，提升自身的海洋灾害应对能力。

3. 在社会层面，加强基层社区海洋灾害应对的社会韧性建设

习近平总书记在对防灾减灾救灾工作作出重要指示时强调："要牢固树立以人民为中心的思想，全力组织开展抢险救灾工作，最大限度减少人员伤亡，妥善安排好受灾群众生活，最大程度降低灾害损失。"① 要提高应急工作效率，落实每一个主体的工作责任，将预案措施阐述详细，确保灾情能够被快速处理。要加强气象、洪涝、地质灾害监测预警，紧盯各类重点隐患区域，开展拉网式排查，严防各类灾害和次生灾害发生。基层是减灾工作的薄弱和重点所在，我国将提升基层减灾能力作为工作重点，重视对基层社区居民海洋灾害应对意识的培养。社区居民作为最直接面对海洋灾害的主体，应该拥有基本的避灾意识、掌握有效的避灾方法，提高自身在灾害中的生存率。防灾减灾服务应紧跟居民需求，不断提升有效供给。不论是将气象预警信息精准送达，还是贴心考虑残疾人、老人等群体避险时的特殊需求，或是利用"互联网+"手段实时为居民答疑解惑，都可以在以人为本的基础上，提升防灾减灾的实效。② 需要结合社区制度文化、观念文化、物质文化和行为文化，积极推动社区减灾文化的发展，重视农村社区对应对海洋灾害知识的挖掘、保护和利用，最大限度地肯定其价值。加强社区内部抗灾救灾的韧性能够积极发挥社区居民应对海洋灾害的作用，协助政府救助，提高海洋灾害应对效率。除此之外，加强海洋灾害教育对提升基层海洋灾害应对的社会韧性也尤为重要。海洋灾害教育的主要目的是提高公众防范灾害的意识和应对灾害的能力，继而减少灾害造成的个人生命财产损失。海洋灾害教育内容包括保护海洋生态环境、应对海洋灾害的意识、自救互救

---

① 《习近平谈防灾减灾救灾》，"党建网"百家号，2020 年 5 月 12 日，https://baijiahao.baidu.com/s?id=1666438947906617190&wfr=spider&for=pc。

② 《评论：防灾减灾，于基层见真功》，中国气象局网站，2017 年 5 月 12 日，http://www.cma.gov.cn/2011xwzx/2011xqxxw/2011xqxyw/201705/t20170512_409722.html。

知识与能力等。[1] 海洋灾害教育的对象应该是全体社会公众，因为只有提高社会公众的海洋灾害意识和应对海洋灾害的技能，才能从根本上达到海洋防灾减灾的目的。我国目前的海洋灾害教育还不够完善，与很多发达国家相比，我国的海洋灾害教育缺乏常态化的机制和系统的教育内容。在宏观上，需要接受海洋灾害教育的公众与社会、学校，政府、社会组织等主体之间是脱节的，缺乏有机的配合，这就导致大部分公众的海洋灾害知识比较零散，主要来自社区、新闻媒体或者学校在海洋日、防灾减灾日等节日上开展的海洋灾害宣传活动，而有关防灾减灾的培训演练更是严重缺乏。因此，我国应该加大对海洋灾害教育理论与实践的研究力度，建立健全海洋灾害教育体系，让政府、学校、社会组织和公众广泛参与、有机配合，以达到海洋灾害教育的最佳效果。对于防灾减灾工作，政府组织、社区组织及个人缺一不可，唯有三者协同合作、守好各自的岗位，才能在灾害来临时沉着应对。

参考文献

王绍玉、徐静珍：《社区减灾文化建设：广东省阳江市建设农村社区减灾文化的成功尝试》，载国家减灾委办公室、国家减灾委专家委员会编《国家综合防灾减灾与可持续发展论坛论文集》，2011，第 403~411 页。

《中共中央国务院关于推进防灾减灾救灾体制机制改革的意见》，中国政府网，2017 年 1 月 10 日，http：//www. gov. cn/zhengce/2017-01/10/content_ 5158595. htm。

① 尹盼盼：《政府与社会视角下我国海洋灾害教育研究》，硕士学位论文，中国海洋大学，2015。

B.13

2021年中国海洋执法与海洋权益维护发展报告

宋宁而　李文秀*

摘　要： 党的十八大提出海洋强国战略，要求运用综合性海上优势，最大限度地维护国家利益。在法律层面，2021年2月1日，《中华人民共和国海警法》正式实施，为海上执法活动提供了坚实的法律保障，海上执法迎来新篇章。在实践层面，中国海警局组织多次专项执法行动，坚决遏制海上违法违规行为，有力维护了我国的海洋权益。在理念层面，中国海警局积极参与地区和国际海上执法合作，推动海洋命运共同体理念广泛传播。目前，我国海洋执法和海洋权益维护呈现法治建设成果先进化、综合化，海上综合治理精确化、协作化的趋势。但是，针对当前制度体系不够清晰、海警执法能力不足的问题，我国应继续推进法治和制度建设，建设一支本领过硬的海警队伍。

关键词： 海洋执法　海洋维权　海警法

一　2021年我国海洋执法与海洋维权重要事项

2021年，随着各类专项执法行动的开展，我国海洋事业不断发展，海

* 宋宁而，海事科学博士，中国海洋大学国际事务与公共管理学院副教授、硕士研究生导师，研究方向为国际政治学、日本海洋战略与中日关系；李文秀，中国海洋大学国际事务与公共管理学院2021级国际关系专业硕士研究生，研究方向为日本海洋政策与中日关系。

上治安秩序良好，海洋环境保护成果丰富，海洋资源开发稳步进行。为加快实现海洋强国战略，进一步巩固海洋执法和海洋维权的成果，须继续加强法治和制度建设，加快海警人才队伍建设，构建海洋命运共同体。

（一）专项执法行动效果良好

1. 海上治安

2021 年，中国海警局以依法治海、规范执法行为为主线，组织“国门利剑 2021”等海洋专项执法行动，以严打高压态势应对违法违规行为，消除多年隐患问题。这些专项执法行动在建党百年之际维护了海上环境的安全稳定，为实现 2035 年远景目标提供了坚实的保障。

其中，“国门利剑 2021”专项执法行动取得了巨大成果。此次专项执法行动自 2021 年 3 月启动，由中国海警局组织开展，旨在保障国家安全和人民福祉。涉税商品走私成为此次专项执法行动的打击重点，冷链食品走私入境也在打击行列。[①] 此次专项执法行动成功避免了走私产品对国内市场的冲击，同时切断了传染病源进入国内的渠道，保护了我国海洋生态环境的稳定。专项执法行动开展后，各省份的海警机构纷纷响应。呼和浩特海关深入推进此次专项执法行动以及关区打击冻品走私专项行动，全年查办的刑事案件和行政案件的数量和案值明显增长，对冻品走私进行持续高压打击，专项执法行动取得了明显实效。[②] 另外，在“五重执法”要求下，广东省海洋执法效果显著，查获各类涉海违法案件共 4402 宗。[③]

回顾 2021 年，中国海警局先后破获了“2021. 5. 14”特大走私废物案、“2021. 6. 2”特大走私成品油案、“2021. 8. 30”走私国家禁止进出口的货物物品案等案件，全年共查获各类走私案件 830 起，查处侦破各类治安刑事案

---

① 《中国海警局部署开展打击海上走私“国门利剑 2021”专项行动》，中国海警局网站，2021 年 3 月 3 日，http：//www. ccg. gov. cn//2021/hjyw_ 0303/403. html。

② 《呼和浩特海关“国门利剑 2021”行动战果丰硕》，呼和浩特海关网站，2022 年 1 月 30 日，http：//fuzhou. customs. gov. cn/hhht_ customs/566206/566207/4158258/index. html。

③ 《“五重执法”显实效，广东海洋综合执法 2021 年查处各类涉海违法案件 4402 宗》，腾讯网，2021 年 12 月 16 日，https：//view. inews. qq. com/a/20211216A0527V00。

件 2600 余起，有力维护了良好的海上治安秩序。[①]

2. 海洋环境保护

海洋环境保护问题直接关系到我国海洋产业的发展，间接影响到国家经济的总体发展。为了保护脆弱的海洋生态系统，及时发现和处理日益严重的海洋环境污染问题，中国海警局积极开展了专项执法行动。

2021 年 4 月 20 日，“碧海 2021” 海洋生态环境保护专项执法行动启动。此次专项执法行动由中国海警局牵头开展，联合生态环境部、交通运输部等部门。“碧海 2021” 海洋生态环境保护专项执法行动为期 7 个月，现已进入常态化、制度化开展的新阶段。各级海警机构围绕“十四五”时期重点任务要求，结合“碧海 2021” 海洋生态环境保护专项执法行动，明确包括陆源入海污染物排放在内的 8 个重点领域的重点任务。[②] 其中，广东全省上下联动，凭借近岸海域污染防治联合行动，全年共查处海洋环境违法案件 71 宗。[③] 福建省进一步细化分工，增加了强化转运、排放污染物污染防治和海洋生态环境违法行为有奖举报激励等内容。[④]

2021 年 8 月 26 日，生态环境部就 2021 年海洋生态环境保护工作召开新闻发布会。对比往年的数据，可以看到“碧海 2021” 海洋生态环境保护专项执法行动打击力度更为强硬，监管手段更为灵活，执法机制更为健全。[⑤]

2021 年，中国海警局执法范围不断扩大，执法检查数量大幅上升，突

① 《2021 年度海上缉私领域执法典型案例》，中国海警局网站，2022 年 2 月 6 日，http：//www. ccg. gov. cn//2022/wqzf_ 0206/1043. html。

② 《中国海警局联合三部委部署开展“碧海 2021” 海洋生态环境保护专项执法行动》，中国海洋发展研究中心网站，2021 年 4 月 22 日，http：//aoc. ouc. edu. cn/2021/0422/c13996a319960/page. htm。

③ 《“五重执法” 显实效，广东海洋综合执法 2021 年查处各类涉海违法案件 4402 宗》，腾讯网，2021 年 12 月 16 日，https：//view. inews. qq. com/a/20211216A0527V00。

④ 《福建启动“碧海 2021” 专项执法行动　严厉打击重点领域违法犯罪活动》，生态环境部网站，2021 年 6 月 11 日，https：//www. mee. gov. cn/ywdt/dfnews/202106/t20210611_ 837325. shtml。

⑤ 《“碧海 2021” 专项行动开展　累计检查海洋（海岸）工程建设项目 2281 个》，央广网，2021 年 8 月 26 日，https：//baijiahao. baidu. com/s? id = 1709141997228081247&wfr = spider&for = pc。

出的海洋生态污染问题得到集中解决，专项执法行动取得明显成效。专项执法行动也使各执法部门之间的协作配合不断深化，理论与实践的结合更为紧密，工作机制也逐渐健全。

3. 海洋自然资源开发利用

2021 年，为全面规范海洋自然资源开发利用秩序，促进海域、海岛、海岸线资源合理开发和可持续利用，中国海警局牵头并联合相关部门组织开展了一系列专项执法行动。中国海警局先后破获“2020. 6. 30”非法采矿案、“2021. 5. 30”非法捕捞水产品案等。[①]

在海洋资源开发方面，各省份以《中华人民共和国海警法》（以下简称《海警法》）赋予的法定职能为基石，结合中国海警局有关“海盾 2021”专项执法行动的通知文件，积极组织开展专项执法行动。厦门海警局于 2021 年 9 月 27 日起开展了为期 15 天的“深海卫士”海缆管护专项执法行动，确保国庆期间厦门海域海缆运行畅通安全。[②] 2021 年 11 月，台州海警局玉环工作站成功查获一起非法运输海砂案。[③] 在“海盾 2021”专项执法行动的开展下，各省份对管辖范围内的各类涉海项目进行了全面梳理排查，对海洋开发利用情况有了更为清晰的把握，坚决遏制了违法违规问题的发生。

在海洋渔业方面，旨在打击海洋渔业违法犯罪的“亮剑 2021”海洋伏季休渔专项执法行动于 2021 年 4 月底启动，为期 4 个半月。此次专项执法行动包括长江流域重点水域全面禁捕专项行动、水生野生动物保护专项行动等具体任务。2021 年 9 月，“亮剑 2021”海洋伏季休渔专项执法行动圆满结束，此次专项执法行动有效遏制了各类违法捕捞行为，保障了休渔期间的管理秩序。

“海盾 2021”“亮剑 2021”等各类专项执法行动的组织开展，促进了海

① 《2021 年度海洋资源环境和渔业领域海上执法典型案例》，中国海警局网站，2022 年 1 月 30 日，http：//www. ccg. gov. cn//2022/wqzf_ 0130/1040. html。

② 《厦门海警全力开展国庆期间海缆管护专项执法行动》，央广网，2021 年 10 月 3 日，http：//www. cnr. cn/fj/fjgd/20211003/t20211003_ 525623182. shtml。

③ 《重拳出击！玉环海警成功查获一起非法运输海砂案》，“浙江日报”百家号，2020 年 5 月 27 日，https：//baijiahao. baidu. com/s？ id = 1667847837801582457&wfr = spider&for = pc。

洋渔业资源的可持续发展。2021 年，我国查获违规违法渔船 1100 艘次，海上违法违规作业行为相较上年明显减少，我国海洋资源开发和利用得以可持续发展。[①]

（二）依法治海不断推进

第一，《海警法》通过并实施。2021 年 2 月 1 日，《海警法》正式实施，对建设海洋强国、维护国家海洋权益、构建海洋命运共同体、参与全球海洋治理有着重要意义，[②] 标志着我国依法治海进入了一个新的篇章。《海警法》以规范和保障海警机构的职责履行为直接目的，主要包括五方面内容：一是海警机构的性质和职责；二是海上维权执法的权限和措施；三是海警机构的经费和设施保障机制以及相关协作机制；四是海上执法国际合作的相关内容；五是监督和追责机制。

第二，《中华人民共和国海上交通安全法》（以下简称《海安法》）通过并实施。《海安法》自 1984 年生效以来，一直在保障海上交通安全方面发挥着重要作用。我国海洋经济蓬勃发展，海上交通环境日益复杂，安全风险显著增加，再加上海洋强国战略的提出，原先的《海安法》已无法适应新情况、新形势。为此，《海安法》的修订工作从 2002 年开始启动，新修订的《海安法》于 2021 年 9 月 1 日起施行。

第三，中国海警局编制了《海警机构海上行政执法事项指导目录（2021 年版）》（以下简称《指导目录》），编制时间为 2021 年 11 月。《指导目录》涉及海洋资源开发利用、海洋生态环境保护等重要领域，包括主要行政处罚和行政强制事项共计 527 项。[③] 中国海警局编制《指导目录》的目的是贯彻实施《海警法》，坚持依法治海，实现有法必依、文明执法，提

---

① 《“亮剑 2021”海洋伏季休渔专项执法行动结束》，中国政府网，2021 年 9 月 18 日，http：//www.gov.cn/xinwen/2021-09/18/content_ 5638303.htm。

② 崔野：《中国海上执法建设的新近态势与未来进路——基于 2018 年海上执法改革的考察》，《中国海洋大学学报》（社会科学版）2022 年第 2 期。

③ 《中国海警局编制印发〈海警机构海上行政执法事项指导目录（2021 年版）〉》，央广网，2021 年 11 月 4 日，http：//military.cnr.cn/ycdj/20211104/t20211104_ 525650756.html。

升我国海警执法队伍在民众中的公信力。

全面推进依法治海，是建设海洋强国的根本保证。《海警法》《海安法》等法律的制定和实施，使依法治海的目标和任务得以完善，中国海警局等机构的海上执法行动更加有法可依。

（三）海洋理念广泛传播

2021 年，中国海警局克服疫情影响，以海上维权执法为主线，积极参与多边机制，与周边国家展开线上和线下相结合的国际合作，为维护地区海上安全秩序、推进构建海洋命运共同体做出了积极努力。

首先，中国海警局与各国建立良好交流，深化合作共识。一是 2021 年 4 月，中韩以视频形式举行海洋事务对话合作机制首次会议，深化涉海科技、环保及执法等多领域的交流合作；[①] 二是 2021 年 10 月，中俄举行“海上联合-2021”联合军事演习，共同提高应对海上风险的能力，推动建立海上执法合作机制；[②] 三是 2021 年 11 月，中国海警局与巴基斯坦海上安全局举办首次高层会晤，双方致力于推动海上合作取得更大进展；[③] 四是 2021 年 11 月，中日海洋事务高级别磋商团长会谈上，双方就加强双多边机制沟通交流、合作打击海上犯罪、促进海警学员交流、继续开展海上搜救合作等达成共识。[④]

其次，中国海警局积极参与多边机制，广泛传播海洋命运共同体理念。2021 年 9 月，中国海警局参加了第 21 届北太平洋地区海岸警备执法机构论坛高官会，强调加强海洋国际合作。[⑤] 2021 年 12 月，中国海警局代表团参

① 《中韩举行海洋事务对话合作机制首次会议》，新华网，2021 年 4 月 14 日，http：//www. xinhuanet. com/2021-04/14/c_ 1127330408. htm。

② 《中俄“海上联合-2021”联合军事演习开幕》，国防部网站，2021 年 10 月 14 日，http：//www. mod. gov. cn/action/2021-10/14/content_ 4896828. htm。

③ 《中国海警局与巴基斯坦海上安全局举办首次高层会晤》，新华网，2021 年 11 月 9 日，http：//www. news. cn/politics/2021-11/09/c_ 1128048026. htm。

④ 《中日举行海洋事务高级别磋商团长会谈》，外交部网站，2021 年 11 月 10 日，http：//spainembassy. fmprc. gov. cn/wjbxw_ 673019/202111/t20211110_ 10446633. shtml。

⑤ 《第 21 届北太平洋地区海岸警备执法机构论坛高官会召开》，中国海事局网站，2021 年 9 月 18 日，https：//www. msa. gov. cn/html/xxgk/hsyw/20210918/56693523 - 3BB2 - 43BF - 8FC3-1A3FA855B8C2. html。

加了第 17 届亚洲地区海岸警备机构高官会高级别会议，积极建言献策。① 此外，中国海警局还曾参与全球海警负责人会议、南海地区海上执法桌面推演，积极推动海上执法合作。②

再次，中国海警局积极参与全球海洋治理，履行国际义务。2021 年 4 月，第一次中韩渔业协定暂定措施水域联合巡航开展，中韩两国海上执法部门表示，双方将进一步探讨深度合作的可能。③ 2021 年 7 月 30 日，中国海警局的舰船编队从上海启航，前往北太平洋公海进行为期 31 天的渔业执法巡航，此次北太平洋公海巡航是 2021 年 2 月《海警法》颁布以来中国海警局的首次巡航。④

最后，中国海警局积极开展宣传工作，展示良好的海警形象。一是建立中国海警英文网站；二是编制图文并茂的对外宣传册，采用多种语言介绍中国海警的组织架构和文化特色；三是利用各类双多边平台，宣传解读《海警法》，推动国内普法活动的开展，纠正国际社会对《海警法》的错误理解；四是借助微信公众号、微博等新媒体，展示大国海警的良好形象。

除了在国际上广泛传播海洋理念，中国海警局也积极通过各类形式在国内普及《海警法》。一是在线上宣传中，通过传统媒体及新媒体及时发布行动信息，曝光典型案例。此外，法治宣传短信成为海警机构普法宣传的另一条重要途径。漳州海警局先后向漳州沿海用户编发《海警法》普法短信 80 多万条。二是在线下宣传中，深入各县区渔村、渔港、码头，通过悬挂横幅、发放普法宣传单、张贴通告等方式，在渔民群体中

---

① 《中国海警局代表团参加第 17 届亚洲地区海岸警备机构高官会高级别会议》，新华网，2021 年 12 月 9 日，http://www.news.cn/mil/2021-12/09/c_1211480285.htm。

② 《中国海警局：严厉打击海上违法犯罪行为　有力维护海上秩序》，中国新闻网，2022 年 2 月 6 日，https://www.chinanews.com.cn/sh/2022/02-06/9669573.shtml。

③ 《中韩海上执法部门开展中韩渔业协定暂定措施水域联合巡航》，新华网，2021 年 4 月 27 日，http://www.xinhuanet.com/2021-04/27/c_1127383753.htm。

④ 《中国海警赴北太平洋公海开展渔业执法巡航》，新华网，2021 年 7 月 30 日，http://www.xinhuanet.com/2021-07/30/c_1127714104.htm。

营造良好的普法氛围，广泛发动群众举报违法犯罪线索，增强当地群众的法治意识。[①]

中国海警局在国际国内齐发力，助力构建海洋命运共同体。一方面，中国海警局积极参与全球海洋治理行动，切实履行自身义务，为维护全球海洋秩序的稳定不断努力，深刻展现了中国的大国形象；另一方面，中国海警局通过各类媒体加强普法宣传，凝聚社会守法遵法共识。

二　2021年海洋执法与海洋维权的成就及特点

（一）法治建设成果先进化和综合化

2021 年，在有关海洋执法和海洋权益维护的法治建设中，最重要的成果是《海警法》的通过和实施。《海警法》对我国海上执法、海洋权益维护具有深远的意义，是海警法治建设的里程碑，为新形势下坚持总体国家安全观、建设海洋强国提供了坚实的法治保障。《海警法》的出台开启了海上执法新格局，推动我国海上犯罪惩治走上法治化轨道。

此前，与《海警法》密切相关的《中华人民共和国人民武装警察法》和《中华人民共和国国防法》已经完成了修订工作。2019 年 1 月，《海警法》立法工作正式启动。在经历研究起草、评估审查、审议通过 3 个阶段后，《海警法》得以公布施行。[②]《海警法》以问题为导向，致力于解决海上维权执法实践中面临的问题，是新时代海上维权执法理论与实践的新成果。我国在坚持改革创新的同时合理借鉴国内外经验，确保《海警法》的合理性与先进性。

《海警法》有利于规范我国海洋执法和海洋维权行为。首先，从内容上

① 《海警法施行　福建有力净化海域生态》，中国新闻网，2021 年 3 月 10 日，http：//www.fj.chinanews.com.cn/news/2021/2021-03-10/481349.html。

② 《新时代海警建设发展的里程碑》，中国海警局网站，2021 年 2 月 1 日，http：//www.ccg.gov.cn/2021/hjyw_ 0201/362.html。

看，《海警法》涵盖了打击海上犯罪、海洋自然资源开发利用、海洋生态环境保护等各领域事项，内容丰富、范围广泛，涉及诸多海洋执法部门。其次，从机制上看，《海警法》确认了中国海警执法的主体资格。这有利于推进条约框架下的海上执法合作，为我国与国际社会建立良好而深度的合作打下了坚实的基础。最后，从理念上看，《海警法》体现了“共商、共建、共享”和海洋命运共同体理念。①

除《海警法》外，2021 年 9 月 1 日起施行的修订后的《海安法》同样展现出不可忽视的力量。修订后的《海安法》对原法做了大幅度的修改完善，“从科学表述适用范围、明晰无害通过和紧追权适用条件、明确中国籍船舶的域外管辖和强调多部门之间协作等 4 个方面体现国家维护海洋权益的决心”。② 修订后的《海安法》对我国的海上交通秩序起到了良好的规范作用，对我国的海洋安全和发展起到了保障作用。

《海警法》和《海安法》的制定和实施，体现了我国海洋法治建设的先进化和综合化。可以预见，在《海警法》和《海安法》等相关法律的规范下，未来中国海警将开启海洋执法和海洋维权新篇章，海上执法的广度和深度将得到更好的拓展。

（二）海上综合治理呈现新格局

1. 精确化

2021 年，我国海上综合治理呈现精确化的特点。2021 年 3 月 9～15 日，深圳市海洋综合执法支队利用大数据手段，对执法数据进行比对，建立违法行为多发海域范围清单及涉案渔船名单。为精准打击各类违法违规行为，该支队还组织船员学习 AIS 船载自动识别系统设备的操作方法，以借助科技手

① 《宗海谊：〈海警法〉开启海上执法合作新篇章》，环球网，2021 年 4 月 29 日，https://3w.huanqiu.com/a/de583b/42ufm5E3yA3?agt=11。

② 童飞、王进、姚思伟：《从维护国家海洋权益的角度看〈海上交通安全法〉的修订》，《中国海事》2022 年第 4 期。

段切实提升船员有效监控和应对突发事件的能力。①

2021 年 4 月，在“碧海 2021”海洋生态环境保护专项执法行动中，中国海警局运用技术手段，联合生态环境部，对重点项目开展定期、常态和重点巡查，推行“互联网+”执法模式，实施精准打击。②

2021 年 11 月，防城港海警局结合“碧海 2021”海洋生态环境保护专项执法行动，利用科技手段打击违法犯罪行为。通过无人机执法取证，防城港海警局在防城港市港口区东湾附近海域查获一起海洋倾废案。③

2021 年 12 月，在无人机的协助下，厦门市海洋综合行政执法支队执法人员精准出击，在环岛路“一国两制”沙滩附近滩涂一举收缴查没电鱼手抄设备 15 套。④

从以上案例可以看出，2021 年，我国海洋执法监管手段更加多样，特别是“互联网+”执法模式，有助于实施精准打击。

2. 协作化

2021 年 3 月，为期 1 个月的综合海洋执法行动在北海海区开展。此次执法行动由中国海警局北海分局联合部分省级海警局组织。

2021 年 4 月 1 日，青岛海警局联合青岛海事局、青岛市海洋发展局等多个部门采取船艇编队航行方式，开展“青岛市海上交通安全暨商渔船防碰撞联合执法行动”。此次联合执法行动有效震慑了海上违法犯罪行为，维护了辖区海域安全稳定。⑤

---

① 《科技加持精细监管　稳步提升执法效能——深圳市海洋综合执法支队借力执法船艇科技手段执法成效明显》，深圳市规划和自然资源局网站，2021 年 3 月 18 日，http：//pnr. sz. gov. cn/gkmlpt/content/8/8636/mmpost_ 8636143. html#4296。

② 《生态环境部召开 8 月例行新闻发布会》，生态环境部网站，2021 年 8 月 26 日，https：//www. mee. gov. cn/ywdt/zbft/202108/t20210826_ 860714. shtml。

③ 《防城港海警局利用无人机查获一起海洋倾废案》，中国新闻网，2021 年 11 月 30 日，http：//www. gx. chinanews. com. cn/sh/2021-11-30/detail-ihatmesa4603585. shtml。

④ 《厦门积极打造智慧监管网络为海洋渔业执法插上“科技翅膀”》，“潇湘晨报”百家号，2021 年 12 月 8 日，https：//baijiahao. baidu. com/s? id = 1718569021088690517&wfr = spider&for = pc。

⑤ 《联合执法在行动！青岛海警局强化海上执法联动和综合治理》，掌上青岛网，2021 年 4 月 2 日，http：//zsqd. app. qing5. com/mobile/content/270268? app = powerqd。

2021 年 7 月，根据生态环境部倾废监管系统通报的线索，辽宁海警局成功查获一起非法倾废案，这是中国海警局和生态环境部联合实行“互联网+”非法倾废活动监管的一起典型案例。[①] 为进一步提升执法公信力、提高执法质量，浙江海警局建立了海上综合治理体系，全力构建海上综合治理新格局。[②]

为贯彻落实《海警法》，多地海警深化海上执法协作。2021 年 4 月，滨州海警局与滨州市海洋发展渔业局召开联合执法会议，进一步完善协作机制，严厉打击走私等各类违法犯罪行为。[③] 2021 年 6 月 25 日至 7 月 5 日，中国海警局南海分局组织所属多地海警机构以及广东、广西、海南三省区的海洋综合执法力量在南海某海域开展海上综合执法行动。[④] 2021 年 8 月，盐城海警局与盐城市生态环境局签订了执法协作协议书，标志着盐城市生态环境综合执法与海上执法合作正式步入实施阶段。[⑤]

通过以上案例可知，海上协作是顺利完成海上执法的关键，体现了我国海上综合治理的特色。

三　海洋执法与海洋维权中存在的问题

（一）《海警法》与相关法律衔接不足

《海警法》是海警法律体系的核心与海警法治建设的重点。它的颁布

---

① 《精准打击　“互联网+”执法模式保护一方碧海》，光明网，2021 年 8 月 26 日，https：//m. gmw. cn/baijia/2021-08/26/35113810. html。

② 《浙江海警局以执法规范化建设带动海上综合执法工作提质增效》，中国海警局网站，2021 年 11 月 9 日，http：//www. ccg. gov. cn/2021/95110_ 1109/1269. html。

③ 《滨州海警局与滨州市海洋发展渔业局召开联合执法会议》，山东省政府门户网站，2021 年 4 月 28 日，http：//www. shandong. gov. cn/art/2021/4/28/art_ 97292_ 10289652. html。

④ 《丁铎：深化南海执法合作，难在哪？》，“环球网”百家号，2021 年 8 月 31 日，https：//baijiahao. baidu. com/s？ id = 1709564269940719343&wfr = spider&for = pc。

⑤ 《盐城市生态环境局与盐城海警局签订执法协作协议》，盐城市人民政府网站，2021 年 8 月 19 日，http：//www. yancheng. gov. cn/art/2021/8/19/art_ 94_ 3714096. html。

明确了中国海警局的属性定位、职权职责。但《海警法》与其相关法律的衔接仍存在进一步完善的空间。

首先，《海警法》的上位法已经完成修订，但作为其依据之一的海洋基本法多年来还未取得理想的结果。为保证《海警法》依据的完整性，应该加快海洋基本法立法进程。其次，与《海警法》有关的同位法也应尽快修订和完善。《中华人民共和国渔业法》《中华人民共和国海洋环境保护法》等法律应该加强与《海警法》的有效衔接，在修订过程中，既要满足国内海洋执法的现实需求，也需要呼应《海警法》。最后，要做好与《海警法》相关的下位法的制定工作，避免仅解决专门问题造成制定流程和内容过于简单。[①]

（二）海警执法能力不足

海警队伍在海上执法中具有核心主体地位，[②] 承担着各种具体的海上执法职责。但目前我国海警的执法能力还有很大的提升空间。

一方面，海上执法难度大。近年来，随着机构整合，海警队伍的综合素质得到了提升。但是，随着海洋经济的快速发展，我国管辖海域内各种违法犯罪活动出现得更加频繁，海上犯罪呈现高智商化、活动范围国际化、手段专业化的态势。海警队伍在海上执法的难度远大于陆地执法，海上执法没有先进全面的追踪系统，海上交通也无法轻易设限。再加上海洋气象复杂多变，为保障执法人员自身的安危，执法活动也要慎之又慎。

另一方面，海警执法人员专业能力不足。在传统职能的条块分割下，我国海洋执法部门之间的关系还需理顺，仍存在矛盾多、关系杂等问题，海洋治理中的权责不明问题也没有真正得到解决。海洋执法部门之间存在推诿与扯皮现象，各部门只熟悉与自身相关的法律。执法队伍整合后，执法范围逐

① 《〈海警法〉实施后的几个问题》，中国海洋发展研究中心网站，2021 年 12 月 20 日，https：//aoc. ouc. edu. cn/2021/1220/c9824a360012/pagem. htm。

② 崔野：《中国海上执法建设的新近态势与未来进路——基于 2018 年海上执法改革的考察》，《中国海洋大学学报》（社会科学版）2022 年第 2 期。

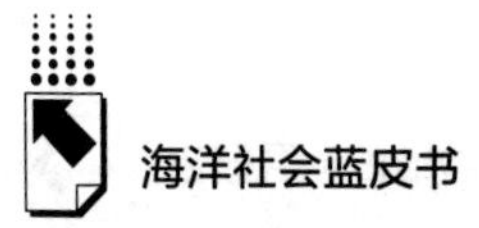

渐扩大，执法人员面临自身知识储备不足的难题，原本生疏的其他部门的法律也必须从头学起。海上执法难度的提高，要求执法人员必须熟练掌握海上执法技能、适应特殊的海上环境、依法处理违法违规案件，而目前执法人员的专业水平很难迅速满足海上执法的专业要求。

（三）全球海洋治理推进困难

当前，国际社会海洋安全秩序缺少最基本的制度框架，包括《联合国海洋法公约》在内的国际法并不能涵盖所有的海洋安全问题。人类对海洋的认识不断加深，对海洋资源利用的竞争也在不断加剧。主权或划界争端都是难以在短期内彻底解决的传统海洋地缘政治问题。除了传统海洋安全问题外，海洋污染和渔业资源衰竭等非传统海洋安全问题也与日俱增，维护全球海洋秩序面临持续而严峻的挑战。

为了维护海洋安全，我国近年来开展过不少国际合作，如在亚丁湾和马六甲海峡开展护航。但围绕海洋资源的竞争导致信任不足，一部分海洋国家固守过时、排他的海权观念，阻碍了新型海洋治理与合作机制的构建，海洋安全合作倡议无法转为实践。因此，形成统一的全球海洋安全治理理念愈加紧迫。

四　海洋执法与海洋维权的完善建议

（一）健全体制机制，提高法治保障能力

为了加快建设海洋强国，必须最大限度地运用综合性海上优势，保护我国海洋自然资源和生态环境，维护我国的海洋权益；必须加快推进我国海洋法治和制度建设，提升依法治海的能力。只有这样，才能为建设海洋强国提供基础保障，为促进海洋生态文明建设提供服务保障。

首先，系统梳理现有法律文件。及时修订相关法律，规范问责、追责机制，健全完善的法律制度体系。《海警法》赋予中国海警局一定的立法权，[①]

① 张保平：《〈海警法〉的制定及其特色与创新》，《边界与海洋研究》2021 年第 2 期。

也应为其进行海洋执法和海洋维权提供必要的强制性措施或处罚措施。

其次，集中攻克海洋执法与海洋维权法律问题。为保证我国海洋法治建设成果的创新性和先进性，弥补当前海洋法律存在的不足，我国应整合国内的优势资源，建立与海洋法律问题相关的专项研究项目，通过高校和各研究机构培育高端智库，产出优秀成果。除此之外，应加强极地、深海等前沿问题研究，实现产学研的顺利转换，推出一系列实用的成果。

再次，提升海洋维权执法实践能力。海上执法要比陆地执法更为困难，需要海警机构与各部门在合作实践过程中不断磨合，形成执法合力，开展高效的协作配合。要建立职责明确、协调高效的海上维权执法协作配合机制。

最后，积极投身国际海洋法治建设。海警机构在进行海上维权执法时要考虑国内法与国际法的制度、原则和规则，使国内法与国际法顺利衔接。在海洋命运共同体理念的指导下，应进一步推进国际海洋法治建设，发展完善国际海洋法的概念、规则，进一步突出海洋合作中的共同体意识。在海洋自然资源开发、公海渔业管理与可持续利用等全球性海洋问题上，需要国际社会的共同努力，中国应贡献中国智慧，与各国携手实现合作共赢。

总之，我国应不断优化和完善海警法律制度，更好地贯彻实施《海警法》。同时，应妥善处理法律层面的相互关系，做好国内法与国际法的衔接。只有不断完善海洋执法网络、建立健全海洋法律体系，才能进一步推动海洋强国建设，进一步实现中国与国际社会各个主体的合作交流。

（二）加强海警队伍的执法能力建设

执法人员的能力直接影响到执法的效果，只有执法人员的素质和本领过硬，才能实现高质量、高效率的执法。海上维权执法体制的深化改革必须重视海警人才队伍建设。培养海警人才要着眼于海警未来建设发展的需求，以储备一流海警人才为目标，培养专业的高水平海警人才。

一方面，要加强法治文化建设，塑造良好的法治氛围，提高海警人才的职业道德和法律素养，加强其对中国特色社会主义法治理论的理解，使依法治国理念深入人心，并贯彻到海警的具体工作实务中。

另一方面，要做到理论教学与实践相结合。在基础理论学习方面，应该通过各种新形式、新尝试，加强学员对海洋法、渔业法和海关法等相关法律的学习。同时，国家应重视相关院校的专业建设和课程安排，并提供相应的资金和政策支持，使其与我国海洋执法和海洋维权的现实需求协调一致。在社会实践方面，必须使相关人员具备实用、管用的海洋执法办案能力，将课堂理论知识融入实践，以理论指导实践，用实践经验促进海洋知识体系不断突破、完善。

（三）推进海洋命运共同体理念

首先，海洋命运共同体理念是中国为维护全球海洋秩序提出的“中国方案”，既具有中国特色，又具有全球性。海洋秩序的维护需要全社会参与，企业、社会、专家学者、媒体等多元主体应发挥各自的功能和作用。对内，中国应加强全国海洋意识教育宣传活动的开展，各级政府及相关部门要加大对全国海洋意识教育基地和海洋科普基地等基础设施的建设力度，并通过传统媒体及微信、微博等新媒体，引导大众参与丰富多彩的海洋文化建设活动。对外，中国要讲好自己的海洋故事，以身作则、脚踏实地地做海洋命运共同体理念的践行者，推进全球海洋治理。

其次，实施海洋强国战略，一方面要立足国内需求，另一方面要承担大国责任、展现大国风度。在现阶段，中国更要切实履行自身的国际义务，为世界各国提供良好的海洋公共产品，为维护海洋秩序贡献力量。① 海洋领域的非传统安全威胁形态多变，呈现复杂化、综合化的特点。全球气候变暖背景下，人类经济开发所造成的海洋生态环境污染、自然资源匮乏等问题是新型海洋领域非传统安全威胁。只有各国达成全球海洋治理的共识，通力合作、协调配合，才能更好地应对海洋威胁。

最后，随着党的十八大提出海洋强国战略，再加上全球海洋治理逐渐走

① 胡波等：《“中国海洋安全的现状与前景展望”笔谈》，《中国海洋大学学报》（社会科学版）2022 年第 1 期。

向共识，我国《海警法》等海洋执法和海洋维权的成果及相关理论研究也必然会得到国际社会更多的重视。对此，我国一要坚持习近平法治思想，将其作为海洋执法和海洋维权实践成果的思想指导；二要继续吸收借鉴国际优秀成熟的法律理论体系，总结和巩固海洋执法和海洋维权的实践成果，以《海警法》为基本遵循，解决目前出现的具体的海洋法律问题，进一步建设完善海洋法律理论体系；三要继续加强与周边沿海国家的相关合作，推进全球海洋治理，维护全球海洋秩序，构建海洋命运共同体。

附　录

Appendix

B.14
中国海洋社会发展大事记（2021年）*

2021 年 1 月 8 日　自然资源部印发了《关于规范海域使用论证材料编制的通知》。

2021 年 1 月 12~15 日　海洋二号 D 卫星数传系统与地面系统链路对接试验在国家卫星海洋应用中心陵水海洋卫星地面接收站进行。

2021 年 1 月 14 日　我国首套具有长期、定点、智能剖面观测功能的超大型三锚式浮标综合观测平台在东海海域成功布放。

2021 年 1 月 14 日　中国海洋石油集团有限公司对外宣布，由我国自主研发建造的全球首座十万吨级深水半潜式生产储油平台——“深海一号”能源站在山东烟台交付启航。

2021 年 1 月 15 日　中国海洋石油集团有限公司宣布正式启动碳中和规划，将全面推动公司绿色低碳转型。

2021 年 1 月 20 日　海洋卫星数据与海洋环境预报业务深度融合需求交流会在北京召开。

---

* 附录由中国海洋大学国际事务与公共管理学院 2021 级国际关系专业硕士研究生李文秀整理完成。

2021 年 1 月 22 日 十三届全国人大常委会第二十五次会议表决通过了《中华人民共和国海警法》。

2021 年 2 月 1 日起 《中华人民共和国海警法》施行。

2021 年 2 月 2 日起 中国科学院等 10 家单位所组成的 60 人科考团队随“探索二号”赴南海执行海南省重大科技计划“南海深海及岛礁重要生物资源及其环境适应性研究”、国家重点研发计划“4500 米载人潜水器的海试及试验性应用”等项目，完成海上深潜调查及自主研发设备的科学应用任务。

2021 年 2 月 19 日 自然资源部第一海洋研究所“向阳红 01”船顺利抵达青岛母港，标志着“2020 印度洋岩石圈构造演化科学考察航次”科考任务圆满完成。

2021 年 3 月 1 日 自然资源部第三海洋研究所海洋生物遗传资源重点实验室杨丰科研团队与亚太海洋生物科技（厦门）有限公司联合发布了抗“玻璃苗”疫病对虾种苗选育新成果。

2021 年 3 月 1 日 “中国社会科学院海洋法治热点问题春季讨论会”在北京举行。

2021 年 3 月 2 日 海南省启动南海生物多样性、生物种质资源库和信息数据库建设项目。

2021 年 3 月 3 日 交通运输部南海航海保障中心三沙航标处在海口正式揭牌成立。

2021 年 3 月 3~4 日 极地科学亚洲论坛 2021 年度科学研讨会以视频形式召开。

2021 年 3 月 23 日 我国台湾长荣集团旗下货轮“长赐号”（Ever Given）在苏伊士运河新航道搁浅。

2021 年 3 月 29 日 “长赐号”在搁浅近一周后终于脱浅并驶离搁浅位置，苏伊士运河恢复全面通航。

2021 年 3 月 29 日 农业农村部新闻办公室召开新闻发布会，介绍“中国渔政亮剑”渔政执法工作有关情况。

2021 年 3 月 29 日 在太平洋海域圆满完成海上测控任务的远望 5 号船

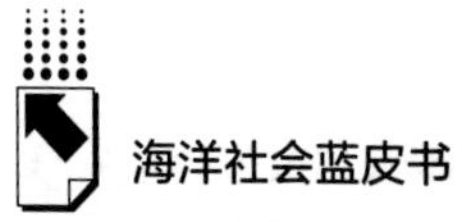

顺利返回中国卫星海上测控部母港。

2021年4月1日 南海撞机事件20周年。

2021年4月1日 哈尔滨工程大学全海深无人潜水器AUV“悟空”号在西太平洋深海科考航次中顺利完成深海海试试验，一举刷新了无人无缆潜水器AUV 5213米的潜深纪录，创造了下潜深度达7709米的最新纪录。

2021年4月7日 “海洋地质九号”船2021年南海海试第二航段11套设备海试任务全部完成。

2021年4月9日 上海交通大学海洋学院海洋技术团队将水下滑翔机的设计理念与无人机的设计思想相融合，创造性地提出新概念海空跨域无人航行器——“哪吒”系列。

2021年4月11日 卫星影像显示，美国海军“罗斯福”号航母在黄岩岛西北方向活动。

2021年4月20日 中国海警局与生态环境部、交通运输部、国家林业和草原局联合启动为期7个月的“碧海2021”海洋生态环境保护专项执法行动。

2021年4月20日 自然资源部海洋灾害预报技术重点实验室第三届学术委员会第一次会议在北京召开。

2021年4月21日 由全国海洋标准化技术委员会组织、自然资源部第一海洋研究所牵头编制的《绿潮生态调查与监测技术规范》行业标准通过专家审查。

2021年4月25日 “向阳红18”船顺利停靠厦门邮轮码头，为历时27天的“国家自然科学基金共享航次计划——东海科学考察实验研究暨东海陆架底质声学特性空间分布规律研究”春季航次任务画上句号。

2021年4月25日 东海区海岸带海域碳达峰碳中和调查评估与预警学术交流暨试点方案专家咨询会在上海举行。

2021年4月26~28日 中国海警4301、4203舰与越南海警8003、8004舰开展了北部湾联合巡航。

2021年5月1日起 我国渤海、黄海、东海和北纬12度以北南海全面进入海洋伏季休渔期。

2021 年 5 月 6~7 日 由中国工程院院士李家彪、中国科学院院士戴民汉共同发起的“海陆统筹与全球变化”学科发展论坛在浙江杭州召开。

2021 年 5 月 8 日 中国地质大学（北京）海洋与极地研究中心成立并揭牌。

2021 年 5 月 12 日 由自然资源部海洋预警监测司主办的“走近海洋，远离灾害”海洋灾害科普线上直播活动启动。

2021 年 5 月 19 日 海洋二号 D 星在酒泉卫星发射中心由长征四号乙运载火箭成功发射，标志着我国海洋动力环境卫星迎来“三星组网”时代。

2021 年 5 月 19 日 我国自主设计、建造的最大海上原油生产平台——陆丰 14-4 中心平台在南海东部海域顺利完成浮托安装。

2021 年 5 月 19~21 日 由浙江大学海洋学院主办的第五届全国海洋技术大会在浙江大学舟山校区举行。

2021 年 5 月 20 日 南部战区新闻发言人田军里空军大校表示，美“威尔伯”号导弹驱逐舰未经中国政府批准，非法闯入中国西沙领海，中国人民解放军南部战区组织海空兵力进行跟踪监视并予以警告驱离。

2021 年 5 月 20 日 中华人民共和国海事局国际海事研究委员会首届大会在江苏镇江召开。

2021 年 5 月 21 日 外交部部长助理吴江浩和菲律宾副外长伊丽莎白以视频方式共同主持召开中国—菲律宾南海问题双边磋商机制（BCM）第六次会议。

2021 年 5 月 27 日 交通运输部制定印发了《海事系统“十四五”发展规划》。

2021 年 5 月 28 日 中国海洋文化建设论坛在福州举行，发布了《海洋文化蓝皮书 · 中国海洋文化发展报告（2021）》。

2021 年 6 月 7 日 中国和东盟国家落实《南海各方行为宣言》第 19 次高官会在重庆举行。

2021 年 6 月 8 日 2021 海洋生物多样性保护论坛在北京召开。

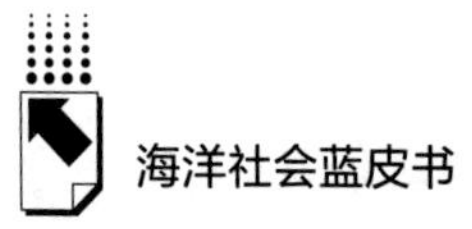

2021 年 6 月 8 日　联合国“海洋科学促进可持续发展十年”中国研讨会在青岛举行。

2021 年 6 月 8 日　2021 年世界海洋日暨全国海洋宣传日主场活动在山东青岛举行。活动期间，中国首个蓝碳碳汇项目交易协议正式签订。

2021 年 6 月 8~10 日　中国海警局与韩国海洋水产部以视频会议方式共同主办了 2021 年度中韩渔业执法工作会谈。

2021 年 6 月 10 日　十三届全国人大常委会第二十九次会议通过《中华人民共和国海南自由贸易港法》。

2021 年 6 月 16 日　2021 舟山群岛·中国海洋文化节暨休渔谢洋大典在岱山鹿栏晴沙中国海坛举行。

2021 年 6 月 17 日　自然资源部北海局依据《自然资源部北海局绿潮灾害应急执行预案》，启动绿潮灾害二级应急响应。

2021 年 6 月 18 日　中国海洋学会第九次全国会员代表大会在北京召开。

2021 年 6 月 23 日　中国常驻联合国副代表耿爽在《联合国海洋法公约》第 31 次缔约国会议上发言，对日本政府单方面决定以海洋排放方式处置福岛核电站事故污染水深表关切。

2021 年 6 月 23 日　全国海洋标准化技术委员会在北京召开年会。

2021 年 6 月 24 日　国务院新闻办公室在京召开新闻发布会，介绍我国水运领域发展情况及 2021 年中国航海日活动筹备工作进展情况。

2021 年 6 月 25 日　我国首个自营勘探开发的 1500 米深水大气田“深海一号”在海南陵水海域正式投产，标志着我国海洋油气勘探开发迈向“超深水”。

2021 年 6 月 26 日　国内最大的海洋综合科考实习船“中山大学”号在上海长兴岛交付中山大学，开启其海洋科考之旅。

2021 年 7 月 1 日　《海南省重点监管海湾湾长名单》发布。

2021 年 7 月 11 日　该日是第十七个“中国航海日”。

2021 年 7 月 12 日　由自然资源部（国家海洋局）和贵州省人民政府联

合主办的海洋生态保护论坛在贵州贵阳召开。

2021 年 7 月 12 日　中海油研究总院有限责任公司对外宣布，国产自主天然气水合物钻探和测井技术装备海试任务在中国南海海域顺利完成海试作业。

2021 年 7 月 13 日　自然资源部办公厅印发《海洋生态修复技术指南（试行）》。

2021 年 7 月 13 日　交通运输部南海救助局海洋救助船“南海救 116”轮驶离三亚救助基地码头，启程前往南沙岛礁开展新一轮救助值守任务，此次是南海救助局进驻南沙岛礁开展常态化值守近 3 年以来的第 13 批次轮换，他们将在南部海区岛礁开展为期 3 个月的常态化救助值守工作。

2021 年 7 月 15 日　中海油研究总院有限责任公司宣布，由国家重点研发计划“海洋天然气水合物试采技术和工艺”项目支持的“国产自主天然气水合物钻探和测井技术装备海试任务”在我国南海海域顺利完成新一轮海试作业，这是我国海洋天然气水合物钻探和测井技术的一个重大进展。

2021 年 7 月 27 日　2021 智慧海洋论坛在北京举行，专家建言智慧海洋发展。

2021 年 7 月 28 日　英国皇家海军“伊丽莎白女王”号航母编队进入南海海域。

2021 年 7 月 28 日　美国太平洋舰队官网发布消息称，美国第七舰队的“塔尔萨”号濒海战斗舰、“基德”号驱逐舰以及第七舰队司令部机动排爆第 5 小队组成了“水面行动群”（SAG），在南海开展行动。

2021 年 7 月 29 日　自然资源部在北京组织召开海洋一号 D 卫星和海洋二号 C 卫星在轨交付仪式，卫星正式交付自然资源部投入业务化运行，这标志着我国海洋观测卫星组网业务化运行能力基本形成。

2021 年 7 月 29 日　南海部分海域将进行实弹射击训练，已划出禁航区。

2021 年 7 月 30 日上午　由中国海警局“衢山舰”与“海门舰”组成的舰船编队从上海起航，前往北太平洋公海执行为期 31 天的 2021 年北太平洋

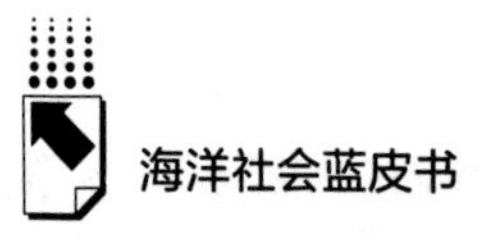

公海渔业执法巡航任务。

2021 年 8 月 1 日至 10 月 31 日 潍坊市海洋发展和渔业局组织开展 2021 年海域海岛专项执法行动，旨在坚决遏制、严厉打击违法违规围填海行为，维持海域开发利用秩序，保护海域海岛自然资源。

2021 年 8 月 4 日 中国海事局宣布，中国将在南海八个点的连线范围内进行军事训练，禁止驶入，时间是 8 月 6~10 日。

2021 年 8 月 4 日 国务委员兼外长王毅在出席第 11 届东亚峰会外长会时就南海问题阐明中方原则立场，期望各方在南海问题上做到“四个尊重”，要求域外势力不要再把黑手伸向南海。

2021 年 8 月 11 日 由中国海洋石油集团有限公司牵头研制的我国首套水下应急封井器在南海深水海域海试成功。

2021 年 8 月 11 日 国内第一艘海洋牧场养殖观测无人船在山东省威海市德明海洋牧场进行海试并交付使用。

2021 年 8 月 16 日 自然资源部天津海水淡化与综合利用研究所与山东省海洋局在济南举行山东海水淡化与综合利用产业研究院启动仪式。

2021 年 8 月 17~18 日 第 17 次亚太经济合作组织（APEC）海洋与渔业工作组会议以线上方式召开。会议由 APEC 海洋与渔业工作组牵头人 Alicia Gallardo 主持。

2021 年 8 月 26 日 生态环境部举行例行新闻发布会，介绍海洋生态环境保护相关情况。

2021 年 8 月 26 日 生态环境部举行例行新闻发布会。海洋生态环境司副司长张志锋表示，“十四五”期间，将建立靶向长效监管机制，分类梯次推进美丽海湾保护与建设，从源头上着力解决海洋生态环境突出问题。

2021 年 8 月 30 日 由中国海警局“衢山舰”和“海门舰”组成的舰船编队，圆满完成 2021 年北太平洋公海渔业执法巡航任务，顺利返回上海。

2021 年 8 月 31 日 中国远洋科学考察“向阳红 03”船完成中山大学 2021 年南海综合航次任务，返回厦门高崎码头。

2021 年 8 月 31 日 交通运输部召开新闻发布会，表示中国救捞将全力推进现代化专业救捞体系建设。

2021 年 9 月 1 日起 《中华人民共和国海上交通安全法》正式施行。

2021 年 9 月 2 日 《“十四五”推进西部陆海新通道高质量建设实施方案》发布。该方案明确，到 2025 年，基本建成经济、高效、便捷、绿色、安全的西部陆海新通道。

2021 年 9 月 9 日 中国海洋石油集团有限公司宣布，由我国自主设计建造的全球首艘智能深水钻井平台“深蓝探索”在南海珠江口盆地成功开钻。

2021 年 9 月 13~16 日 2021 年第 14 号超强台风“灿都”从南向北穿过了东海。东海海洋观测研究站共有 5 套浮标系统先后获取了“灿都”台风过境期间的实时观测数据。

2021 年 9 月 14 日 在青岛海事部门保障下，我国自主研发的智能航行 300TEU 集装箱商船“智飞”号在青岛女岛海区成功开展海试。

2021 年 9 月 14 日 由国家市场监督管理总局批准、国家海洋标准计量中心承担的国家计量比对 A 类项目“海洋温度测量仪校准能力计量比对”实施方案通过专家评审。

2021 年 9 月 16 日 经过 10 天、1800 多海里航行，“实验 6”综合科学考察船载着采集的 2395 份样品顺利返回广州，圆满完成首航任务。

2021 年 9 月 22 日 由全国海洋标准化技术委员会组织、国家海洋技术中心负责修订的《自动剖面漂流浮标》国家标准通过专家审查。

2021 年 9 月 23~24 日 2021 中国极地科学学术年会在上海举行。此届年会是第十六届，由中国极地研究中心和中国海洋学会联合主办，采用线上和线下结合的形式召开，来自 75 家机构的 613 位代表参会。

2021 年 9 月 28 日 中国第 12 次北极科学考察队乘坐“雪龙 2”号极地科学考察船顺利返回位于上海的中国极地考察国内基地码头，这标志着中国第 12 次北极科学考察圆满完成。

2021 年 9 月 29 日 我国第三个国际海底矿区承包者——北京先驱高技术开发公司组织的西太平洋多金属结核矿区资源环境调查首个航次，即中国大洋 69 航次从福建厦门起航。

2021 年 9 月 29 日　由自然资源部天津海水淡化与综合利用研究所主持制定的海水淡化领域国际标准《海洋技术—反渗透海水淡化产品水水质—市政供水指南》在国际标准化组织（ISO）官网上发布，该标准是我国主导的首项海水淡化国际标准。

2021 年 10 月 1 日　在海南省三沙市永兴岛值守的交通运输部南海救助局“南海救 115”轮开展海上救助遇险落水人员等多种模拟演练。

2021 年 10 月 2 日　“康涅狄格”号核潜艇在南海发生碰撞事故。

2021 年 10 月 4 日　“哨兵”卫星捕获英国海军“伊丽莎白女王”号航母经巴士海峡进入南海，一同出现在巴士海峡的还有美国海军“卡尔·文森”号航母的 CMV-22B 舰载运输机，推测“卡尔·文森”号或已一同进入南海活动。

2021 年 10 月 4 日　解放军派出 56 架次军机巡航台“西南空域”，其中包括歼-16 战斗机 38 架次、苏-30 战斗机 2 架次、运-8 反潜机 2 架次、空警-500 预警机 2 架次、轰-6 轰炸机 12 架次。

2021 年 10 月 7 日　中国科学院沈阳自动化研究所发布消息称，该所主持研制的“探索 4500”自主水下机器人在中国第 12 次北极科考中成功完成北极高纬度海冰覆盖区科考任务。

2021 年 10 月 12 日　第 21 届中国国际海事会展第一次新闻发布会在上海召开。

2021 年 10 月 14 日　我国自主研制的首批 3 颗交通甚高频数据交换系统卫星首发成功，为全球天地一体海上安全通信贡献力量。

2021 年 10 月 18 日　海岸带保护修复工程系列团体标准英文版由中国海洋工程咨询协会正式发布实施。编译工作旨在促进中国标准国际化，深入开展我国生态减灾修复成果国际宣传，加强与国际组织合作，创新对外宣传方式。

2021 年 10 月 18 日　中国首个超大型油轮联营体——CHINA POOL 正式对外运营，成为油轮运输行业进入共享共赢时代新的里程碑。

2021 年 10 月 19 日　中国国防部新闻发言人就美国海军“康涅狄格”号核潜艇碰撞事故答记者问时指出，中方对此次事件表示严重关切，要求美方采取负责任态度，尽快对此次事件作出详尽说明，给国际社会和地区国家一个满意的交代。

2021 年 10 月 19～21 日　中国海警 4303、4204 舰与越南海警 8004、8003 舰开展了 2021 年第二次北部湾海域联合巡航。

2021 年 10 月 23 日　我国首艘万吨级海事巡逻船“海巡 09”轮在广州加入中国海事执法序列。

2021 年 11 月 1 日　第六届世界妈祖文化论坛在妈祖故里莆田湄洲岛举行。论坛围绕“构筑海洋命运共同体”主题，开展平等对话、交流互鉴，并发出“湄洲倡议”。

2021 年 11 月 3～5 日　首届北外滩国际航运论坛在上海虹口区北外滩举行，论坛以“开放包容，创新变革，合作共赢——面向未来的国际航运业发展与重构”为主题。

2021 年 11 月 5 日　中国第 38 次南极科学考察队首批 154 名队员搭乘“雪龙”号极地科学考察船从上海出发，执行南极科学考察任务。

2021 年 11 月 6 日　哈尔滨工程大学科研团队研发的“悟空号”全海深无人潜水器（AUV），在马里亚纳海沟“挑战者”深渊完成万米挑战最后一潜。

2021 年 11 月 8 日　中国海警局与巴基斯坦海上安全局以视频方式举办首次高层会晤。

2021 年 11 月 9 日　第二届“海洋合作与治理论坛”在海南三亚开幕。

2021 年 11 月 18 日　由国家海洋信息中心主办的中国海洋学会潮汐与海平面专业委员会换届大会暨 2021 年学术研讨会在天津召开。

2021 年 11 月 18 日　国务院批复同意在中国（上海）自由贸易试验区临港新片区暂时调整实施有关行政法规规定。

2021 年 11 月 18 日　2021 厦门国际海洋周开启海洋大会论坛、海洋专业展会、海洋文化嘉年华三个板块的系列活动。此次海洋周以“人海和谐

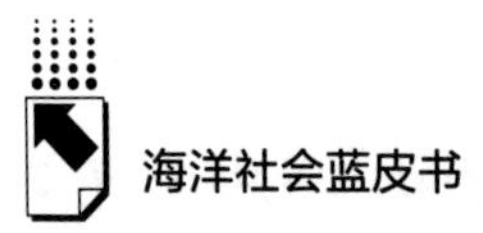

携手共筑蓝色发展新十年”为主题，线上线下相结合，重点推出“海洋+”系列活动，聚焦海洋经济高质量发展。

2021 年 11 月 18 日　全国首个以海洋负排放为研究领域的院士工作站——山东省海洋负排放焦念志院士工作站在威海南海新区揭牌。

2021 年 11 月 19 日　由自然资源部海岛研究中心、中国海洋发展基金会主办的 2021 海岛生态保护国际论坛以线上和线下相结合的形式召开。

2021 年 11 月 19 日　APEC 海洋可持续发展中心成立十周年之际，第六届 APEC 蓝色经济论坛暨 2021 中国蓝色经济论坛在厦门举办。

2021 年 11 月 20 日　由中国海油气电集团建设运营的我国首座沿海液化天然气（LNG）船舶加注站在海南省澄迈县马村港码头正式投运。该加注站的投用填补了国内沿海 LNG 船舶加注站的空白，为我国推广海洋船舶应用 LNG 起到示范引领作用。

2021 年 11 月 23 日　空军航空兵某师组织轰-6K 等多型多架战机，前出第一岛链，编队飞越巴士海峡和宫古海峡开展远洋训练，飞赴南海战斗巡航。

2021 年 11 月 23 日　中国第 38 次南极科学考察队第二批 101 名队员搭乘“雪龙 2”号极地科学考察船从上海起航。

2021 年 11 月 25 日　2021 中国海洋经济博览会开幕。作为我国唯一的国家级、国际性海洋经济展会，该博览会受到了业内广泛关注，超 600 家涉海知名企业、社会组织报名参展。

2021 年 11 月 25 日　国家海洋环境预报中心与法国麦卡托国际海洋中心联合召开合作技术交流远程视频会议，为 2022 年签署新一轮双边合作谅解备忘录做好准备。

2021 年 11 月 25~26 日　由国家海洋信息中心主办的第十四届全国海洋资料同化和数值模拟研讨会暨新一代全球海洋再分析产品发布会在天津召开。

2021 年 11 月 26 日　中国船舶七〇二所编制的“基于风洞模型试验获取风能推进装置风力矩阵的方法”在 MEPC77 次会议上被正式写入新实施

的 MEPC. 1/Circ. 896 通函。

2021 年 11 月 29 日　翼龙-10 无人机成功执行海洋气象观测任务。

2021 年 11 月 30 日　中国海警局与越南海警司令部以视频方式举行第五次高层会晤。

2021 年 12 月 1~2 日　2021 年东亚海大会通过线上和线下相结合的方式在柬埔寨西哈努克市举办。此届大会邀请了中国、朝鲜、印度尼西亚、日本、老挝、菲律宾、韩国、新加坡、东帝汶、越南和柬埔寨 11 个东亚海环境管理伙伴关系组织伙伴国家代表参会，共同签署第七届东亚海大会部长宣言。

2021 年 12 月 5 日　“探索一号”科考船携“奋斗者”号全海深载人潜水器完成 2021 年度第二航段的常规科考应用任务后返回三亚。执行任务期间，“奋斗者”号全海深载人潜水器共下潜 23 次，其中 6 次超过万米。

2021 年 12 月 10 日　以“融入新发展格局打造开放型海洋经济新增长极”为主题的第二届东北亚海洋发展合作论坛在长春市举行。来自全国高校、研究机构和智库的专家学者与地方政府官员等通过线上和线下相结合的方式参加了论坛。

2021 年 12 月 10 日　由我国提出并制定的《海洋环境影响评估（MEIA）—海底区海洋沉积物调查规范—间隙生物调查》国际标准经国际标准化组织（ISO）批准后正式发布，这是我国主持制定的首项 ISO 海洋调查领域的国际标准。

2021 年 12 月 10 日　国际海事组织（IMO）第 32 届大会在英国伦敦举行了新一届理事会选举。中国再次顺利当选 A 类理事国，这是我国自 1989 年起连续第 17 次当选 A 类理事国。

2021 年 12 月 13 日　第六届亚太区域海洋仪器检测技术研讨会暨亚太区域海洋仪器检测评价中心成立十周年活动在天津举办。

2021 年 12 月 14 日　中国首部以航海为视角的大型综合性地图集《世界航海地图集》正式出版。

2021 年 12 月 16 日　2021 上海—釜山海洋研讨会暨长三角—釜山海洋

产业合作交流座谈会召开。该座谈会由上海市海洋湖沼学会和海洋产业研究院（韩国）主办。

2021 年 12 月 16 日 “海上福州”建设暨 2021 年度海洋文化蓝皮书发布会在福建省福州市连江县举行。福建省海洋与渔业局副局长邱章泉、福州大学闽商文化研究院院长苏文菁等参加仪式。

2021 年 12 月 16 日 宁波舟山港年集装箱吞吐量首破 3000 万标箱，舟山港成为继上海港、新加坡港之后的全球第 3 个 3000 万级集装箱大港。

2021 年 12 月 20 日 第十三轮中日海洋事务高级别磋商以视频方式举行。磋商由中国外交部边界与海洋事务司司长洪亮和日本外务省亚洲大洋洲局局长船越健裕共同主持。

2021 年 12 月 22 日 以“蓝色经济：开启中国—东盟合作新未来”为主题的中国（海南）—东盟 2021 智库论坛在海口举办。

2021 年 12 月 22 日 全球首个专业化干散货全自动码头在山东港口烟台港投用，为全球传统码头自动化升级提供了示范样本。

2021 年 12 月 23 日 在第四届船用低速发动机技术发展论坛上，中船动力（集团）有限公司发布了 320mm 缸径甲醇燃料中速机及开发计划。

2021 年 12 月 25 日 我国首个百万千瓦级海上风电项目——三峡阳江沙扒海上风电场实现全容量并网发电。

2021 年 12 月 26 日 远望 7 号船在任务海域圆满完成了“长征 4 号”搭载卫星的海上测控任务。

2021 年 12 月 29 日 我国完全自主开发的“质量守恒海洋环流数值模式‘妈祖 1.0’”正式发布。该模式填补了我国海洋环流数值预报领域的空白，在气候变化评估、海洋科学研究、海洋环境安全保障等领域有重大应用价值。

2021 年 12 月 29 日 中国首艘千吨级海洋生态环境监测船——“中国环监浙 001”建造完成，已离厂交付浙江省海洋生态环境监测中心使用。

2021 年 12 月 30 日 山东省牵头制定的国家标准《海洋牧场建设技术指南》（GB/T 40946-2021）正式发布。这是我国首个海洋牧场建设国家标准，将为海洋牧场建设提供重要的基础支撑。

Abstract

Report on the Development of Ocean Society of China (*2022*) is the seventh blue book of ocean society which organized by Marine Sociology Committee and written by experts and scholars from higher colleges and universities.

This report makes a scientific and systematic analysis on the current situation, achievements, problems, trends and countermeasures of ocean society in 2021. In 2021, although effected by COVID−19, China's marine undertakings in various fields still continued to show the development trend of steady progress as well as specialization and precision; comprehensive management of the ocean presented in an all-round way; the institutionalization of marine undertakings continued to advance; international cooperation had diversified characteristics in marine fields and spaces. At the same time, although the overall development of China's marine industry is stable, it still faces many difficulties and challenges. The tackling of marine science and technology still needs to be continued, the comprehensive management of the marine undertakings needs to be continuously promoted, the institutionalization of the marine undertakings needs to be accelerated, and the development of the marine undertakings needs to further increase social participation. Therefore, sustainable marine social development still requires strengthening governance in many links.

This report consists of four parts: general report, topical reports, special reports and appendix. The report has carried out scientific descriptions and in-depth analysis on topics such as marine environmental protection, marine education, marine management, marine public service, marine legal system, marine culture, distant fishery, global ocean center city, marine ecological civilization demonstration area, marine intangible cultural heritage, marine disaster social response, maritime law enforcement and maritime right maintenance and finally puts forward some feasible suggestions.

Contents

Ⅰ General Report

Abstract: In 2021, although effected by COVID－19, China's marine undertakings in various fields still continued to show the development trend of steady progress as well as specialization and precision; comprehensive management of the ocean presented in an all-round way; the institutionalization of marine undertakings continued to advance; international cooperation had diversified characteristics in marine fields and spaces. At the same time, although the overall development of China's marine industry is stable, it still faces many difficulties and challenges. The tackling of marine science and technology still needs to be continued, the comprehensive management of the marine undertakings needs to be continuously promoted, the institutionalization of the marine undertakings needs to be accelerated, and the development of the marine undertakings needs to further increase social participation. Therefore, sustainable marine social development still requires strengthening governance in many links.

Keywords: Comprehensive Management; Public Participation; Ocean Society

Ⅱ Topical Reports

B.2 China's Marine Environmental Development Report (2021)

Abstract: Based on the analysis of China's Marine ecological environment from 2019 to 2021, China's Marine ecological environment has shown a steady and positive trend of development. The Marine environmental quality is basically controllable, the Marine ecological changes are obvious, and the degree of Marine pollution has decreased. The year 2020 is the end of the 13th Five-Year Plan, and the year 2021 is the beginning of the 14th Five-year Plan. In these two years, China has increased investment in Marine ecological environment restoration, participated in international Marine ecological environment governance, paid more attention to the improvement of Marine science and technology, and successively issued the 14th Five-Year Plan for Marine ecological environment protection. At the same time, the development of China's Marine ecological environment is still facing some problems, such as outstanding typical Marine environmental problems, incomplete legal system of Marine ecological environment, lack of joint prevention and control mechanism of Marine areas, and fragmentation of governance information sharing mechanism. In order to further promote the development of China's Marine ecological environment, it is necessary to accelerate the treatment of Marine garbage pollution, continue to do a good job in the control of land-based pollution, improve the legal guarantee system of Marine ecological environment, promote the cross-domain collaborative governance model involving multiple actors, and build a platform for sharing Marine ecological environmental governance information.

Keywords: Marine Environment; Marine Ecological Environment; Marine Ecological Environment Quality

Abstract: In 2021, China will continue to promote marine education for all, and school marine education and social marine education will make progress to varying degrees. Marine education in primary and secondary schools shows obvious characteristics of cooperative education, the discipline system of higher marine education is more perfect, and social marine education is becoming increasingly active. However, in the process of development, there are still some problems in ocean education, such as the lack of regularity and consistency of marine education in primary and secondary schools, the lack of professional teacher teams, and the fragmentation of educational content; The objects and contents of higher marine education are lack of hierarchy, the professional structure is unbalanced, and the marine consciousness of college students is backward; The guidance of social marine education policy is insufficient, and the public has limited access to marine education. Based on the above problems, this report puts forward corresponding suggestions to promote the development of marine education in China.

Keywords: Ocean Education; School Ocean Education; Social Ocean Education; Ocean Literacy

Abstract: The year 2021 marks the 100th anniversary of the founding of the Communist Party of China and is also the first year of China's "fourteenth five year plan" period. In the new stage, China's marine legislation and law enforcement have been further improved, marine ecological environment management has been gradually standardized, marine disaster early warning and emergency defense management capabilities have been continuously improved, marine science and technology and digital management have been continuously innovated, marine resource management has become more comprehensive, and marine management academic research has become more specialized. In the future, China's marine management will show the following three trends: the marine development planning will be more comprehensive; the development of coastal cities has accelerated; deeply participate in global ocean governance. In the future, we should further improve the construction of systems and mechanisms to ensure the safety management of maritime traffic; Build a new pattern for the development of marine industry and promote the modernization of marine governance; Strengthen the management of marine ecological environment restoration.

Keywords: Marine Management; Marine Economy; Maritime Power

B.5 China's Marine Culture Development Report (2021)

Ning Bo / 086

Abstract: In 2021, although the impact of COVID-19 epidemic, the development of a highly practical ocean culture fell slightly, but it did not affect its potential development. In 2021, a total of 325 Ocean culture documents were found on CNKI, including 192 papers in the academic journal database, 43 papers in the dissertation database and 33 papers in the core journal database. Comprehensive analysis above the data, it can be found that the main achievements of ocean culture in 2021, which are theoretical research on Xi Jinping's important discourse on the Maritime Power Development Strategy, the spirit drive research of ocean culture, disciplines on ocean culture research and types of research institutions have new progress. However, in the four aspects of core journals' interest in publishing papers on ocean culture, senior personnel training, academic thinking mode, theoretical innovation are still need to be improved. In this regard, it is necessary to strengthen the research on ocean cultural international communication, the application of ocean culture, the integration of ocean culture and tourism, the research of oceanic ecological culture, the research of oceanic folk culture and the construction of ocean spirit.

Keywords: Marine Culture; Maritime Power; Marine Resources

Abstract: In 2021, China will make significant progress in marine legislation in the following five aspects: First, the promulgation of the Marine Police Law of the People's Republic of China and the Wetland Protection Law of the People's Republic of China; Second, the Interim Provisions of the People's Republic of China on the Administration of Fishery Activities by Foreigners and Foreign Ships in Sea Areas under the Jurisdiction of the People's Republic of China and the Provisions on Administrative Penalties for Fisheries were revised and promulgated; Third, the implementation of many sea related policies and norms, such as the Emergency Plan for Red Tide Disasters, the Code for Fishery Law Enforcement (Provisional), and the Technical Guide for Marine Ecological Restoration (Trial); Fourth, a number of sea related plans with guiding significance for marine development were issued and implemented, such as the Action Plan for the Development of Seawater Desalination (2021 – 2025), the General Plan for National Marine Ecological Early Warning Monitoring (2021 –2025), and the Marine Economic Development Plan of the Fourteenth Five Year Plan; Fifth, the two sessions of the National People's Congress and the National People's Congress put forward proposals on the future development of the country's marine legal system in 2021.

Keywords: Marine Legislation; Marine Policy; Marine Law

Ⅲ Special Reports

B.7 China's Global Ocean Central City Development Report (2021)

Cui Feng, Jin Zichen / 119

Abstract: In 2021, the opening year of the implementation of the 14th Five-Year Plan, the construction of global marine center cities in Shenzhen, Shanghai, Guangzhou, Dalian, Tianjin, Qingdao, Ningbo, Zhoushan and Xiamen have increased government support, rapidly developed modern marine industry clusters, steadily promoted marine science and technology education, gradually increased The construction of marine ecological culture has been gradually increased, and the level of shipping finance has been continuously improved. However, at the same time, the construction of global marine center cities also has problems such as late start, weak development foundation, unclear development orientation, serious homogenization, small scale of marine economy, slow growth rate, backward marine science and technology level, transformation rate of achievements needs to be improved, special research gaps and lack of evaluation system suitable for national conditions. To promote and accelerate the construction of the global marine center city, we need to promote structural reform, promote the quality and efficiency of the marine economy; clarify the construction positioning, follow the national strategy and policy; enhance the scientific and technological strength, promote the high-quality development of the marine economy; take into account the software construction, all-round enhance the comprehensive strength of the ocean; carry out special research, develop an evaluation index system suitable for the national conditions.

Keywords: Global Ocean Central City; The 14th Five-Year Plan; Ocean Economic Development

Abstract: In 2021, China's Marine public service achieved good development. The success rate of maritime search and rescue in China remains at a stable height. New equipment and technologies for Marine observation and investigation are constantly emerging, which has become a solid support for China's ability to improve ocean observation, investigation and prediction and disaster prevention and reduction. In terms of legal system, Marine public interest litigation has been constantly improved. Under the guidance of the Central Marine Community with a Shared Future and the "14th Five-Year Plan", China's Marine public welfare service is increasingly deepened with the participation of international cooperation and global governance, and the level of local public welfare service is improving constantly. However, according to the perspective of the current situation of China's Marine public welfare service development and the international situation, it is necessary to strengthen the cultivation of high-quality talents, modern development, publicity and international cooperation of Marine public service.

Keywords: Marine Public Service; Marine Rescue; Marine Investigation; Marine Disaster Prevention And Mitigation; Marine Public Interest Litigation

Abstract: The "14th Five-Year Plan" kicks off in 2021. China's "Marine Intangible Cultural Heritage" has made some new explorations and practices in its practical work, as well as new adjustments in its development objectives, development subjects, and development forms, against the backdrop of normalization of epidemic prevention and control, informationization, globalization, and "community of the destiny of the sea." The construction of the protection and development system of "Marine Intangible Cultural Heritage" has achieved a new leap in the specific development process, and the digital development of "Marine Intangible Cultural Heritage" is becoming a new power. The cross-border collaboration of theoretical research and practical work on "Marine Intangible Cultural Heritage" has yielded impressive results, and "Marine Intangible Cultural Heritage" has established a new trend of integrated development with the economy and society. The ultimate goal of "Marine Intangible Cultural Heritage Development" emphasizes that it will be left to the people. However, in the course of its development, "Marine Intangible Cultural Heritage" has encountered some new problems and challenges. By summarizing the protection and development of China's "Marine Intangible Cultural Heritage" in 2021, we can see that the development of China's "Marine Intangible Cultural Heritage" in 2021 was still affected to some extent by the epidemic situation, and it is precisely because of this that many "Marine Intangible Cultural Heritage" activities were frustrated. In order to overcome the problems encountered in the development of "marine intangible cultural heritage", such as the simplification of network communication and performance forms, the low degree of integration with the concept of a better life, and the lack of creative transformation and innovative development capabilities, the development subjects of "marine intangible cultural heritage" have continuously explored their new development models and initially constructed a set of "shared, co-constructed and shared" "marine intangible cultural heritage" development mechanisms. We have explored some advanced development ideas and experience of China's "marine intangible cultural heritage" in the new stage of development in the cross-border linkage between theoretical research and practical work, the integrated development of "marine intangible cultural heritage" and economy and society, the digital development model of "marine intangible cultural heritage" and the "marine intangible cultural heritage" remaining to the people.

Keywords: "Marine Intangible Cultural Heritage"; Sea-related Culture; Cultural Power

Abstract: The national marine ecological civilization construction demonstration area is an important carrier of marine ecological civilization construction. The year 2021 is the first year of the National "Fourteenth Five Year Plan", and the marine ecological civilization construction demonstration zone ushers in new opportunities and challenges. Taking practical cases as clues, this report summarizes the overall situation of the marine ecological civilization construction demonstration area in 2021 from five aspects: marine economic construction, marine resource utilization, marine ecological environmental protection, marine culture publicity, and marine management guarantee. In general, in 2021, the construction of China's marine ecological civilization demonstration area will make steady progress, the land and sea coordination ability will be significantly enhanced, the development of marine industry will become high-end, the effect of marine ecological restoration will initially appear, the level of marine public services will continue to improve, and the comprehensive marine governance ability will be steadily enhanced. However, in the process of construction, there are also problems such as the difficulty of transformation and upgrading of marine ecological economy, serious land-based pollution in coastal waters, the need to improve the carrying capacity of marine ecological environment, the frequent occurrence of marine natural disasters, and insufficient dynamic assessment and evaluation of the demonstration area. In the future, the construction of China's marine ecological civilization demonstration zone needs to optimize the layout of marine industry and accelerate the transformation and upgrading of the demonstration zone; Strengthen supervision and strengthen the indicator system of ecological civilization evaluation; Focus on strengthening the monitoring of the carrying capacity of marine resources and environment; Improve the ability to deal with marine disasters and improve the emergency management system; The dynamic management of innovative mechanism always keeps the progressiveness nature of the demonstration area, and realizes the harmonious development of human society and marine society at a higher level.

Keywords: Marine Ecological Civilization; Land and Sea Coordination; Harmony between Human and Ocean; Environmental Protection

B.11 China's Deep-sea Fishing Management Development Report (2021)

Chen Ye, Cai Yuanjing and Zeng Aoyu / 213

Abstract: Since 2021, relevant departments have taken various effective measures to improve institutional policies, strengthen standardized management, strengthen international cooperation, and promote transformation and upgrading, and the development of China's deep-sea fishing has achieved remarkable results. The level of fishing gear and equipment of deep-sea fishing vessels has continuously improved. As to the management of ocean-going fishing vessels and crew members, a number of relevant measures have been introduced, mainly involving the scrapping and renewal of deep-sea fishing vessels, marine animal protection, and epidemic prevention and control, which have laid a solid foundation for the high-quality development of China's deep-sea fishing. There are highlight in the field of China's deep-sea fishing, such as the high-quality development of deep-sea fishing, the construction of deep-sea fishing bases. This report use OECD statistical database, cluster analysis was carried out deep-sea fishing management situation in 50 countries or regions such as Australia and Austria. It is found that the fishing in China is relatively close to the group of Brazil, India, Malaysia, Indonesia and other countries, but is quite different from that of group of United States, South Korea, Australia and other countries. This report suggested that during the "14th Five-Year Plan" period, increase capital investment in deep-sea fishing, adhere to the "going out" development strategy, maintain the sustainable development of deep-sea fishery resources, and adhere to the domestic and international dual-cycle development strategy, are recommended.

Keywords: Deep-sea Fishing; Deep-sea Fishing Base; Cluster Analysis; Deep-sea Fishing High Seas Transshipment Observer

Abstract: As a land and sea country, China is one of the countries most seriously affected by Marine disasters in the world. With the rapid development of Marine economy and the promotion of Marine development boom, the risk of Marine disasters in coastal areas has become increasingly prominent, and man-made Marine disasters caused by Marine pollution have also increased, thus the country has suffered huge economic losses. The situation of Marine disaster prevention and mitigation is grim. Based on the time axis, this research report briefly summarizes the basic situation of Marine disasters and social response from 2020 to 2021, expounds the social response mechanism of Marine disasters from different disaster victims, and puts forward reasonable suggestions and countermeasures on this basis.

Keywords: Marine Disaster; Social Response; Emergency Response Mechanism

Abstract: The report of Party's 18th Congress propose national strategic goals of the construction of a maritime power. On February 1, 2021, the Coast Guard Law was officially implemented. It provides legal guarantees for effectively safeguarding national sovereignty, security and maritime rights and interests. The

China Coast Guard has organized many special enforcement operations to resolutely curb maritime violations and powerfully safeguard China's maritime rights and interests. The China Coast Guard has actively participated in regional and international maritime law enforcement cooperation and promoted the wide dissemination of the concept of maritime community of destiny. At present, China's maritime law enforcement and the maintenance of maritime rights and interests show the trend of advanced achievements in rule of law construction and precise and comprehensive maritime governance system. To solve the current problems, China should continue to promote the rule of law and system construction and build a competent marine police force.

Keywords: Marine Law Enforcement; Marine Rights Maintenance; Coast Guard Law

Ⅳ Appendix

皮 书

智库成果出版与传播平台

✤ 皮书定义 ✤

皮书是对中国与世界发展状况和热点问题进行年度监测，以专业的角度、专家的视野和实证研究方法，针对某一领域或区域现状与发展态势展开分析和预测，具备前沿性、原创性、实证性、连续性、时效性等特点的公开出版物，由一系列权威研究报告组成。

✤ 皮书作者 ✤

皮书系列报告作者以国内外一流研究机构、知名高校等重点智库的研究人员为主，多为相关领域一流专家学者，他们的观点代表了当下学界对中国与世界的现实和未来最高水平的解读与分析。截至 2022 年底，皮书研创机构逾千家，报告作者累计超过 10 万人。

✤ 皮书荣誉 ✤

皮书作为中国社会科学院基础理论研究与应用对策研究融合发展的代表性成果，不仅是哲学社会科学工作者服务中国特色社会主义现代化建设的重要成果，更是助力中国特色新型智库建设、构建中国特色哲学社会科学“三大体系”的重要平台。皮书系列先后被列入“十二五”“十三五”“十四五”时期国家重点出版物出版专项规划项目；2013~2023 年，重点皮书列入中国社会科学院国家哲学社会科学创新工程项目。

皮书网

（网址：www.pishu.cn）

发布皮书研创资讯，传播皮书精彩内容
引领皮书出版潮流，打造皮书服务平台

栏目设置

◆ **关于皮书**

何谓皮书、皮书分类、皮书大事记、皮书荣誉、皮书出版第一人、皮书编辑部

◆ **最新资讯**

通知公告、新闻动态、媒体聚焦、网站专题、视频直播、下载专区

◆ **皮书研创**

皮书规范、皮书选题、皮书出版、皮书研究、研创团队

◆ **皮书评奖评价**

指标体系、皮书评价、皮书评奖

◆ **皮书研究院理事会**

理事会章程、理事单位、个人理事、高级研究员、理事会秘书处、入会指南

所获荣誉

◆ 2008 年、2011 年、2014 年，皮书网均在全国新闻出版业网站荣誉评选中获得“最具商业价值网站”称号；

◆ 2012 年，获得“出版业网站百强”称号。

网库合一

2014年，皮书网与皮书数据库端口合一，实现资源共享，搭建智库成果融合创新平台。

皮书网

“皮书说”
微信公众号

皮书微博

中国社会发展数据库（下设 12 个专题子库）

紧扣人口、政治、外交、法律、教育、医疗卫生、资源环境等 12 个社会发展领域的前沿和热点，全面整合专业著作、智库报告、学术资讯、调研数据等类型资源，帮助用户追踪中国社会发展动态、研究社会发展战略与政策、了解社会热点问题、分析社会发展趋势。

中国经济发展数据库（下设 12 专题子库）

内容涵盖宏观经济、产业经济、工业经济、农业经济、财政金融、房地产经济、城市经济、商业贸易等12个重点经济领域，为把握经济运行态势、洞察经济发展规律、研判经济发展趋势、进行经济调控决策提供参考和依据。

中国行业发展数据库（下设 17 个专题子库）

以中国国民经济行业分类为依据，覆盖金融业、旅游业、交通运输业、能源矿产业、制造业等 100 多个行业，跟踪分析国民经济相关行业市场运行状况和政策导向，汇集行业发展前沿资讯，为投资、从业及各种经济决策提供理论支撑和实践指导。

中国区域发展数据库（下设 4 个专题子库）

对中国特定区域内的经济、社会、文化等领域现状与发展情况进行深度分析和预测，涉及省级行政区、城市群、城市、农村等不同维度，研究层级至县及县以下行政区，为学者研究地方经济社会宏观态势、经验模式、发展案例提供支撑，为地方政府决策提供参考。

中国文化传媒数据库（下设 18 个专题子库）

内容覆盖文化产业、新闻传播、电影娱乐、文学艺术、群众文化、图书情报等 18 个重点研究领域，聚焦文化传媒领域发展前沿、热点话题、行业实践，服务用户的教学科研、文化投资、企业规划等需要。

世界经济与国际关系数据库（下设 6 个专题子库）

整合世界经济、国际政治、世界文化与科技、全球性问题、国际组织与国际法、区域研究 6 大领域研究成果，对世界经济形势、国际形势进行连续性深度分析，对年度热点问题进行专题解读，为研判全球发展趋势提供事实和数据支持。

法律声明

"皮书系列"（含蓝皮书、绿皮书、黄皮书）之品牌由社会科学文献出版社最早使用并持续至今，现已被中国图书行业所熟知。"皮书系列"的相关商标已在国家商标管理部门商标局注册，包括但不限于LOGO（ ）、皮书、Pishu、经济蓝皮书、社会蓝皮书等。"皮书系列"图书的注册商标专用权及封面设计、版式设计的著作权均为社会科学文献出版社所有。未经社会科学文献出版社书面授权许可，任何使用与"皮书系列"图书注册商标、封面设计、版式设计相同或者近似的文字、图形或其组合的行为均系侵权行为。

经作者授权，本书的专有出版权及信息网络传播权等为社会科学文献出版社享有。未经社会科学文献出版社书面授权许可，任何就本书内容的复制、发行或以数字形式进行网络传播的行为均系侵权行为。

社会科学文献出版社将通过法律途径追究上述侵权行为的法律责任，维护自身合法权益。

欢迎社会各界人士对侵犯社会科学文献出版社上述权利的侵权行为进行举报。电话：010-59367121，电子邮箱：fawubu@ssap.cn。

社会科学文献出版社